Der Stellenwert des Klimaschutzes im Verfassungsrecht

Europäische Hochschulschriften Recht

European University Studies in Law
Publications Universitaires Européennes de Droit

Band/Volume 6839

Jonathan-Milot Spörl

Der Stellenwert des Klimaschutzes im Verfassungsrecht

Entwicklung, Veränderung und Bedeutung

PETER LANG
Berlin · Bruxelles · Chennai · Lausanne · New York · Oxford

Bibliografische Information der Deutschen Nationalbibliothek
Die Deutsche Nationalbibliothek verzeichnet diese Publikation in der Deutschen Nationalbibliografie; detaillierte bibliografische Daten sind im Internet über http://dnb.d-nb.de abrufbar.

Zugl.: Passau, Univ., Diss., 2025

DE-739
ISSN (Print) 3052-8291
ISSN (eVersion) 3052-8305
ISBN 978-3-631-94064-8 (Print)
ISBN 978-3-631-94077-8 (ePDF)
ISBN 978-3-631-94078-5 (ePUB)
DOI 10.3726/b23054

Verlegt durch Peter Lang GmbH, Berlin, Deutschland

info@peterlang.com

www.peterlang.com

Kontakt zur Verordnung über die allgemeine Produktsicherheit (GPSR):
gpsr@peterlang.com

meinen Eltern

Inhaltsverzeichnis

Vorwort

Die vorliegende Arbeit ist in den Jahren 2023 und 2024 in Passau, München und Oxford entstanden. Sie wurde im Wintersemester 2024/25 an der Juristischen Fakultät der Universität Passau als Dissertation angenommen. Die Disputation fand am 22. April 2025 statt.

Zu großem Dank verpflichtet bin ich meinem Doktorvater *Prof. Dr. Meinhard Schröder*, ohne dessen Unterstützung das Vorhaben weder einen Anfang noch ein Ende gefunden hätte. Von der Themenwahl bis hin zur inhaltlichen Ausgestaltung ließ er mir stets den nötigen Gestaltungsspielraum und stand mir jederzeit mit wertvollem Rat und Engagement zur Seite.

Danken möchte ich außerdem *Prof. Dr. Hans-Georg Dederer* für die wertvollen Anmerkungen und die Erstellung des Zweitgutachtens.

Wertvolle Inspirationen erhielt ich in der Zeit als Gastwissenschaftler an der Universität Oxford im Jahr 2023. Das Forschungssemester ermöglichte mir den fachlichen Austausch mit führenden Wissenschaftlern aus verschiedensten Ländern. Großer Dank gebührt *Prof. Dr. Stefan Enchelmaier*, der nicht nur als *academic advisor* während meiner Zeit in Oxford fungierte, sondern mich auch in das Studentenleben am Lincoln College integrierte.

Mein weiterer Dank gilt der Hanns-Seidel-Stiftung und der Konrad-Adenauer-Stiftung für die Gewährung der Promotionsstipendien. Den Austausch mit hochengagierten Stipendiatinnen und Stipendiaten verschiedenster Fachrichtungen im In- und Ausland empfand ich stets als große Bereicherung.

Von ganzem Herzen möchte ich meinen Freunden und Liebsten danken, deren grenzenloser Rückhalt mich die gesamte Zeit über getragen hat und deren Unterstützung sich keinesfalls auf das Korrekturlesen reduzieren ließe. Danken möchte ich insbesondere meiner Freundin *Emily*, meinen Brüdern *Zacharias* und *Linus* und meinen Eltern *Eva* und *Fatmir*. Ihnen ist dieses Buch gewidmet.

Mühldorf a. Inn, im Mai 2025 *Milot Spörl*

Abkürzungsverzeichnis

°C	Grad Celsius
a.A.	andere(r) Ansicht
a.a.O.	am angegebenen Ort
ABlEG	Amtsblatt der Europäischen Gemeinschaft
ABlEU	Amtsblatt der Europäischen Union
Abs.	Absatz
a.E.	am Ende
AEUV	Vertrag über die Arbeitsweise der Europäischen Union
a.F.	alte Fassung
Alt.	Alternative
ÄndG	Änderungsgesetz
Anm.	Anmerkung
Art.	Artikel
Az.	Aktenzeichen
BAnz.	Bundesanzeiger
BauGB	Baugesetzbuch
BGB	Bürgerliches Gesetzbuch
BGBl.	Bundesgesetzblatt
BGH	Bundesgerichtshof
BImSchG	Bundes-Immissionsschutzgesetz
BR-Drs.	Bundesratsdrucksache
BSG	Bundessozialgericht
Bsp.	Beispiel/e
bspw.	beispielsweise

BT-Drs.	Bundestags-Drucksache
BVerfG	Bundesverfassungsgericht
BVerfGE	Sammlung der Entscheidungen des Bundesverfassungsgerichts
BVerwG	Bundesverwaltungsgericht
BVerwGE	Amtliche Sammlung der Entscheidungen des Bundesverwaltungsgerichts
bzgl.	bezüglich
bzw.	beziehungsweise
CCS	Carbon Capture and Storage
CDM	Clean Development Mechanism
CH_4	Methan
CO	Kohlenstoffmonoxid
CO_2	Kohlenstoffdioxid
COP	Conference of the Parties
ders.	derselbe
d.h.	das heißt
dies.	dieselbe
DÖV	Die Öffentliche Verwaltung (Zeitschrift)
DV	Die Verwaltung (Zeitschrift)
DVBl.	Deutsches Verwaltungsblatt (Zeitschrift)
EEA	Einheitliche Europäische Akte
EEG	Erneuerbare-Energien-Gesetz
EE-RL	Erneuerbare-Energien-Richtlinie
EG	Europäische Gemeinschaft/Vertrag zur Gründung der Europäischen Gemeinschaft
EU	Europäische Union/Vertrag über die Europäische Union (bis Ende 2009)
EuGH	Gerichtshof der Europäischen Gemeinschaft
EuGHE	Sammlung der Rechtsprechung des Gerichtshofs und des Gerichts Erster Instanz der Europäischen Gemeinschaft
EuR	Europarecht (Zeitschrift)
evtl.	eventuell
EWG	Europäische Wirtschaftsgemeinschaft
Fn.	Fußnote
gem.	gemäß
GG	Grundgesetz für die Bundesrepublik Deutschland

ggf.	gegebenenfalls
H_2O	Wasser
Hrsg.	Herausgeber
Hs.	Halbsatz
i.d.F.	in der Fassung
i.d.S.	in diesem Sinne
i.H.v.	in Höhe von
insb.	insbesondere
IPCC	Intergovernmental Panel on Climate Change
i.S.d.	im Sinne der/s
i.S.v.	im Sinne von
i.Ü.	im Übrigen
i.V.m.	in Verbindung mit
JA	Juristische Arbeitsblätter (Zeitschrift)
JURA	Juristische Ausbildung (Zeitschrift)
JuS	Juristische Schulung (Zeitschrift)
JZ	Juristenzeitung
KAnG	Klimaanpassungsgesetz
Kfz	Kraftfahrzeug
KP	Kyoto-Protokoll
KSG	Klimaschutzgesetz
KVBG	Kohleverstromungsbeendigungsgesetz
N_2O	Distickstoffoxid/Lachgas
n.F.	neue Fassung
NGO	Non Governmental Organization/s
NJW	Neue Juristische Wochenschrift (Zeitschrift)
NJ	Neue Justiz (Zeitschrift)
NOx	Stickoxide
Nr.	Nummer/n
NuR	Natur und Recht (Zeitschrift)
NVwZ	Neue Zeitschrift für Verwaltungsrecht
O_3	Ozon
o.ä.	oder ähnlich(e/em/er/es)
o.g.	oben genannt/e
OLG	Oberlandesgericht
OVG	Oberverwaltungsgericht

PKW	Personenkraftwagen
RL	Richtlinie/n
Rn.	Randnummer
Rs.	Rechtssache
S.	Seite(n)/Satz (Sätze)
s.	siehe
s.o.	siehe oben
sog.	so genannte(r/s)
s.u.	siehe unten
TEHG	Treibhausgas-Emissionshandelsgesetz
u.a.	unter anderem/und andere(r/s)
UBA	Umweltbundesamt
UN	United Nations
UNFCCC	United Nations Framework Convention on Climate Change (Klimarahmenkonvention)
UPR	Umwelt und Planungsrecht (Zeitschrift)
Urt.	Urteil
u.U.	unter Umständen
v.	von/m
v.a.	vor allem
V/VO	Verordnung
VG	Verwaltungsgericht
vgl.	vergleiche
VwGO	Verwaltungsgerichtsordnung
VwVfG	Verwaltungsverfahrensgesetz
WMO	Weltorganisation für Meteorologie
WRV	Weimarer Reichsverfassung
z.B.	zum Beispiel
ZfU	Zeitschrift für Umweltpolitik & Umweltrecht
ZöR	Zeitschrift für öffentliches Recht
z.T.	zum Teil
ZUR	Zeitschrift für Umweltrecht

ERSTER TEIL

Einführung und Grundlagen

A. Einführung

Der Erste Senat des Bundesverfassungsgerichts hat am 24. März 2021 einen aufsehenerregenden Beschluss[1] gefasst. Als ein „Paukenschlag mit großer politischer Wucht"[2] wurde dessen Inhalt aufgefasst. Mit der intertemporalen Freiheitssicherung und der eingriffsähnlichen Vorwirkung wurde ein dogmatisches Konstrukt geschaffen, welches es erstmals ermöglichte, auch zukünftige Freiheitschancen bei der Frage eines subjektiven Grundrechtseingriffs zu berücksichtigen.[3] Mit Blick auf die Wirkung des Beschlusses griff das Bundesverfassungsgericht ungewohnt deutlich in die Klimapolitik der Bundesregierung ein und brach damit mit einem Kurs jahrelanger Zurückhaltung in Klimafragen.[4]

Auch wenn das für in Teilen verfassungswidrig erklärte Klimaschutzgesetz[5] nach nur kurzer Zeit in veränderter Form[6] von der Bundesregierung beschlossen wurde und die im Beschluss beanstandete Sachfrage damit weitgehend geklärt ist, ist die Frage nach der verfassungsrechtlichen Bedeutung des Beschlusses für den Klimaschutz weiterhin von hoher Relevanz für die Rechtswissenschaft und die Politik.

Dies zum Anlass nehmend beschäftigt sich diese Arbeit mit dem Stellenwert des Klimaschutzes in der Verfassung allgemein, wie sich dieser entwickelt und im Laufe der vergangenen Jahrzehnte verändert hat und welche Bedeutung der Klimabeschluss vor diesem Hintergrund für ausgewählte Rechtsgebiete

---

1 BVerfG Beschluss v. 24.3.2021 = BVerfG NJW 2021, 1723 auch bezeichnet als „Klimabeschluss" des BVerfG.

2 Um an dieser Stelle die über die Rechtswissenschaften hinausgehende Wirkung zu verdeutlichen, exemplarisch der Bundesverband der deutschen Industrie e.V. (BDI) im Wortlaut, abrufbar unter https://bdi.eu/artikel/news/bundesverfassungsgericht-zum-klimaschutz-wird-klimapolitik-zum-spielball-der-justiz/; Vgl. dazu auch *Gsell* NZM 2022, 481 (483) „innovativ und grundlegend" sowie *Berkemann* DÖV 2021, 701 (706) „eine radikale Entscheidung, eine Wende, und zwar sowohl in dogmatischer als auch in prozessualer Sicht". Diese und alle nachfolgenden Links wurden zuletzt am 22.04.2025 abgerufen und auf deren Gültigkeit überprüft.

3 Siehe dazu bereits *Schlacke* NVwZ 2021, 912; *Franzius* KlimR 2022, (102); *Schlacke*, Umweltrecht, 9. Aufl. 2023.

4 Siehe dazu im Einzelnen die Ausführungen zur Entwicklung des verfassungsrechtlichen Klimaschutzes im zweiten Teil der Arbeit.

5 Gemeint ist das KSG in der ursprünglichen Fassung v. 2019, BGBl. I 2019, 2513 ff.

6 Gemeint ist das KSG in der Fassung der ersten Novelle v. 2021, BGBl. I 2021, 3905 ff.

hat. Letzteres wird anhand konkreter Maßnahmen und Vorschläge zum Klimaschutz erörtert.

I. Formulierung der Forschungsfrage

Der Klimaschutz wird in der Rechtswissenschaft korrekterweise als eine fundamentale Herausforderung der aktuellen Zeit angesehen.[7] Die Folgen der Erderwärmung sind auch hierzulande[8] allgegenwärtig. Eine Häufung von Extremwetterereignissen bringt Flut und Überschwemmungen – gleichzeitig erleben Menschen in anderen Regionen monatelange Dürre und damit einen Wegfall ihrer Ernährungsgrundlage. Ein maßgeblicher Hebel, der der Menschheit eine gewisse Steuerung des Klimawandels ermöglicht, ist der Ausstoß von klimaschädlichen Gasen wie Kohlenstoffdioxid (CO_2), Methan (CH_4) und Lachgas (N_2O).[9] Wie sich die Emissionen und damit das Klima künftig entwickeln werden, hängt maßgeblich von der staatlichen Regulierung emissionsrelevanter Aktivitäten ab. Ein Bereich, welcher in diesem Zusammenhang aufgrund seiner umfassenden Bedeutung für jedwedes staatliche Handeln von Relevanz ist, ist der des Verfassungsrechts.[10]

Die sich im Laufe der vergangenen Jahrzehnte entwickelte verfassungsrechtliche Bedeutung des Klimaschutzes fand in der Rechtsprechung bislang nur spärlich Beachtung. Dies änderte sich mit dem Klimabeschluss des Bundesverfassungsgerichts grundlegend.[11] Als eine „epochale Neuausrichtung des Verfassungsrechts mit weitreichenden Folgen“[12] wurde der Beschluss in

---

7 Zutreffend dazu *Ruttloff/Freihoff* NVwZ 2021, 917; *Wegener* NJW 2022, 425; *Jahn* ZaöRV 2022, 47.

8 So auch das BVerfG NJW 2021, 1723, Rn. 24 ff.

9 Siehe zum Zusammenhang zwischen menschenverursachten Emissionen und Klimaänderungen sogleich die Ausführungen in Teil 1: B. II. 3.

10 Zur Funktion der Grundrechte als objektive Werteordnung siehe *Willoweit/Schlinker*, Deutsche Verfassungsgeschichte, 8. Aufl. 2019, S. 287 f. Das BVerfG formuliert es in seiner BVerfGE 7, 198 v. 15.1.1958 als ein „Wertesystem, das seinen Mittelpunkt in der innerhalb der sozialen Gemeinschaft sich frei entfaltenden menschlichen Persönlichkeit und ihrer Würde findet.“

11 Siehe zur Entwicklung des verfassungsrechtlichen Stellenwerts des Klimaschutzes und dessen Beachtung in der Judikative sogleich die Ausführungen in Teil 2: A. III.–V.

12 Siehe dazu im Wortlaut den Präsidenten des *BSG Rainer Schlegel*, in der FAZ vom 18.5.2021, abrufbar unter https://www.faz.net/aktuell/wirtschaft/karlsruher-beben-klimaschutz-17347353.html sowie die „epochale“ Wirkung betonend *Wischmeyer* NZM 2023, (406).

der Rechtswissenschaft aufgefasst. Dem nachzugehen, steht im Zentrum dieser Arbeit. Zum einen soll sie eine genauere Erörterung der „epochalen Neuausrichtung“ des Verfassungsrechts bieten und zum anderen die Problematik behandeln, welche Folgen sich daraus für den verfassungsrechtlich gebotenen Klimaschutz ergeben.

Die zentralen Fragestellungen lauten daher: Wie kam es überhaupt dazu, dass wir heute von einem Verfassungsgut Klimaschutz sprechen? Wie hat sich dessen verfassungsrechtlicher Stellenwert im Laufe der Jahrzehnte und jüngst durch den Klimabeschluss des Bundesverfassungsgerichts geändert und welche konkreten rechtlichen Möglichkeiten und Grenzen ergeben sich unter Berücksichtigung der naturwissenschaftlichen Erkenntnisse und politischen Positionen daraus für klimaschützende Maßnahmen in anderen Rechtsgebieten?

II. Aktueller Forschungsstand im Verfassungsrecht

Die rechtswissenschaftliche Literatur bezüglich des verfassungsrechtlichen Klimaschutzes hat über die vergangenen Jahrzehnte mit der Bedeutung des Klimaschutzes allgemein zugenommen. Nichtsdestotrotz ist die rechtswissenschaftliche Behandlung dieses Themas verglichen mit anderen verfassungsrechtlichen Themen, nicht zuletzt wegen der Nennung als bloße Staatszielbestimmung in Artikel 20a GG, eher rar. 2013 konstatierte der damalige Präsident des Bundesverfassungsgerichts Andreas Voßkuhle mit Blick auf den Beitrag des Grundgesetzes zum Umweltschutz daher einen eher mageren Befund.[13]

Seit dem Urteil des höchsten Gerichts in den Niederlanden, durch welches 2019 erstmals ein Staat von Gerichten zu ambitionierteren Klimaschutzmaßnahmen verpflichtet wurde,[14] gewann zwar der Klimaschutz im rechtswissenschaftlichen Diskurs auch national an Bedeutung.[15] Die

---

13 Dazu grundlegend *Voßkuhle* NVwZ 2013, 1.

14 Hoge Raad, Urt. v. 20.12.2019, 19/00135, abrufbar unter (englische Übersetzung) https://uitspraken.rechtspraak.nl/inziendocument?id=ECLI:NL:HR:2019:2007; Vorinstanz (Berufungsgericht): Gerechtshof Den Haag, Urt. v. 9.10.2018, 200.178.245/01, abrufbar unter (englische Übersetzung) https://uitspraken.rechtspraak.nl/inziendocument?id=ECLI:NL:GHDHA:2018:2610.

15 Siehe zur Rechtsprechung im Vergleich mit anderen Nationen die Ausführungen in Teil 3: A. IV. 1. b).

Tatsache, dass Experten zu diesem Zeitpunkt eine vergleichbare Entscheidung deutscher Gerichte für schwer vorstellbar hielten,[16] zeigt jedoch, dass insbesondere die verfassungsrechtliche Einordnung des Klimaschutzes in der Vergangenheit keineswegs unumstritten ist.

Der Klimabeschluss des Bundesverfassungsgerichts 2021 führte in der Folgezeit zu einer regelrechten Flut, allem voran an Aufsätzen in Rechtszeitschriften, die zunächst versuchten, die neue dogmatische Herangehensweise zu erläutern und einzuordnen. Daneben existieren vereinzelt solche, die das Verhältnis der Judikative zur Legislative und Exekutive in Gefahr sehen[17] und freilich auch jene, welche die Abkehr von dem Begründungssatz über die Schutzpflichten bemängeln.[18] Zusammenfassend gibt es reichlich Literatur, die sich schwerpunktmäßig mit den dogmatischen Problemen befasst.[19]

Dabei fällt auf, dass kritische Stimmen zu dem Beschluss selbst den Diskurs in der Literatur klar dominieren und abseits dessen eine Folgenanalyse für künftige Entscheidungen zum Klimaschutz oder gar eine juristische Neubewertung des verfassungsrechtlichen Stellenwertes mit Blick auf andere Rechtsbereiche oft ausbleibt. Nur vereinzelt versuchen Autoren solche Folgen aufzugreifen und bleiben in ihrem Ergebnis allenfalls vage.[20] Auch ist die verfassungsrechtliche Neubewertung bislang nicht vor dem Hintergrund einer umfassend analysierten Entwicklungsgeschichte vorgenommen worden. Das bietet Raum für die hier anzufertigende Abhandlung und das Potenzial, die Entwicklung des verfassungsrechtlichen Klimaschutzes chronologisch zu analysieren und in der Folgebetrachtung des Beschlusses konkrete Thesen und politische Vorschläge bezüglich des Klimaschutzes verfassungsrechtlich fundiert darzulegen.

Neben den Forderungen nach einem Grundrecht auf „ökologische Integrität“[21] werden derzeit bisweilen Vorschläge für eine Neufassung

---

16 Hierzu exemplarisch *Gärditz* ZfU 2019, 369; *Meyer* NJW 2020, 894.

17 Exemplarisch *Stohlmann* Verfassungsblog 2021; *Franzius* KlimR 2022, 102 (106).

18 Vgl. *Calliess* ZUR 2021, 355; *Breuer* Verfassungsblog 2021; *Buser* Verfassungsblog 2021; *Frenz* DÖV 2021, 715.

19 Vgl. *Sachs* JuS 2021, 708; *Möllers/Weinberg* JZ 2021, 1069; *E. Hofmann* NVwZ 2021, 1587; *Ruttloff/Freihoff* NVwZ 2021, 917; *Uechtritz/Ruttloff* NVwZ 2022, 9; *Eifert* JURA 2021, 1085.

20 *Faßbender* NJW 2021, 2085; *Verheyen* ZPR 2021, 133; *K. Kotulla/M. Kotulla* NuR 2022, 1.

21 *Kersten* APuZ 2020.

eines „Grünen Grundgesetzes“ vorgebracht.[22] Allgemein ist Literatur zur Subjektivierung des Rechts auf Klimaschutz[23] sowie eine konkrete Abhandlung zur Energiewende im Bereich der erneuerbaren Energien bereits vorhanden.[24] Auch eine Analyse der Verfassungsmäßigkeit der Klimaschutzgesetze der Bundesländer samt ihrer rechtlichen Wirkung existiert.[25] Überall dort bestehen thematische Überschneidungen, die jedoch keineswegs das hier zu behandelnde Thema im Zentrum ihrer Arbeit haben.

III. Gang der Arbeit

Die Arbeit wird sich in drei Abschnitte unterteilen, wobei der erste die naturwissenschaftliche Relevanz des Klimaschutzes und den Bedarf konkreter rechtlicher Regularien darstellt. Sodann wird im zweiten Teil die Entwicklung des Klimaschutzes im Verfassungsrecht und dessen veränderter Stellenwert im Laufe der Jahrzehnte ausführlich dargestellt. Im dritten Teil wird schließlich die gegenwärtige Bedeutung des Verfassungsguts Klimaschutz analysiert und anhand praxisbezogener Beispiele eingeordnet.

1. Naturwissenschaftliche Relevanz des Klimaschutzes

Neben den klimatologischen Grundlagen steht zu Beginn dieser Arbeit vor allem der Begriff des anthropogenen Klimawandels im Zentrum der Betrachtung. Dieser bildet zugleich die Grundlage und die Grenze des Klimaschutzes. Es ist genau zu untersuchen, in welchem Maß menschenverursachte Emissionen zu klimatischen Veränderungen beitragen, um die politischen und rechtlichen Handlungsmöglichkeiten zu identifizieren. An die naturwissenschaftlichen Steuerungsmöglichkeiten knüpft die Frage der Klimaziele und damit des Umfangs von Klimaschutz an. Anhand naturwissenschaftlicher Prognosen sind Rückschlüsse auf gebotene klimaschützende Maßnahmen zu ziehen, welche zur Erreichung bestimmter Klimaziele erforderlich sind. Diese Erkenntnisse bilden die Grundlage der anschließenden rechtlichen Beleuchtung des Klimaschutzes, für welche eine vorherige Auseinandersetzung der Kausalitäten und Wirkungsweisen unerlässlich ist.[26]

---

22 *Theurer*, Argumente für ein Grünes Grundgesetz, 2021.
23 *F. Lutz*, Vom Recht zur Berechtigung, 2020.
24 *Chou*, Die Energiewende, 2022.
25 *Schnittker*, Die Klimaschutzgesetze der Bundesländer, 2021.
26 Siehe dazu im Allgemeinen die Ausführungen in Teil 1: B.

2. Die Entwicklung des Klimaschutzes im Verfassungsrecht

Im zweiten Teil der Arbeit wird die Entwicklung des verfassungsrechtlichen Stellenwerts des Klimaschutzes allgemein dargestellt und dabei rechtshistorisch anhand der Erwähnungen in der Literatur analysiert. Ein besonderes Augenmerk wird dabei auf die Veränderung über die vergangenen Jahrzehnte hinweg gelegt, weshalb politische und historische Entscheidungen exemplarisch aufgegriffen werden und vor dem Hintergrund der verfassungsrechtlichen Bewertung eingeordnet werden.

Dabei lässt sich die Historie in Zeiträume unterteilen, welche charakteristisch für eine gewisse verfassungsrechtliche Befassung mit der Thematik stehen. Beginnend mit der Entstehung des Grundgesetzes (1945–1949)[27] werden über die Phase des wirtschaftlichen Aufschwungs (1950–1973)[28] und des darauffolgenden Umdenkens (1974–1990)[29] Bezüge zum Klimaschutz und Bestrebungen der verfassungsrechtlichen Beachtung analysiert, ohne dass der Klimaschutz dabei im Grundgesetz selbst thematisiert wird. Dies geschah erst in der Phase der Aufwertung des verfassungsrechtlichen Klimaschutzes mit der Fassung der Staatszielbestimmung des Art. 20a GG.[30] Dessen Entstehungsgeschichte und der Umgang damit in der gerichtlichen und politischen Praxis sind für die Frage der Bedeutung ebenso wichtig wie der Blick auf die Einordnung des verfassungsrechtlichen Klimaschutzes in das Mehrebenensystem. Deshalb wird insbesondere in der jüngsten Phase (2005–2021)[31] auch die einfachgesetzliche Ausgestaltung sowie die völker und europarechtliche Umsetzung von Bedeutung sein.[32]

3. Die Bedeutung des Verfassungsguts Klimaschutz für andere Rechtsgebiete vor dem Hintergrund der Rechtsprechung des BVerfG

Im dritten Teil der Arbeit soll der Klimabeschluss und dessen Folgen für das Verfassungsgut Klimaschutz im Zentrum der Betrachtung stehen. Um dessen Tragweite besser einzuordnen, werden dabei die Entscheidungsgründe des

[27] Siehe dazu im Detail in Teil 2: A. I.
[28] Siehe dazu im Detail in Teil 2: A. II.
[29] Siehe dazu im Detail in Teil 2: A. III.
[30] Siehe dazu im Detail in Teil 2: A. IV.
[31] Siehe dazu im Detail in Teil 2: A. V.
[32] Siehe dazu im Allgemeinen die Ausführungen im zweiten Teil.

BVerfG dargestellt und auch mit Blick auf die Klimaschutzklagen und ähnliche Entscheidungen der Gerichte in den Jahren zuvor diskutiert.

Anschließend bildet die daraus folgende Bedeutung für ausgewählte Rechtsgebiete einen weiteren Schwerpunkt. Dabei wird zunächst generell dargestellt, welche Auswirkungen im Bereich der Grundrechte festzustellen sind. Hier wird zum einen die Bedeutung des Art. 20a GG thematisiert. Dieser hat mit dem KSG eine Konkretisierung erfahren und dessen objektiver Geltungsanspruch kann durch den Klimabeschluss des BVerfG nun als Argument für die Einschränkung anderer Grundrechte zum Schutz des Klimas herangezogen werden.[33] Dies folgt insbesondere aus der Rolle des Art. 20a GG bei der Regulierung CO_2-relevanter Verhaltensweisen.

Zum anderen können insbesondere Freiheitsrechte als Instrument dienen, Klimaschutz subjektiv einzufordern. Der Gedanke der *intertemporalen Freiheitssicherung* erfordert eine Neubewertung der Gewichtung des Klimaschutzes im Rahmen der grundrechtlichen Abwägung und schafft neue Rechtsschutzmöglichkeiten. Dabei finden auch die im ersten Teil zu erörternden naturwissenschaftlichen Erkenntnisse Eingang, da diese die Tragweite der zu erwartenden künftigen Freiheitseinschränkungen prognostizieren und damit die Art und Weise, mithin die Gewichtung des Grundrechtseingriffs, determinieren. Die Tatsache, dass der Gesetzgeber hier einen weiten Ermessensspielraum hinsichtlich der Ausgestaltung einzelner Maßnahmen hat, wird durch ein Mindestmaß an gebotenem Klimaschutz begrenzt. Die hier anzustellenden Überlegungen sind nicht nur für die Legislative und Exekutive bei der Steuerung der klimaschützenden Maßnahmen von Relevanz, sondern sind auch für die Judikative bei der Überprüfung von Ermessensfehlern bedeutend.

Konkret soll es dann um klimaschützende Maßnahmen inhaltlicher und verfahrensmäßiger Natur gehen, die durch die neue verfassungsrechtliche Einordnung juristisch anders bewertet werden müssen. Dabei beschränkt sich die Arbeit nicht nur auf bestehende oder aktuell diskutierte Maßnahmen, sondern nimmt auch theoretisch mögliche in den Blick. Insbesondere wird dabei auf die Bedeutung des verfassungsrechtlichen Stellenwertes für

---

[33] *Calliess* in *Dürig, Günther/Herzog, Roman/Scholz, Rupert* (Hrsg.), Grundgesetz Kommentar. Art. 20a GG, Rn. 49 sowie BVerfG NJW 2021, 1723, Rn. 120.

klimaschützende Maßnahmen an Gebäuden,[34] für die Berücksichtigung durch die Kommunen im Rahmen der kommunalen Planung[35] sowie für den nationalen Kohleausstieg[36] eingegangen. Mit der Pflicht zur Schaffung eines geeigneten Klimaschutzkonzeptes[37] und den Anforderungen im Bereich der Klimaanpassung[38] werden zudem die verfassungsrechtlichen Folgen im klimapolitischen Kontext erörtert.[39]

B. Begriffsbestimmung und naturwissenschaftliche Grundlagen

Um die Thematik in ihrer Gänze zu verstehen, ist eine Definition der Begrifflichkeiten unerlässlich. Das ist nicht nur für die Eingrenzung der in dieser Arbeit zu beleuchtenden Punkte relevant, sondern dient auch der Abgrenzung zu verwandten Themen, welche hier außer Betracht bleiben.

I. Klima

1. Definition und Faktoren

Im Fokus steht der Begriff des Klimas, dessen Grundverständnis die Basis für den in der Forschungsfrage aufgeworfenen verfassungsrechtlichen Klimaschutz bildet. Dabei erscheint es sachgerecht, das Klima zunächst aus klimatologischer[40] und damit aus einer naturwissenschaftlichen Sicht zu beleuchten, bevor auf die rechtswissenschaftliche Darstellung[41] geblickt wird. Etymologisch meint der Begriff – abgeleitet vom griechischen Verb κλίνειν (= neigen) – lediglich die unterschiedlichen Neigungswinkel der

---

34 Siehe dazu im Detail in Teil 3: C. I.

35 Siehe dazu im Detail in Teil 3: C. II.

36 Siehe dazu im Detail in Teil 3: C. III.

37 Siehe dazu im Detail in Teil 3: C. IV.

38 Siehe dazu im Detail in Teil 3: C. V.

39 Siehe im Allgemeinen dazu die Ausführungen im dritten Teil.

40 Die Klimatologie wurde früher als Teilbereich der Meteorologie angesehen. Aufgrund der Zusammenhänge des Klimas über die Grenzen der Meteorologie hinaus, welche vor allem in den physikalischen und chemischen Wechselwirkungen des Klimas begründet liegen, wird die Klimatologie zunehmend als eigene, von der Meteorologie zu unterscheidende Wissenschaft angesehen. Vgl. zu diesem Diskurs *Häckel*, Meteorologie, 9. Aufl. 2021, S. 260.

41 Dazu sogleich im zweiten und dritten Teil.

Sonneneinstrahlungen.[42] In der Klimatologie steht der Begriff jedoch für eine statistische Beschreibung relevanter Klimaelemente, welche die Gegebenheiten und Variationen der Erdatmosphäre für eine bestimmte Region ausführlich charakterisiert.[43] Als *Klimaelemente* werden meteorologische oder physikalische Größen bezeichnet, welche das Klima kennzeichnen, mithin die Messparameter Lufttemperatur, Luftfeuchtigkeit, Niederschlag, Luftdruck, Wind, Bewölkung und Sichtweite.[44]

Diese Gegebenheiten werden maßgeblich durch sogenannte *Klimafaktoren* beeinflusst. Dazu zählen zum einen natürliche Prozesse und Zustände, wie die Sonneneinstrahlung und die Meer und Landverteilung, zum anderen aber auch anthropogene Faktoren, wie die Zusammensetzung der Atmosphäre durch menschliche Emissionen.[45] Das Klima ist damit das Produkt verschiedenster Klimafaktoren, die sich auf eben jene Klimaelemente auswirken und somit unser Klimasystem[46] beeinflussen.

2. Zeitliche Dimension

Die klimatische Charakterisierung kann nicht anhand eines kurzfristigen Extremereignisses vorgenommen werden, sondern es bedarf eines längeren Betrachtungszeitraums, um das Klima verlässlich abzubilden. Während eine zu kurze Betrachtung beispielsweise aufgrund einer Häufung von kurzfristigen Abweichungen zu keinem statistisch belastbaren Ergebnis führt, kann ein sehr langer Analysezeitraum wichtige Schwankungen in den Parametern unterschlagen und ist daher auch abzulehnen.[47] Bei der Bestimmung der Zeitperiode wird ein Zeitraum von 30 Jahren empfohlen, welcher dann eine sogenannte *Klimanormalperiode* darstellt.[48]

---

42 *Hupfer/Kuttler*, Witterung und Klima, 12. Aufl. 2006, S. 237.

43 In diesem Sinne *Brockhaus*, Die Enzyklopädie in vierundzwanzig Bänden, 20. Aufl. 1997, Art. „Klima", S. 91. Dabei sei erwähnt, dass es sich bei dieser Definition nicht um eine allgemeingültige Formulierung handelt. Vielmehr setzten Experten unterschiedliche Akzente in *ihrer* Definition des Klimas. So führt *Schönwiese*, Klimatologie, 5. Aufl. 2020, S. 56 bspw. noch die Ursächlichkeit des Klimas in seiner „Arbeitshypothese" an.

44 *Kappas*, Klimatologie, 2009, S. 86.

45 *Schönwiese*, Klimatologie, 5. Aufl. 2020, S. 89.

46 Siehe dazu im Detail in Teil 1: B. II.

47 *Schnittker*, Die Klimaschutzgesetze der Bundesländer, 2021, S. 43.

48 *Kappas*, Klimatologie, 2009, S. 3.

a) Berücksichtigung von Abweichungen

Für das Ergebnis der Betrachtung lediglich den Durchschnitt der Klimaelemente innerhalb eines solchen Zeitraums heranzuziehen, greift jedoch auch zu kurz, da es zwischenzeitliche Extrema und damit Variationen außer Betracht lässt. Daher definiert die Weltorganisation für Meteorologie (WMO) das Klima auch als Synthese der Einzelphänomene über einen Zeitraum, der lang genug ist, um die statistischen Eigenschaften auch bestimmen zu können.[49] Zu diesen statistischen Werten gehören mit Streumaßen, Extremwerten und höheren Momenten auch Größen, die über den Mittelwert hinausgehen.[50] Damit ist eine frühere Auffassung[51] als überholt anzusehen, die allein den mittleren Zustand der Klimaelemente über einen längeren Zeitraum für maßgeblich erachtet, aber keine kurzfristigen Extrema und Variationen berücksichtigt.

b) Differenzierung Klima – Wetter

In dieser zeitlichen Unterscheidung liegt auch die Abgrenzung des Klimas vom Wetter bzw. der Witterung. Während Wetter charakteristisch lediglich Klimaelemente in einem Zeitraum von Stunden und Tagen beschreibt und Witterung diese über Wochen und Monate beobachtet, steht das Klima für einen darüberhinausgehenden – aber eben nicht vom Wetter losgelösten – Langzeitvorgang. Ein Wetterphänomen ist damit ein atmosphärischer Zustand, der wie beispielsweise ein Sturm oder Kalt und Warmfronten nur für eine kurze Dauer besteht.[52] Klimaphänomene sind dagegen über einen Zeitraum von mehreren Jahren zu beobachten und werden, wie der *Golfstrom*[53]

---

49 Der Definition der WMO folgend. Vgl. dazu WMO, Climate, abrufbar unter https://public.wmo.int/en/our-mandate/climate.

50 *Hupfer/Kuttler*, Witterung und Klima, 12. Aufl. 2006, S. 237.

51 So bspw. noch das *UBA*, Was ist eigentlich Klima?, v. 11.08.2021, abrufbar unter https://www.umweltbundesamt.de/service/uba-fragen/was-ist-eigentlich-klima, *Hupfer/Kuttler*, Witterung und Klima, 12. Aufl. 2006, S. 237.

52 Drin besteht auch der Grund für die Schwierigkeit der verlässlichen Wettervorhersage im Vergleich zur Berechnung von Klimagrößen. Das Wetter ist stochastisch und anders als das Klima stark von Zufallsschwankungen geprägt. Vgl. dazu *Rahmstorf/Schnellnhuber*, Der Klimawandel, 9. Aufl. 2019, S. 13.

53 Beschreibt eine Ausprägung des Strömungssystems der Ozeane im Atlantik, bei der Wassermassen transportiert werden. Der Golfstrom transportiert warmes Wasser

oder der *El Niño*[54] oft durch mehrere Komponenten aus der Biosphäre und Atmosphäre gemeinsam bedingt.[55]

Auch wenn der Fokus dieser Arbeit auf dem Klima liegt, kann dieses aufgrund der beschriebenen engen Verknüpfung mit dem Wetter freilich nicht losgelöst von einzelnen Wetterereignissen gesehen werden – wohl wissend, dass aufgrund der Länge des maßgeblichen Zeitintervalls nicht jedes Wetterereignis eine Veränderung des Klimas indiziert.

3. Räumliche Dimension

Zuletzt stellt sich noch die Frage der räumlichen Dimension des Klimabegriffs. Meistens wird bei der klimatischen Betrachtung in vertikaler Hinsicht der Bereich der Atmosphäre herangezogen, welcher unmittelbar über der Erdoberfläche liegt und damit das natürliche Habitat des Menschen enthält, die sogenannte *Troposphäre*.[56] Was die Ausbreitung in der Fläche anbelangt, hängt die Größe des zu betrachtenden Gebiets von der Einteilung als klimatologisch einheitliches Areal ab, den sogenannten *Klimascales*.[57] Hierbei werden anhand meteorologischer Merkmale geografische Punkte zu einem Areal zusammengefasst, die sich aufgrund ihrer Vergleichbarkeit für eine einheitliche Betrachtung besonders eignen. Diese Scales werden nach dem zu erforschenden Analyseergebnis unterschiedlich gebildet und können von einer Spotebene (Klima an einer Pflanze) über eine Mikroebene (Klima in einem Wald) bis hin zur Meso und Makroebene reichen, bei der beispielsweise das Klima in einer Stadt (Mesoklima) oder einem Kontinent (Makroklima) beleuchtet wird. Das Welt oder Globalklima umfasst die globalen Mittel und Extremwerte aller Messgrößen.[58]

---

an die europäische Küste und nimmt damit insbesondere Einfluss auf das Klima in Nordeuropa. Siehe zu diesem Phänomen genauer *Schönwiese*, Klimatologie, 5. Aufl. 2020, S. 193 ff.

54 Beschreibt ein Warmwasserereignis im Osten des Pazifischen Beckens, bei dem ein Anstieg des Meeresspiegels und der Zufluss von Warmwasser an der Meeresoberfläche zu verzeichnen ist, das typischerweise um die Weihnachtszeit stattfindet. Siehe zu diesem Phänomen genauer *Lauer/Bendix*, Klimatologie, 2. Aufl. 2006, S. 255 ff.

55 *Schönwiese*, Klimatologie, 5. Aufl. 2020, S. 59.

56 *Schönwiese*, Klimatologie, 5. Aufl. 2020, S. 56.

57 *Häckel*, Meteorologie, 9. Aufl. 2021, S. 261.

58 *Häckel*, Meteorologie, 9. Aufl. 2021, S. 262.

Für diese Arbeit steht das Weltklima im Vordergrund, wobei insbesondere bei der nationalen Betrachtung und speziell zur klimatologischen Bewertung einzelner klimaschützender Maßnahmen auch das Meso und Makroklima herangezogen wird.

II. Das Klimasystem und dessen Wandel

Um die Ursachen und die Tragweite der Veränderungen des Klimas zu verstehen, muss das Weltklima im Kontext des globalen Klimasystems begriffen werden.[59] Dabei ist insbesondere die Differenzierung der Begriffe Klimaänderung und Klimawandel herauszustellen.

1. Das Klimasystem

Zu diesem gehören alle Geosysteme, welche eine Auswirkung auf das Klima haben können. Dazu zählt neben der Atmosphäre auch die Hydrosphäre, welche Ozeane und andere Gewässer umfasst, die Lithosphäre, also Relief und Böden, die Biosphäre, dabei insbesondere die Vegetation sowie die Kryosphäre, zu welcher Eis und Schneemassen gehören.[60] Die Komplexität des Systems besteht darin, dass alle dieser Subsysteme miteinander wechselwirken und sich eine Veränderung in einem der Bereiche auf die anderen auswirken kann. Da die Wirkungen dieser Kopplungen jedoch nicht linear verlaufen, bedarf es hochkomplexer Klimamodelle, um kausale Veränderungen innerhalb des Systems abzubilden und prognostizieren zu können.[61]

2. Klimaänderungen

Ein Begriff, welcher bei Veränderungen des Klimas unumgänglich ist, ist der des Klimawandels. Aus dem Begriff selbst könnte man fälschlicherweise den Schluss ziehen, dass es auch ein statisches, unveränderliches Klima mit einem permanenten Klimazustand und bloßen Wetterschwankungen

---

59 *Schönwiese,* Klimawandel kompakt, 3. Aufl. 2020, S. 24 beschreibt die Bedeutung des Klimasystems als Ausgangspunkt für das Verständnis von Klima und Klimawandel, da die internen Wechselwirkungen des Klimasystems und externen Einflüsse auf das System das Klima erst bedingen. Ähnlich auch *Häckel,* Meteorologie, 9. Aufl. 2021, S. 357; *Schönwiese,* Klimawandel kompakt, 3. Aufl. 2020, S. 24.

60 *Hupfer/Kuttler,* Witterung und Klima, 12. Aufl. 2006, S. 238.

61 *Hupfer/Kuttler,* Witterung und Klima, 12. Aufl. 2006, S. 239.

gebe. Dem ist aber nicht so, denn die Klimaelemente unterliegen ständigen Variationen, was allein der Definition nach auch eine ständige Dynamik des Klimas bedeutet,[62] weshalb Veränderungen der klimatischen Gegebenheiten im Allgemeinen vielmehr als *Klimaänderungen* bezeichnet werden.

a) Klimaänderungen als natürlicher Prozess

Zudem variiert auch unser Klimasystem selbst und mit ihm alle einhergehenden Phänomene der Subsysteme. Dabei ist insbesondere der Wechsel zwischen Eiszeitalter und Warmklima zu nennen. Das Eiszeitalter beschreibt eine klimatische Gegebenheit, bei der wenigstens ein Polargebiet von Eis bedeckt ist. Von einem Warmklima spricht man hingegen in einer eisfreien Zeit, bei der weder Pole noch Gebirgsregionen von einer permanenten Eisschicht bedeckt sind. Gemessen daran befinden wir uns seit 2–3 Mio. Jahren[63] in einem Eiszeitalter, welches mit der aktuellen Neo-Warmzeit, einer sogenannten *Nacheiszeit* wohl sein Ende findet.[64] Betrachtet man die klimatologische Entwicklung der letzten 10.000 Jahre, so fällt auf, dass sogar innerhalb dieser Jahrtausende währenden Langzeitperioden kürzere kältere und wärmere Abschnitte auftreten. Bei diesen *Glazialen*[65] und *Interglazialen*[66] handelt es sich um Zwischeneis bzw. Zwischenwarmzeiten, wobei die letzte „kleine Eiszeit“ etwa um 1100 n. Chr. zu finden ist und die Temperaturen seither tendenziell steigen.[67]

In welcher Intensität diese Veränderungen verlaufen, hängt maßgeblich von der Skalierung der Betrachtungszeiträume ab. Legt man eine hochfrequentierte Betrachtung zugrunde, bei welcher in kürzeren Zeiträumen die klimatischen Gegebenheiten miteinbezogen werden, zeigt sich ein variableres

---

62 *Brauch*, Klimapolitik, 1996, S. 8; *Hupfer/Kuttler*, Witterung und Klima, 12. Aufl. 2006, S. 275 führt dazu aus, dass eine Klimaänderung bereits dann vorliegt, wenn sich eine statistische Eigenschaft eines Klimaelements ändert.

63 Vgl. zu den Hintergründen der Informationserfassung weit zurückliegender und auch neuzeitlicher klimatischer Gegebenheiten *Häckel*, Meteorologie, 9. Aufl. 2021, S. 345 f.; *Brauch*, Klimapolitik, 1996, S. 8 f.

64 Vgl. dazu auch *Brauch*, Klimapolitik, 1996, S. 9.

65 Meint eine relativ kalte Epoche innerhalb der Langzeitepoche Eiszeitalter oder Warmzeit. Vgl. dazu *Hupfer/Kuttler*, Witterung und Klima, 12. Aufl. 2006, S. 283.

66 Meint eine relativ warme Epoche innerhalb der Langzeitepoche Eiszeitalter oder Warmzeit. Vgl. dazu *Hupfer/Kuttler*, Witterung und Klima, 12. Aufl. 2006, S. 283.

67 *Brauch*, Klimapolitik, 1996, S. 11.

Klima als bei einer niedrigfrequentierten Herangehensweise. Blickt man beispielsweise lediglich auf die Veränderung von einem Eiszeitalter zum Warmklima, so ist eine Veränderung der Temperatur von bis zu 10 °C festzustellen.[68]

b) Umweltrelevanz als Merkmal von Klimaänderungen

Für eine Klimaänderung bedarf es jedoch mehr als einer bloßen Veränderung der Klimaelemente.[69] Um eine konkrete Bestimmung für das Vorliegen einer Klimaänderung zu ermöglichen, wird als solche jede Veränderung der klimatischen Gegebenheiten für eine gewisse Dauer erachtet, welche länger anhaltende und quantitativ messbare Auswirkungen auf die Umwelt, mithin das Klimasystem bewirkt.[70] Besonders an dieser Definition ist die *Umweltrelevanz*, welche abermals den engen Zusammenhang der Klimaelemente innerhalb unseres Klimasystems verdeutlicht. Wie sich diese auf die Feststellung einer Klimaänderung auswirkt, lässt sich anhand der Implikationen des Klimas auf Gletscher, einen Teil der Kryosphäre, beispielhaft veranschaulichen. Gletscher unterliegen bedingt durch die saisonalen Temperaturunterschiede und die variierenden Schneeverhältnisse im Winter einem ständigen, witterungsbedingten natürlichen positiven oder negativen Wachstum.[71] Betrachtet man den Gletscher jedoch über einen längeren Zeitraum, so stellt man fest, dass sich die Gesamtmasse des gefrorenen Eises bei konstantem Klima nicht verändert, also ein sogenanntes *stationäres* Gletscherverhalten vorliegt.[72] Erst, wenn in unserem Beispiel die ansteigende mittlere Temperatur über einen längeren Zeitraum zu einem höheren Verlust an Eismasse führt, als durch Schneefall gebunden werden kann, verliert der Gletscher an Volumen. Die Umweltrelevanz der veränderten klimatischen Gegebenheit (Anstieg der mittleren Temperatur) wäre dann zu bejahen, weshalb auch eine Klimaänderung vorläge.

---

68 *Brauch*, Klimapolitik, 1996, S. 9.

69 *Hupfer/Kuttler*, Witterung und Klima, 12. Aufl. 2006, S. 275, die bereits das Vorliegen von Änderungen der Klimaelemente ausreichen lassen, führen dazu aus, dass die Änderung der Klimaelemente ihrerseits auf einer Änderung des Klimasystems und damit auch der Subsysteme beruht.

70 *Walkonigg*, Klima im Wandel, 2007, S. 13.

71 *Walkonigg*, Klima im Wandel, 2007, S. 13.

72 *Walkonigg*, Klima im Wandel, 2007, S. 13.

c) *Ursachen für Klimaänderungen*

Klimaänderungen sind klimageschichtlich im Laufe der über 4 Mrd. Jahre fortwährenden Existenz unseres Planeten also ein gewöhnlich auftretendes Phänomen.[73] Die hier zu behandelnde Frage des Klimaschutzes setzt jedoch einen Wirkmechanismus voraus, welcher es der Menschheit überhaupt ermöglicht, in Klimaprozesse einzugreifen. Eng damit verbunden ist die Frage der Ursachen für Klimaänderungen, da sie der Schlüssel zur Steuerung der Veränderungen sein können.

AA) SYSTEMINTERNE URSACHEN

Bei den Ursachen von Klimaänderungen unterscheidet man zwischen systeminternen und externen Ursachen. Systeminterne Ursachen haben ihren Auslöser in der Veränderung eines Subsystems unseres Klimasystems,[74] welche sich dann aufgrund der Koppelung mit den anderen Systemen umweltrelevant auswirkt. Die dadurch ausgelöste Reaktion der anderen Subsysteme kann exemplarisch anhand des folgenden Wirkungszusammenhangs dargestellt werden, wobei der erste Schritt variabel wählbar ist: Ein Absinken der Lufttemperatur in der Atmosphäre führt zum Abkühlen des Festlands und der Gewässer (Hydrosphäre und Lithosphäre), was eine Vereisung zur Folge hat (Kryosphäre). Da damit auch eine vermehrte Reflexion der Sonneneinstrahlung einhergeht, gelangt weniger Sonnenenergie zur Erde und die Temperatur sinkt weiter.[75] Dieser Prozess kann auch konträr verlaufen, was eine Erhöhung der Temperatur zur Folge hat. Dieser *Ab bzw. Aufschaukelungsprozess* kann die Folge einer internen Veränderung des Klimasystems sein.[76]

Besondere Relevanz kommt dabei dem sogenannten Treibhauseffekt zu. Dieser beschreibt eine Besonderheit der atmosphärischen Gase bei der

---

73 Ausführlich zur Klimageschichte der Erde und den damit verbundenen *natürlichen* Klimaänderungen *Walkonigg*, Klima im Wandel, 2007, S. 55 ff. sowie *Rahmstorf/ Schnellnhuber*, Der Klimawandel, 9. Aufl. 2019, S. 17 ff.

74 Näher hierzu in Teil 1: B. II. 1.

75 *Häckel*, Meteorologie, 9. Aufl. 2021, S. 357.

76 *Schönwiese*, Klimawandel kompakt, 3. Aufl. 2020, S. 97 ff. nennt im Rahmen des Aufschaukelungsprozesses exemplarisch ein Verschwinden der Meereseisbedeckung der Arktis im Sommer, das Schmelzen von Eisschildern, die Abschwächung des Nordatlantikstroms, die Abschwächung des indischen Sommermonsuns, den Kollaps des Amazonas-Regenwaldes und das Auftauen des Permafrostes.

Einstrahlung und Reflexion des solaren Energieflusses. Während die einfallenden Sonnenstrahlen nahezu ungehindert zur Erdoberfläche transmittiert werden, verringern die sogenannten Spurengase in der Atmosphäre die Wärmeabstrahlung in die Stratosphäre, wodurch sich der erdnahe Bereich, die sogenannte *Troposphäre*, erwärmt.[77] Zu diesen sogenannten Treibhausgasen gehören neben Kohlenstoffdioxid (CO_2) auch Methan (CH_4), Distickstoffoxid (N_2O), Ozon (O_3) und Wasserdampf (H_2O). Wie bedeutsam dieser Effekt für das Weltklima ist, wird bei einem Blick auf die theoretische Veränderung der Weltmitteltemperatur ohne Treibhausgase deutlich. Diese würde von derzeit +15 °C auf -18 °C absinken.[78]

BB) EXTERNE URSACHEN

Ein solcher Änderungsprozess kann jedoch auch durch Ursachen hervorgerufen werden, die nicht systemimmanent sind. Dabei ist zwischen den natürlichen und den anthropogenen Indikationen zu unterscheiden.

(1) Natürliche Indikationen

Solche zwar natürlichen, aber nicht klimatischen Auslöser können beispielsweise Kontinentalverschiebungen und Vulkanausbrüche aufgrund der Plattentektonik oder Strömungsanomalien in der Atmosphäre sein, welche dann eine Kettenreaktion in Gang setzen.[79] So kann es infolge der Kontinentalverschiebung zu einer vermehrten Vereisung der Pole kommen, mithin einer Veränderung der Kryosphäre. Vulkanausbrüche hingegen wirken sich aufgrund der Mengen an ausgestoßenem CO_2 auf die Zusammensetzung der Atmosphäre aus und verstärken somit den Treibhauseffekt.[80]

Häufig werden zudem Unregelmäßigkeiten in der Sonneneinstrahlung als eine Ursache für Klimaänderungen diskutiert.[81] Zwar können Phänomene wie

---

77 *Brauch*, Klimapolitik, 1996, S. 15 f.

78 *Brauch*, Klimapolitik, 1996, S. 16.

79 *Häckel*, Meteorologie, 9. Aufl. 2021, S. 357 f.

80 *Rahmstorf/Schnellnhuber*, Der Klimawandel, 9. Aufl. 2019, S. 33 ff.

81 *Richter/Mäder*, Sonne, Treibhausgase, Aerosole, Vulkanausbrüche, 2012, S. 6; *Walkonigg*, Klima im Wandel, 2007, S. 17 f.; *Lauer/Bendix*, Klimatologie, 2. Aufl. 2006, S. 22 ff.; *Häckel*, Meteorologie, 9. Aufl. 2021, S. 358; *Hupfer/Kuttler*, Witterung und Klima, 12. Aufl. 2006, S. 238 ff.

Sonnenwinde[82] oder Sonnenflecken[83] bedingt durch zyklische Schwankungen der Sonneneinstrahlung den solaren Energiezufluss unseres Klimasystems beeinflussen. Dies entfaltet aufgrund der veränderten UV-Strahlung und den damit verbundenen Folgen für die Atmosphäre auch eine mittelbare Wirkung auf das Klima. Die Schwankungen im solaren Energiezufluss sind aber derart gering,[84] dass eine daraus resultierende Klimaänderung keinesfalls gravierend ist. Auch die Tatsache, dass Sterne wie auch die Sonne in ihrem natürlichen Lebenszyklus langfristig an Strahlungsenergie gewinnen, stellt keinen nennenswerten Faktor in der Ursachenforschung der Klimaänderung in den vergangenen Jahrzehnten dar, da dies ein Jahrmilliarden andauernder Prozess ist und nicht für kurzfristige Veränderungen verantwortlich sein kann.[85]

(2) **Anthropogene Indikatoren**

Neben den natürlichen Ursachen für Klimaänderungen existieren jedoch auch klimatische Veränderungen, welche auf menschliches Handeln zurückzuführen sind und damit anthropogen sind. Diese stehen zumeist im Zusammenhang mit einer Einflussnahme auf die Atmosphäre durch die Emission von Treibhausgasen. Die Gase werden beispielsweise bei der Nutzung fossiler Energien, bei Waldrodungen, Viehhaltung oder der Bodenbearbeitung frei und gelangen dadurch in die Atmosphäre.[86] Der oben beschriebene natürliche Treibhauseffekt wird somit anthropogen

---

82 Sonnenwinde beschreiben den ständigen Teilchenstrom von der Sonne aufgrund der elektromagnetischen Wellenstrahlung, der ausgehend von der Sonne unsere Atmosphäre erreicht und dort Energie an Luftmoleküle abgibt. Vgl. dazu *Hupfer/Kuttler*, Witterung und Klima, 12. Aufl. 2006, S. 40.

83 Sonnenflecken sind periodische Schwankungen der Sonnenaktivität mit einer Amplitude von 11 Jahren, weshalb auch vom 11Jahreszyklus der Sonne gesprochen wird. Vgl. dazu *Richter/Mäder*, Sonne, Treibhausgase, Aerosole, Vulkanausbrüche, 2012, S. 7.

84 Grundsätzlich ist die Sonnenstrahlung sehr konstant und weist im Mittel eine Variation von weniger als 1 % auf. So bewirken bspw. selbst Sonnenflecken lediglich eine Minderung der Solarkonstante um rund 0,1 %. Vgl. dazu *Walkonigg*, Klima im Wandel, 2007, S. 19; *Richter/Mäder*, Sonne, Treibhausgase, Aerosole, Vulkanausbrüche, 2012, S. 7; *Häckel*, Meteorologie, 9. Aufl. 2021, S. 358.

85 *Walkonigg*, Klima im Wandel, 2007, S. 20.

86 *Brauch*, Klimapolitik, 1996, S. 19.

verstärkt, da die erwärmende Wirkung mit der Zunahme dieser Gase steigt.[87] Dabei ist allein CO_2 zu über 60 %[88] für die Verstärkung des Treibhauseffekts verantwortlich.

Auch auf andere Subsysteme nimmt der Mensch klimarelevant Einfluss. Im Bereich der Hydrosphäre ist dabei insbesondere die Trockenlegung von Seen und Mooren oder die künstliche Bewässerung von Landgebieten zu nennen. Dabei ist insbesondere dann von einer Klimarelevanz zu sprechen, wenn durch die Austrocknung von Mooren, die als natürlicher CO_2-Speicher gelten, große Mengen an gebundenem CO_2 freiwerden.[89] Ähnlich verhält es sich mit Eingriffen in die Biosphäre. Zwar wird auch hier durch Verbauung und Stadtentwicklung auf die Biosphäre im Sinne einer *Landnutzungsänderung* Einfluss genommen. Eine über das städtische Mesoklima hinausgehende Wirkung entfalten aber vor allem Waldrodungen,[90] welche sich aufgrund der fehlenden CO_2-Kompensation letztlich unmittelbar in der Atmosphäre auswirken und daher in dieser Arbeit auch dort verordnet werden.

3. Anthropogener Klimawandel

Zu klären bleibt die Frage des Kausalitätsverhältnisses an Klimaänderungen. Dabei ist in einem ersten Schritt festzuhalten, dass Klimaänderungen im Verlauf der Jahrmilliarden aufgrund der dargestellten natürlichen internen und externen Ursachen keine Seltenheit sind. Diese natürlichen Änderungen charakterisieren sich aber durch die oft Jahrmillionen andauernden Amplituden. Die erst in den vergangenen Jahrzehnten aufgetretenen klimatischen Änderungen sind davon zu unterscheiden.[91] Seit Mitte des 19. Jahrhunderts ist ein exponentielles Wachstum der Emissionskurven messbar, welches die CO_2-Konzentration in der Atmosphäre ansteigen lässt.[92] Anhand von Eisbohrkernen lässt sich rekonstruieren, dass sich der gegenwärtige

---

87 *Cubasch/Kasang*, Anthropogener Klimawandel, 2000, S. 37 ff.

88 So z.B. *Walkonigg*, Klima im Wandel, 2007, S. 90.

89 *Walkonigg*, Klima im Wandel, 2007, S. 87 f.

90 In Deutschland hat die Waldbedeckung bspw. von 90 % im Jahr 650 n. Chr. auf aktuell rund 30 % abgenommen. Vgl. dazu *Schönwiese*, Klimawandel kompakt, 3. Aufl. 2020, S. 77; *Walkonigg*, Klima im Wandel, 2007, S. 89 f.

91 *Lauer/Bendix*, Klimatologie, 2. Aufl. 2006, S. 294 ff.

92 *Lauer/Bendix*, Klimatologie, 2. Aufl. 2006, S. 295.; siehe Abb. 16.11: Zeitliche Entwicklung der atmosphärischen Konzentration ausgewählter Treibhausgase.

rasante Anstieg sowohl in zeitlicher Dimension als auch in der Intensität von den natürlichen Schwankungen der letzten 400.000 Jahre[93] deutlich abhebt.[94] Damit geht auch die signifikant ansteigende globale Oberflächentemperatur einher. Diese lag 2020 bereits um mehr als 1,2 °C über dem Wert von 1880,[95] mithin deutlich über dem *vorindustriellen Niveau.*[96]

Um den Anteil der anthropogenen Ursachen daran eindeutig bestimmen zu können, muss die in diesem Zeitraum natürliche Erwärmung theoretisch berechnet und davon abgezogen werden. Da diese Berechnung aufgrund der o.g. Vielzahl an natürlichen Indikatoren jedoch nicht zweifelsfrei angestellt werden kann, unterscheiden sich die Kalkulationen bezüglich des anthropogenen Anteils und damit des *Umfangs* der anthropogenen Ursachen am Anstieg der Oberflächentemperatur.[97] Einigkeit besteht jedoch hinsichtlich der *Wahrscheinlichkeit* einer anthropogenen Verstärkung des Temperaturanstiegs. Legt man allein den statistischen Wert zugrunde, der sich aufgrund zurückliegender Messungen und Bestimmungen ergebenden natürlichen Klimaänderung ergibt, so kann geschlussfolgert werden, dass die Erwärmung nach 1975 mit einer Wahrscheinlichkeit von 95 % anthropogen verstärkt ist.[98] Hinzu kommt die Tatsache, dass es zwar abseits der genannten Jahrmillionen währenden Klimaänderungen, die besprochenen kurzfristigen natürlichen Schwankungen gibt. Diese folgen jedoch bestimmten Mustern, wonach sich konkrete Amplituden für Klimaänderungen beispielsweise aus Vulkanausbrüchen (1–3 Jahren), El Nino (4–6 Jahren), Sonnenaktivitäten (11, 22 und 80 Jahre)

---

93 Andere Experten sprechen sogar von 800.000 Jahren, da nach ihrer Ansicht verlässliche Daten aus Eiskernen bis dahin zurückreichen. Vgl. dazu *Rahmstorf/Schnellnhuber*, Der Klimawandel, 9. Aufl. 2019, S. 33; *Schönwiese*, Klimatologie, 5. Aufl. 2020, S. 347.

94 *Walkonigg*, Klima im Wandel, 2007, S. 94.

95 UBA, Beobachtete und künftig zu erwartende globale Klimaänderungen, 2022, abrufbar unter https://www.umweltbundesamt.de/daten/klima/beobachtete-kuenftig-zu-erwartende-globale#aktueller-stand-der-klimaforschung.

96 Als sog. vorindustrielles Niveau wird seitens des IPCC der Zeitraum zwischen 1850 und 1900 herangezogen. Aufgrund der zu dieser Zeit schon vorangeschrittenen Industrialisierung und den damit verbundenen anthropogenen Implikationen wird diese Festlegung jedoch auch kritisiert. Vgl. dazu *Titz*, Was bedeutet eigentlich „vorindustriell“?, NZZ, abrufbar unter https://www.nzz.ch/wissenschaft/klimawandel-was-bedeutet-eigentlich-vorindustriell-ld.143339.

97 *Walkonigg*, Klima im Wandel, 2007, S. 100.

98 *Cubasch/Kasang*, Anthropogener Klimawandel, 2000, S. 18.

ergeben.[99] Die fortwährende Erwärmung durch den Treibhauseffekt dauert jedoch schon über 100 Jahre an, weshalb auch ein natürliches Phänomen, jedenfalls als maßgebliche Ursache der neuzeitlichen Erwärmung, ausscheidet.

In Summe führen diese Punkte dazu, dass in der Klimatologie Einigkeit über die Bewertung der Wahrscheinlichkeit eines anthropogenen Anteils an den Ursachen der Klimaerwärmung herrscht.[100] Mit dem IPCC-Klimareport 2007 wurde in einem breiten wissenschaftlichen Konsens festgehalten, dass ein beträchtlicher Anteil der globalen Erwärmung menschengemacht ist.[101] In einem Bericht von 2021 zu den naturwissenschaftlichen Grundlagen geht das Expertengremium sogar noch weiter, indem es festhält, dass die Erderwärmung eindeutig auf den Einfluss des Menschen zurückzuführen ist.[102] Den Experten des IPCC zufolge beträgt die wahrscheinliche Bandbreite und damit der Umfang des anthropogen verursachten Anstiegs von 1850–1900 bis 2010–2019 0,8 °C bis 1,3 °C.

4. Zusammenfassung

Begrifflich ist daher wie folgt zu unterscheiden. *Klimaänderung* steht als Oberbegriff für Änderungen der Klimaelemente jeglicher Art und Ursache, welche sich auf die Klimafaktoren – und gleichsam das Klima als solches – auswirken. Mit dem Begriff *Klimawandel* wird jene Klimaänderung erfasst, welche sich seit dem vorindustriellen Klimaniveau feststellen lässt. Diese ist dadurch gekennzeichnet, dass sie sich in ihrer Intensität und Dauer deutlich von bisherigen Klimaänderungen unterscheidet und deren Ursache maßgeblich in menschlichen Handlungen liegt, weshalb auch vom *anthropogenen Klimawandel* gesprochen wird.

III. Klimaschutz

Vor diesem Hintergrund stellt sich die Frage nach dem Begriff des Klimaschutzes. Dieser ist zwar auf Grundlage der naturwissenschaftlichen

---

99 *Walkonigg*, Klima im Wandel, 2007, S. 100.

100 Laut *Rahmstorf/Schnellnhuber*, Der Klimawandel, 9. Aufl. 2019, S. 8 deuten alle Evidenz auf eine Veränderung des Klimas durch den Menschen hin.

101 IPCC, Klimaänderungen 2007, S. 33 ff., abrufbar unter https://www.ipcc.ch/site/assets/uploads/2018/08/IPCC2007-SYR-german.pdf.

102 IPCC, Klimawandel 2021, S. 3, abrufbar unter https://www.de-ipcc.de/media/content/AR6-WGI-SPM_deutsch_barrierefrei.pdf.

Erkenntnisse zu erklären, bildet aber aufgrund seiner Ausgestaltung durch Gesellschaft, Politik und Justiz gewissermaßen eine Überleitung zu den Rechtswissenschaften.

1. Schutzobjekt

Dabei ist zunächst die Frage des Schutzobjekts zu klären. Klimaschutz darf nicht als Schutz eines abstrakten Begriffs verstanden werden, der losgelöst von den Folgen der Klimaänderungen lediglich versucht, bestimmte Messwerte zu erzielen. Vielmehr müssen die umweltrelevanten Folgen der Klimaänderungen, insbesondere des anthropogenen Klimawandels ins Zentrum gerückt werden, um die Umwelt und damit nicht weniger als die Lebensgrundlage der Menschheit zu bewahren.[103] Da der Mensch allen voran mittels Treibhausgasemissionen zunehmend Einfluss auf das Klima nimmt, gleichzeitig aber auch unter den Folgen des Klimawandels leidet,[104] wird unserem Handeln eine besondere Verantwortung zuteil.[105] Die Bemühungen darum, dieser Verantwortung gerecht zu werden und damit Klimaschäden zu verhindern, sind damit als Klimaschutz[106] zu bezeichnen.[107]

2. Klimaschutz als interdisziplinäre Herausforderung

Um effektiven Klimaschutz betreiben zu können, ist die Kenntnis über die oben beschriebenen naturwissenschaftlichen Kausalzusammenhänge unerlässlich, da diese ein gezieltes Handeln ermöglicht. Das Handeln selbst wird jedoch maßgeblich durch die *Klimapolitik* gesteuert. Hierunter sind alle Maßnahmen zu verstehen, die unabhängig von der räumlichen Wirkung

---

[103] Zutreffend *Schönwiese*, Klimatologie, 5. Aufl. 2020, S. 384.

[104] Zum bestehenden Handlungsdruck siehe sogleich die Ausführungen in Teil 1: C. II.

[105] *Schönwiese*, Klimatologie, 5. Aufl. 2020, S. 384; *Kappas*, Klimatologie, 2009, S. 278 f.

[106] Kommunikationsexperte *Adler* fordert, dass nicht von *Klimaschutz*, sondern von Menschenschutz, Erdschutz oder Weltschutz gesprochen wird, um die Dimension der Thematik den Rezipienten des Begriffs vor Augen zu führen. Kommunikation sei demnach der erste Schritt zu einem besseren Verständnis des Klimas *Adler*, Klimaschutz ist Menschenschutz, 2022, S. 11 ff.

[107] Manche fassen die Aufgabe des Klimaschutzes noch weiter und sehen ihn als Inbegriff des Weltethos, welcher die Grundlage aller ethischen Werte darstellt. So zum Beispiel *Küng/Kuschel*, Wissenschaft und Weltethos, 2001, S. 345.

den Auswirkungen des anthropogenen Klimawandels entgegenwirken.[108] Auch ist diese Aufgabe, anders als der Begriff möglicherweise suggeriert, keinesfalls alleinige Angelegenheit der Politik. Vielmehr sind auch die Justiz und insbesondere die Gesellschaft[109] wichtige Akteure bei der Steuerung der Klimapolitik.

3. Klimaschutzmaßnahmen

Die Anstrengungen zum Klimaschutz lassen sich in zwei Kategorien unterteilen.

a) Adaption – Anpassung

Zum einen gilt es, sich den bereits bestehenden Klimaänderungen anzupassen und Vorkehrungen zu treffen, die einen bestmöglichen Schutz der Umwelt und der Menschheit vor den Folgen des Klimawandels gewährleisten. Diese Verringerung der Klimaanfälligkeit kann durch eine Erhöhung der Widerstandsfähigkeit der Gesellschaft, beispielsweise durch den Bau von Dämmen, erreicht werden und ist insbesondere bei irreversiblen oder akuten Änderungen angezeigt.[110]

b) Mitigation – Vermeidung

Zum anderen zielt die Klimapolitik jedoch auch darauf ab, die Klimaänderung zu begrenzen, mithin den Klimawandel abzumildern. Maßnahmen dieser Kategorie setzen bei den oben genannten anthropogenen Ursachen des Klimawandels an und versuchen diese bestmöglich zu verhindern, indem

---

[108] *Kappas*, Klimatologie, 2009, S. 277.

[109] Innerhalb der Gesellschaft können Individuen durch besonders ambitionierte klimaschonende Handlungen oder Lebensweisen über die gouvernementale Klimastrategie hinaus zur Klimapolitik beitragen oder NGOs die Dringlichkeit der Thematik verdeutlichen. In entgegengesetzter Richtung ist es aber auch unerlässlich, mit der Klimapolitik einen breiten gesellschaftlichen Konsens zu erzeugen, da ansonsten radikale Gruppierungen an Einfluss gewinnen und somit Klimaschutzbemühungen in ihrer Gänze gefährden können. Dabei ist es wichtig die gesellschaftliche Zustimmung zum Klimaschutz nicht durch konkrete politische Projekte zu gefährden. Vgl. dazu *Sommer et al.*, Rechtspopulismus vs. Klimaschutz, 2022, S. 136 ff., die sich für eine stärkere gesellschaftliche Partizipation bei politischen Klimaschutzprojekten aussprechen.

[110] *Rahmstorf/Schnellnhuber*, Der Klimawandel, 9. Aufl. 2019, S. 89; *Kappas*, Klimatologie, 2009, S. 277.

beispielsweise Treibhausgasemissionen verringert werden.[111] Damit wird ein langfristiger Ansatz des stetigen Verbesserns verfolgt, dessen Wirkung vielmehr einen anhaltenden Prozess darstellt.

c) Optimaler Klimaschutz

Das führt zur Frage des Verhältnisses beider Ansätze im Hinblick auf einen effektiven Klimaschutz. Dabei wird schnell klar, dass ein Tätigsein in *beiden* Kategorien vonnöten ist, da eine Vernachlässigung jeder Kategorie für sich genommen das Auftreten von Klimaschäden begünstigen kann. Zur Veranschaulichung kann dazu folgende Formel[112] herangezogen werden:

Klimaschaden = Klimaanfälligkeit × Klimaänderung

Klimaschäden sind das Produkt aus den negativen Folgen des Klimawandels und der klimatischen Verwundbarkeit. Da sich in der Realität jedoch keiner der beiden Faktor auf null reduzieren lässt, wird es in unvermeidbarer Weise zu Klimaschäden kommen. Deshalb kann auch ein optimaler Klimaschutz – sofern man eine Strategie überhaupt so bezeichnen möchte,[113] – nur darin bestehen, durch Anpassung die Klimaanfälligkeit weitestgehend zu reduzieren *und* die Klimaänderungen gleichzeitig bestmöglich zu verringern.[114]

d) Laissez-Faire-Strategie

Einigkeit herrscht darüber, dass eine sogenannte reine *Laissez-Faire-Strategie*, wonach weder Anpassungs noch Vermeidungsmaßnahmen getroffen werden und der Klimawandel somit ungehindert fortschreiten kann, im Ergebnis nicht zielführend ist. Dieser liegt der utilitaristische Ansatz zugrunde, Entscheidung über Schutzmaßnahmen abhängig von dem Nutzen der dadurch verhinderten Klimaschäden zu treffen.[115] Übersteigen nun die Kosten

---

111 *Rahmstorf/Schnellnhuber*, Der Klimawandel, 9. Aufl. 2019, S. 89; *Kappas*, Klimatologie, 2009, S. 277.

112 Diese vereinfachte Formel wurde dargestellt von *Rahmstorf/Schnellnhuber*, Der Klimawandel, 9. Aufl. 2019, S. 88.

113 Angesichts der Komplexität klimatischer Zusammenhänge und der Langfristigkeit des Prozesses wird in der Literatur stattdessen auch von Potenzialen und Möglichkeiten des Klimaschutzes gesprochen; so z.B. *Rahmstorf/Schnellnhuber*, Der Klimawandel, 9. Aufl. 2019, S. 91 ff.

114 *Rahmstorf/Schnellnhuber*, Der Klimawandel, 9. Aufl. 2019, S. 89.

115 *Rahmstorf/Schnellnhuber*, Der Klimawandel, 9. Aufl. 2019, S. 91.

den wirtschaftlichen Nutzen, so die Theorie, seien die Klimaschäden ohne Schutzmaßnahmen hinzunehmen. Neben der dafür anzustellenden, teils ethisch fragwürdigen Monetarisierung von Klimaschäden, spricht gegen diesen Ansatz vor allem die Tatsache, dass es nahezu unmöglich ist, alle für eine solche Berechnung erforderlichen Werte perspektivisch für die kommenden Jahrhunderte exakt zu bestimmen, sog. epistemische Überforderung. Weder kann die klimatische Entwicklung und ihre Folgen exakt prognostiziert werden, noch können die Verhinderungskosten und der zukünftige Nutzen präzise bewertet werden.[116]

C. Status quo des Klimas

Die vorwiegend naturwissenschaftliche Betrachtung des Klimas endet hier mit einem Resümee der Begrifflichkeiten und einem Zustandsbericht der Klimaänderung und dessen Folgen. Dabei sollen nicht nur die gravierenden Folgen und möglichen Perspektiven verdeutlicht werden, sondern auch die Dringlichkeit einer eingehenden Befassung der Thematik seitens der klimapolitischen Akteure aufgezeigt werden.[117] Andersherum bildet der Zustand und die Entwicklung des Klimas jedoch Anlass und Grenze einer politischen und rechtlichen Handlungsgrundlage *zugleich*, was insbesondere für die in dieser Arbeit zu beleuchtenden verfassungskonformen Klimaschutzmaßnahmen relevant ist.[118]

I. Der anthropogene Klimawandel und seine Folgen

Durch menschliche Aktivitäten verursachte Treibhausgasemissionen sind in statistisch relevantem Maße seit etwa 1750 zu beobachten und haben insbesondere seit der zweiten Hälfte des 20. Jahrhunderts in rasanter Weise zugenommen.[119] Insbesondere der für die Erderwärmung maßgeblich verantwortliche Ausstoß der globalen CO_2-Mengen ist von 1,96 Milliarden Tonnen (1900) zu Beginn des 20. Jahrhunderts auf 23,44 Milliarden Tonnen

---

116 *Rahmstorf/Schnellnhuber*, Der Klimawandel, 9. Aufl. 2019, S. 92 f.

117 So trägt der Beitrag von Arbeitsgruppe I zum Sechsten Sachstandsbericht des IPCC bereits den Untertitel „Zusammenfassung für die politische Entscheidungsfindung" und verdeutlicht damit, an wen die Ergebnisse maßgeblich adressiert sind.

118 Siehe dazu insbesondere die Ausführungen in Teil 3: C.

119 *Intergovernmental Panel on Climate Change*, Naturwissenschaftliche Grundlagen, 2021, S. 3; *Rahmstorf/Schnellnhuber*, Der Klimawandel, 9. Aufl. 2019, S. 32 f.

bei der Jahrtausendwende angestiegen.[120] Im Jahr 2022 war der globale CO_2-Ausstoß mit 40,6 Milliarden Tonnen so hoch wie noch nie.[121] Der jahrzehntelange Ausstoß von CO_2 führt zu einer Erhöhung der CO_2-Konzentration in der Atmosphäre von ca. 280 ppm im vorindustriellen Niveau[122] auf 417 ppm im Jahr 2022.[123] Dies führt neben wenigen anderen systeminternen[124] und externen[125] Ursachen maßgeblich zu einer Beeinflussung des Weltklimas und damit gleichzeitig zu einem Anstieg der mittleren Oberflächentemperatur der Erde.[126] So waren die vergangenen vier Jahrzehnte allesamt wärmer als jedes Jahrzehnt[127] zuvor. Allein in den Jahren 2001–2020 war die globale Oberflächentemperatur um 0,99 °C höher als im vorindustrielle Niveau.[128] Bei gleichbleibenden Emissionen

---

[120] *World Resources Institute*, Climate Watch (CAIT): Country Greenhouse Gas Emissions Data, https://www.wri.org/data/climate-watch-cait-country-greenhouse-gas-emissions-data.

[121] *Beckhardt*, Tagesschau v. 11.11.2022, abrufbar unter https://www.tagesschau.de/wissen/klima/co2-ausstoss-carbon-project-101.html#:~:text=Um%20rund%20ein%20Prozent%20im,der%20zweith%C3%B6chste%20Zuwachs%20der%20 Geschichte auf Grundlage der *Global Carbon Project*, Pressemitteilung vom 11.11.2022 abrufbar unter https://globalcarbonbudget.org/no-sign-of-decrease-in-global-co2-emissions/.

[122] *Schönwiese*, Klimatologie, 5. Aufl. 2020, S. 346.

[123] *Beckhardt*, Tagesschau v. 11.11.2022, abrufbar unter https://www.tagesschau.de/wissen/klima/co2-ausstoss-carbon-project-101.html#:~:text=Um%20rund%20ein%20Prozent%20im,der%20zweith%C3%B6chste%20Zuwachs%20der%20Geschichte auf Grundlage der *Global Carbon Project*, Pressemitteilung vom 11.11.2022 abrufbar unter https://globalcarbonbudget.org/no-sign-of-decrease-in-global-co2-emissions/.

[124] Wie in Teil 1: B. II. 2. a) aufgezeigt, sind Schwankungen des Klimasystems ein gewöhnlicher Prozess und führen zu natürlichen Klimaänderungen. Aufgrund ihrer verschwindend geringen Rolle am aktuellen Klimawandel, sind diese jedoch zu vernachlässigen. Der IPCC schätzt die Veränderung der Oberflächentemperatur von 1850–1900 bis 2010–2019 durch systeminterne Schwankungen auf 0,1 °C bis +0,1 °C. Vgl. dazu *Intergovernmental Panel on Climate Change*, Naturwissenschaftliche Grundlagen, 2021, S. 3.

[125] Wie in Teil 1: B. II. 2. c) bb) (1) aufgezeigt, existieren auch externe Ursachen, die nicht anthropogen sind. Aufgrund ihrer verschwindend geringen Rolle am aktuellen Klimawandel, sind jedoch auch diese zu vernachlässigenden. Der IPCC schätzt die Veränderung der Oberflächentemperatur von 1850–1900 bis 2010–2019 durch natürliche, externe Antriebsfaktoren auf 0,2 °C bis +0,2 °C. Vgl. dazu *Intergovernmental Panel on Climate Change*, Naturwissenschaftliche Grundlagen, 2021, S. 3.

[126] *Rahmstorf/Schnellnhuber*, Der Klimawandel, 9. Aufl. 2019, S. 36.

[127] Seit dem Messbeginn 1850.

[128] *Intergovernmental Panel on Climate Change*, Naturwissenschaftliche Grundlagen, 2021, S. 3.

ist die Wahrscheinlichkeit, dass die Marke von 1,5 °C in den kommenden neun Jahren überschritten wird, bei 50 %.[129] Hinzu kommt das Bestehen sog. Kipppunkte, bei deren Erreichen Prozesse in Gang gesetzt werden, die aufgrund ihrer Verselbstständigung unumkehrbar sind und damit irreversible Schäden anrichten.[130] Das bedeutet, dass Maßnahmen, die nach dem Erreichen dieser Kipppunkte getroffen werden, keine adäquaten Zustandsverbesserungen mehr herbeiführen können und damit zwangsläufig davor getroffen werden müssen, um eine klimaschützende Wirkung zu erzielen.[131] Exemplarisch kann hier die klimatologisch bedingte Veränderung des Jetstreams genannt werden, welche sich bei Erreichen spezifischer Kipppunkte etwa auf den Monsun und damit auf klimarelevante Elemente auswirkt. Wird nach Eintritt dieser Folgen versucht, den Ursachen des zugrundeliegenden veränderten Jetstreams entgegenzuwirken, führt das jedenfalls nicht mehr zu einer adäquaten Wirkung bezüglich der Klimaelemente, wie des Monsuns.[132]

Der anthropogene Klimawandel macht sich auch in anderen Subsystemen unseres Klimasystems bemerkbar. Seit 1950 haben die global gemittelten Niederschläge über Land zugenommen. Ein menschlicher Beitrag dazu wird als wahrscheinlich beschrieben.[133] Ferner ist ein anthropogener Einfluss am weltweiten Rückgang von Gletschern und des polaren Meereises äußerst wahrscheinlich. Auch das Auftauen des Permafrosts und die damit verbundene Freisetzung von Methan – einem besonders starken Treibhausgas – ist jedenfalls anthropogen begünstigt.[134] Die Ozeane sind nicht nur mittelbar durch die aufgrund der Eisschmelze erhöhten Meeresspiegel vom Klimawandel betroffen, sondern erwärmen sich auch unmittelbar selbst, was zu einem Absinken des Sauerstoffgehalts, vor allem aber zu einer Änderung der Meeresströmungen[135]

---

[129] *Global Carbon Project*, Pressemitteilung vom 11.11.2022, S. 1, abrufbar unter https://globalcarbonbudget.org/no-sign-of-decrease-in-global-co2-emissions/.

[130] Bereits in einen rechtlichen Kontext einordnend *Meyer* NJW 2020, 894 (898).

[131] Zur Existenz solcher Kipppunkte und der umstrittenen Frage, ab welchem Punkt diese erreicht werden, siehe *Lenton* Nature 2019, 592 (592 f.).

[132] Zu diesem und weiteren Beispielen von Folgen des Erreichens sog. Kipppunkte vgl. *Brovkin et al.* Nature 2021, 550 (553 f.).

[133] *Intergovernmental Panel on Climate Change*, Naturwissenschaftliche Grundlagen, 2021, S. 3.

[134] *Rahmstorf/Schnellnhuber*, Der Klimawandel, 9. Aufl. 2019, S. 59.

[135] Einzelheiten zu den Implikationen des Klimawechsels auf die globalen Meeresströmungen: *Rahmstorf/Schnellnhuber*, Der Klimawandel, 9. Aufl. 2019, S. 65.

mit weitreichenden Auswirkungen für die Biosphäre führt.[136] Die Folgen sind nicht nur als Veränderungen von Mittelwerten festzustellen, sondern auch in Gestalt von Wetterextremen ganz akut greifbar.[137] Zwar ist das Wetter, wie bereits differenziert,[138] nicht mit dem Klima gleichzusetzen. Eine signifikante Häufung von Extremereignissen kann jedoch die Auswirkung des Klimawandels sein. Der IPCC erachtet einen Ursachenzusammenhang zwischen anthropogenen Antriebsfaktoren und der Eintrittswahrscheinlichkeit von zusammengesetzten Extremereignissen, wie Hitzewellen und Dürren oder Hochwasser und Feuerwetter, als wahrscheinlich.[139] Nur schlagwortartig sollen an dieser Stelle zur Verdeutlichung der Tragweite die weitergehenden Implikationen einer ungebremsten Änderung des Klimasystems, wie der Wegfall der Ernährungssicherheit, die Verbreitung von Krankheiten oder der Zusammenfall unseres Ökosystems, genannt werden.[140]

Auch wenn insbesondere die letztgenannten Punkte noch nicht unmittelbar bevorstehen, lohnt sich ein Blick auf die prognostizierte weitere Entwicklung des Klimas, um die Gefahr besser einschätzen zu können.

II. Handlungsdruck mit Blick auf die Zukunft

Wie sich das Klima in den kommenden Jahrzehnten entwickelt, kann nicht zweifelsfrei prognostiziert werden, zumal es regional und saisonal weiterhin Unterschiede in der Betroffenheit von Klimaänderungen geben wird. Forscher des IPCC haben jedoch mittels eines Klimamodells die Entwicklungen des Klimas ausgehend von fünf Szenarien der künftigen[141] CO_2-Emissionen

---

[136] *Intergovernmental Panel on Climate Change*, Naturwissenschaftliche Grundlagen, 2021, S. 3.

[137] Zu den konkreten Folgen für die Region Bayern im Näheren *Bayerisches Landesamt für Umwelt*, Bayerns Klima im Wandel, 2. Aufl. 2022, S. 4 ff.; darin werden neben dem Anstieg der Jahresmitteltemperatur, heiße Sommer, warme Winter, variable Niederschläge, heftige Regenfälle und trockene Sommer aufgeführt.

[138] Siehe dazu die Ausführungen in Teil 1: B. I. 2. b).

[139] *Intergovernmental Panel on Climate Change*, Naturwissenschaftliche Grundlagen, 2021, S. 8.

[140] Näher zu diesen Implikationen: *Rahmstorf/Schnellnhuber*, Der Klimawandel, 9. Aufl. 2019, S. 72 ff.

[141] Eine Determinante stellen bei allen Szenarien die bereits emittierten Treibhausgase dar, da der Abbau je nach Gas mehrere hunderttausend Jahre dauern kann. CO_2 ist bspw. erst nach 1.000 Jahren zu 60–85 % abgebaut. Vgl. dazu *UBA*, Die Treibhausgase

exemplarisch berechnet und wagen daraus Prognosen zu den Folgen der jeweiligen Szenarien.[142]

Daraus ergibt sich, dass bei allen untersuchten Szenarien die Temperatur in den nächsten Jahrzehnten zunächst ansteigen wird. Wie sich die Oberflächentemperatur langfristig entwickelt, hängt jedoch maßgeblich von den künftigen Emissionen ab. Während die Temperatur im Szenario mit sehr niedrigen[143] Treibhausgasemissionen (SSP1–1.9) langfristig wieder auf unter 1,5 °C absinkt, ist bei sehr hohen[144] Emissionen (SSP5–8.5) eine langfristige Bandbreite von 3,3 °C bis 5,7 °C sehr wahrscheinlich.[145] Vor dem Hintergrund, dass bereits jede Erwärmung um 0,5 °C zu merklichen Zunahmen der oben genannten Folgen führt, kommt der Menschheit hier eine enorme Steuerungswirkung bei der Ausgestaltung des Klimawandels zu. Bedenkt man, dass die aktuelle Erwärmung um 1,1 °C[146] bereits zu gravierenden Klimaschäden[147] geführt hat, wird deutlich, welches Schadenspotenzial mit solchen rasanten Erwärmungen verbunden ist.

Auf Basis dieser naturwissenschaftlichen Erkenntnisse und des bestehenden Handlungsdrucks wird im Folgenden der Stellenwert des Klimaschutzes im nationalen Verfassungsrecht beleuchtet.

2022, abrufbar unter https://www.umweltbundesamt.de/themen/klima-energie/treibhausgas-emissionen/die-treibhausgase.

142 *Intergovernmental Panel on Climate Change*, Naturwissenschaftliche Grundlagen, 2021, S. 14.

143 SSP1–1.9 meint Emissionen, die bis 2050 auf netto Null zurückgehen und in der Folgezeit eine negative Bilanz aufweisen.

144 SSP5–8.5 meint Emissionen, die sich bis 2100 im Vergleich zum heutigen Stand etwa verdoppeln.

145 *Intergovernmental Panel on Climate Change*, Naturwissenschaftliche Grundlagen, 2021, S. 14 f.

146 So bspw. beziffert in: *Bayerisches Landesamt für Umwelt*, Bayerns Klima im Wandel, 2. Aufl. 2022, S. 2.

147 Der weltgrößte Rückversicherer Munich Re veröffentlichte jüngst Zahlen zu den Kosten von Klimaschäden. So beliefen sich laut Berechnungen des Konzerns allein die Unwetterschäden im Jahr 2021 auf 280 Milliarden Dollar. *Schnell*, Unwetterschäden steigen stärker als das BIP – Versicherer fürchten Milliardenkosten durch Klimawandel, Handelsblatt v. 10.01.2022, abrufbar unter https://www.handelsblatt.com/unternehmen/mittelstand/familienunternehmer/munich-re-unwetterschaeden-steigen-staerker-als-das-bip-versicherer-fuerchten-milliardenkosten-durch-klimawandel/27944644.html.

ZWEITER TEIL

Die Entwicklung des verfassungsrechtlichen Klimaschutzes

„Nur wer die Vergangenheit kennt, kann die Gegenwart verstehen und die Zukunft gestalten." Dieses von *Bebel*[148] geprägte[149] Zitat verdeutlicht auf eindrückliche Weise die Bedeutung der Vergangenheit beim Verständnis der Gegenwart – beruht das Hier und Jetzt doch auf den Entwicklungen und Entscheidungen vergangener Jahre.

Dies lässt sich auch auf das Verfassungsrecht und die hier zu beleuchtende Frage des Stellenwerts des Klimaschutzes übertragen. Um ein besseres Verständnis für den gegenwärtigen Stand des Klimaschutzes im Grundgesetz zu erhalten, ist eine vorherige rechtshistorische Beleuchtung der Verfassungsgeschichte unerlässlich. Damit geht ein enger Zusammenhang zwischen Verfassungsrecht und Verfassungsgeschichte einher.[150] Beide haben die Organisation der staatlichen Gewalt, das Verhältnis des Staates zu den Bürgen sowie das Zusammenspiel der Staatsorgane selbst zum Gegenstand und regeln damit nicht weniger als die Grundordnung des Gemeinwesens.[151] Getreu dem oben genannten Leitsatz wird im Folgenden zunächst die Entwicklung des verfassungsrechtlichen Klimaschutzes über die vergangenen Jahrzehnte hinweg chronologisch dargestellt. Von Bedeutung sind dabei auch die bisherigen politische Entscheidungen mit Blick auf den Klimaschutz und deren juristische Behandlung. Erst das ermöglicht im Anschluss eine umfassende Bewertung des aktuellen Stellenwerts des Klimaschutzes in der Verfassung.

A. Historischer Abriss der verfassungsrechtlichen Stellung des Klimaschutzes

Der Klimaschutz wurde erst in den 1990er Jahren als eigener rechtlicher Belang angesehen, was sich zum Teil anhand der fehlenden Popularität wissenschaftlicher Erkenntnisse erklären lässt, insbesondere aber im mangelnden

---

148 August Bebel (1840–1913) war ein deutscher Politiker und gilt als einer der Begründer der Sozialdemokratie in Deutschland.

149 Im Jahr 1995 adaptierte der damalige Bundeskanzler Helmut Kohl diesen Satz im Rahmen einer Rede zur Geschichte der Vertreibung.

150 *Frotscher/Pieroth*, Verfassungsgeschichte, 20. Aufl. 2022, S. 1.

151 *Hesse*, Grundzüge des Verfassungsrecht der Bundesrepublik Deutschland, 20. Aufl. 1999, Rn. 17.

Problembewusstsein, welches sogleich erörtert wird, seine Ursache findet.[152] Gleichwohl zielt der im vergangenen Jahrhundert aufgekommene Schutz der Umwelt folgerichtig auch auf den Schutz des damit eng verbundenen[153] Klimas ab. Um der Frage des Klimaschutzes in den vergangenen Jahrzehnten nachzugehen, ist es daher unerlässlich, gerade in den früheren Jahren auch die Bemühungen hinsichtlich des Umweltschutzes zu beleuchten, soweit diese den Klimaschutz im eigentlichen Sinne betreffen.

I. Die Entstehung des Grundgesetzes 1945–1949

Unstrittig ist, dass die Erkenntnis eines menschenverursachten Klimawandels und die daraus resultierende Notwendigkeit des Klimaschutzes einer juristischen Beachtung in Form von Gesetzen vorausging. So analysierte der Chemiker *Arrhenius* bereits im 19. Jahrhundert den Zusammenhang zwischen CO_2-Emissionen und der Erderwärmung.[154] Bis zu einer tiefgreifenden juristischen Befassung mit dieser Thematik dauerte es jedoch noch einige Jahrzehnte. Die verfassungsrechtliche Analyse beginnt hier mit der Fassung des Grundgesetzes, dessen Entstehung maßgeblich auf dem Verfassungskonvent auf Herrenchiemsee vom 10.–23.08.1948[155] beruht.[156] In dem daraus resultierenden Entwurf findet Klimaschutz – anders als in der Weimarer Reichsverfassung (WRV), welche in Art. 150 Abs. 1 zumindest Denkmäler der Natur sowie die Landschaft unter den Schutz und die Pflege des Staates stellte[157] – indes keinerlei Erwähnung.[158]

---

[152] Eine exakte Datierung des Beginns eines Klimaschutzrechts ist aufgrund der verschiedenen Erwähnungen in der Literatur nicht möglich. Die Geburtsstunde des Klimaschutzes kann, gemessen an den wissenschaftlichen Erkenntnissen, jedoch nicht vor Ende der 1980er Jahre angesetzt werden. Vgl. dazu *Kloepfer*, Umweltrecht, 4. Aufl. 2016, § 17, Rn. 10 ff.

[153] Vgl. dazu die Feststellung, dass von den natürlichen Lebensgrundlagen sowohl die Umwelt als auch das Klima umfasst sind BVerfGE 118, 79 = NVwZ 2007, 937, Rn. 110.

[154] *Arrhenius* The London, Edinburgh, and Dublin Philosophical Magazine and Journal of Science 1896.

[155] *Ministerpräsidenten-Konferenz/Verfassungsausschuss*, Bericht über den Verfassungskonvent auf Herrenchiemsee vom 10. bis 23. August 1948, 1948.

[156] *Frotscher/Pieroth*, Verfassungsgeschichte, 20. Aufl. 2022, S. 383.

[157] Vgl. zum Umfang des Schutzes und der Pflege *Kimminich*, Deutsche Verfassungsgeschichte, 2. Aufl. 1987, S. 493.

[158] Vgl. dazu *Ministerpräsidenten-Konferenz/Verfassungsausschuss*, Bericht über den Verfassungskonvent auf Herrenchiemsee vom 10. bis 23. August 1948, 1948; *Kloepfer/Durner*, Umweltschutzrecht, 3. Aufl. 2020, S. 29.

Auch die Beratungen im Parlamentarischen Rat von September 1948 bis Mai 1949, welche der Schlussabstimmung über das Grundgesetz am 8.5.1949 vorausgingen, änderten nichts an dem Fehlen eines Bezugs zum Klima oder der Umwelt.[159]

1. Wesentliche Einflussfaktoren bei der Ausarbeitung

Die Gründe dafür sind vielschichtig. Ein Blick auf die zur Zeit der Entstehung des Grundgesetzes wesentlichen Begleitumstände vermittelt einen Eindruck von den Einflussfaktoren, mit denen sich die Mitglieder des Parlamentarischen Rates konfrontiert sahen. Am 8. Mai 1945 endete der verheerende Zweite Weltkrieg mit der bedingungslosen Kapitulation des deutschen Reiches – die Folgen des Krieges waren in den Jahren danach dennoch allgegenwärtig. Kontrolliert und verwaltet von den Alliierten wurde in den Besatzungszonen[160] der wirtschaftliche und gesellschaftliche Neuanfang gewagt. Die „Stunde Null"[161] war in den Augen vieler Hoffnung und Aufgabe zugleich. Zum einen war sie die Hoffnung auf eine stärkere Wirtschaft, eine gesellschaftliche und politische Neuausrichtung nach der Zeit des Naziregimes im Dritten Reich sowie die Eingliederung der Vertriebenen aus den ehemaligen ostdeutschen Gebieten. Und zum anderen ging damit die Aufgabe einher, all diese Herausforderungen zu bewältigen. Zudem stand aus juristischer Perspektive die Aufarbeitung der Zeit des Nationalsozialismus in gleich zweierlei Hinsicht an. Nicht nur waren einige Juristen eng mit dem Nationalsozialismus verbunden und verteidigten bisweilen – teils aus striktem Rechtspositivismus,[162] teils aus persönlicher Überzeugung – die Taten

---

[159] Vgl. dazu die Version des Grundgesetzes zum Zeitpunkt der Verkündung am 23.05.1949 im BGBl. I 1949, S. 1.

[160] Zunächst unterteilte sich das Gebiet Deutschlands in vier Besatzungszonen der Alliierten USA, Frankreich, Großbritannien, Sowjetunion. Im Januar 1947 schlossen sich die amerikanische und britische Zone wirtschaftlich und später administrativ zur sog. *Bizone* zusammen. Im Frühjahr 1948 näherte sich die französisch verwaltete Zone diesem Bündnis an, weshalb auch von der *Trizone* die Rede war. Vgl. dazu *Frotscher/Pieroth*, Verfassungsgeschichte, 20. Aufl. 2022, S. 373 f.

[161] Der Begriff stand in der Nachkriegszeit für die Chance zu einem Neuanfang resultierend aus der bedingungslosen Kapitulation.

[162] *Ministerpräsidenten-Konferenz/Verfassungsausschuss*, Bericht über den Verfassungskonvent auf Herrenchiemsee vom 10. bis 23. August 1948, 1948, S. 20.

des Regimes,[163] was ein Problem in personeller Hinsicht darstellte. Auch galt es, die als fortschrittlich[164] angesehene WRV als eine der wesentlichen Komponenten für die „Machtergreifung" Hitlers kritisch zu hinterfragen und Lehren daraus zu ziehen.[165]

In dieser Gemengelage wurde den Ministerpräsidenten der elf Länder in den westlichen Besatzungszonen mit der Übergabe der *Frankfurter Dokumente*[166] am 01.07.1948 gewissermaßen der Auftrag zur Verfassungsgebung erteilt.[167] Dies war eine sehr herausfordernde Aufgabe, bei der sich die Delegierten[168] zum einen an den gegenwärtigen Hürden orientieren mussten und zum anderen auch stets innerhalb der durch die Westalliierten gesteckten Richtlinien zu bewegen hatten, die vor allem staatsorganisationsrechtlicher Natur waren.[169] Damit kam den Verantwortlichen nicht nur die Funktion zu, eine grundlegende Ordnung des Verhältnisses Staat zu Bürger zu schaffen, sondern

---

163 Im Jahr 1958 waren von den 47 leitenden Beamten des BKA 33 frühere SSAngehörige. Vgl. *Steinke*, Fritz Bauer, 2014, S. 17.

164 Zu den Einzelheiten der Weimarer Reichsverfassung, ihren Wurzeln im Entwurf von 1848 und den zur damaligen Zeit fortschrittlichen Neuerungen siehe *Zippelius*, Kleine deutsche Verfassungsgeschichte, 7. Aufl. 2006, S. 132 ff.; *Scheyhing*, Deutsche Verfassungsgeschichte der Neuzeit, 1968, S. 223 ff.

165 Jedes plebiszitäre Element in der Verfassung wurde bspw. aufgrund der Lehren aus der Weimarer Republik anfangs kritisch gesehen, weshalb man bei der Entwicklung des Grundgesetzes hinsichtlich der Frage von Volksabstimmungen zurückhaltend war. Vgl. dazu *Frotscher/Pieroth*, Verfassungsgeschichte, 20. Aufl. 2022, S. 381 Vgl. dazu auch *Fromme*, Von der Weimarer Verfassung zum Bonner Grundgesetz, 3. Aufl. 1999, S. 195 ff.

166 Nach dem Scheitern eines einheitlichen Vorgehens aller vier Besatzungsmächte fassten auf der Londoner Sechs-Mächte-Konferenz die teilnehmenden Staaten, darunter neben den Westalliierten auch die Benelux-Staaten, den Beschluss, einen neuen westdeutschen Staat zu gründen. Die Länder der drei Besatzungszonen wurden dazu im Rahmen der Frankfurter Dokumente ermächtigt. Damit einher ging auch der Auftrag zur Ausarbeitung einer Verfassung. Vgl. dazu *Frotscher/Pieroth*, Verfassungsgeschichte, 20. Aufl. 2022, S. 379 ff.; *Kimminich*, Deutsche Verfassungsgeschichte, 2. Aufl. 1987, S. 612 f.

167 *Frotscher/Pieroth*, Verfassungsgeschichte, 20. Aufl. 2022, S. 379; *Bayerisches Hauptstaatsarchiv*, Dokumente zur künftigen politischen Entwicklung Deutschlands [„Frankfurter Dokumente"], 1. Juli 1948, 2006, S. 2.

168 Die Delegierten sind namentlich und im Einzelnen nachzulesen in *Ministerpräsidenten-Konferenz/Verfassungsausschuss*, Bericht über den Verfassungskonvent auf Herrenchiemsee vom 10. bis 23. August 1948, 1948, S. 9 f.

169 *Frotscher/Pieroth*, Verfassungsgeschichte, 20. Aufl. 2022, S. 381.

gleichzeitig auch die Staatsorganisation in einer Weise zu regeln, welche die Lehren der Weimarer Republik berücksichtigte und sich dabei im Einklang mit den Vorgaben der westlichen Besatzungsmächten befand.[170]

2. Der Stellenwert des Klimaschutzes in der Nachkriegszeit

Umwelt oder gar Klimaschutz fand in der ersten Fassung des Grundgesetzes 1948/1949 keine Beachtung. Zusammenfassend lassen sich jedoch keinerlei Anhaltspunkte finden, die auf eine bewusste Ausgrenzung der Klimabelange hindeuten. Vielmehr lassen die Begleitumstände bei der Entstehung des Grundgesetzes darauf schließen, dass in Anbetracht der komplexen juristischen Aufgabe und des politischen Umfeldes der Fokus schlichtweg auf anderen Themen lag und der Umweltschutz somit gar nicht erst in die Überlegungen miteinbezogen wurde. Hinzu kommt die Tatsache, dass das Grundgesetz in seiner ursprünglichen Form lediglich als zeitliches Provisorium angedacht war.[171] Damit wollte man die Möglichkeit einer gesamtdeutschen Verfassung eröffnen, welche dann aus dem freien Willen des deutschen Volkes – nach dem erhofften Zusammenschluss mit der sowjetischen Besatzungszone – erfolgen konnte.[172] Zukunftsthemen wie das Klima standen somit nicht im Fokus der Entscheidungsträger.

II. Phase des wirtschaftlichen Aufschwungs 1950–1973

1. Das politische und gesellschaftliche Umfeld

Daran änderte auch zunächst die Zeit des deutschen Wirtschaftswunders in den 50er und 60er Jahren des 20. Jahrhunderts nichts. In diesen vom wirtschaftlichen Aufschwung geprägten Dekaden beherrschte der Gedanke eines raschen Wiederaufbaus des durch den Zweiten Weltkrieg zerstörten

---

[170] *Fromme*, Von der Weimarer Verfassung zum Bonner Grundgesetz, 3. Aufl. 1999, S. 195 ff.

[171] *Ministerpräsidenten-Konferenz/Verfassungsausschuss*, Bericht über den Verfassungskonvent auf Herrenchiemsee vom 10. bis 23. August 1948, 1948, S. 17; *Hufen/Ziegler* LKRZ 2009, 41.

[172] Dem Streben danach wurde mit der Fassung des Art. 146 GG Geltung verliehen, wonach das Grundgesetz seine Gültigkeit verliert, sobald eine Verfassung in Kraft tritt, die vom deutschen Volk in freier Entscheidung beschlossen wird. Vgl. dazu auch die Version des Grundgesetzes zum Zeitpunkt der Verkündung am 23.05.1949 im BGBl. I 1949, S. 1.

Landes die Entscheidungsprozesse.[173] Die Währungsreform von 1948 und der als europäisches Wiederaufbauprogramm konzipierte Marshallplan[174] bestimmten die Richtlinien des politischen Handelns in der Bundesrepublik. Die politischen Schwerpunkte lagen demnach auf einer Gesellschaftspolitik, welche Wirtschaftsförderung und Raumordnung in den Blick nahmen und die Voraussetzungen des Wiederaufbaus bestmöglich umsetzten.[175] Diese zeigten sich alsbald sehr erfolgreich. Bereits bis zum Jahr 1963 ließ sich ein Zuwachs der Industrieproduktion von 185 % im Vergleich zu 1950 verzeichnen.[176] Die Bevölkerung profitierte von dem neu erlangten Wohlstand und erfreute sich der neuen Möglichkeiten, die der Aufschwung eröffnete. Ein üppiges Lebensmittelangebot, elektronische Geräte in Massenanfertigung und die wachsende Automobilbranche als Symbole des Wohlstands lösten einen regelrechten Konsumrausch[177] aus.[178]

2. Der Stellenwert des Klimaschutzes im Verfassungsrecht

Eine Befassung mit dem Klima als solchem oder den Folgen einer Erwärmung fand in dieser Zeit nicht statt. Ob dies allein auf bewusstes Negieren der ökologischen Zusammenhänge zurückzuführen ist und man damals die unbegrenzte „Beherrschung und Unterwerfung der Umwelt" zum Zwecke des menschlichen Fortschritts tatsächlich als Modus Operandi

---

173 Vgl. dazu und zum Begriff des Wirtschaftswunders *Toyka-Seid/Schneider* in *Bundeszentrale für politische Bildung* (Hrsg.), Das junge Politik-Lexikon, 2023.

174 Das Programm wurde 1947 verkündet und trägt den Namen des amerikanischen Politiker und General George C. Marshall (1880–1959). Eng damit verbunden ist auch die Etablierung der sozialen Marktwirtschaft als Wirtschaftsform, maßgeblich durch den ersten Wirtschaftsminister und zweiten Bundeskanzler der Bundesrepublik Deutschland Ludwig Erhart (1897–1977). Vgl. dazu *Toyka-Seid/Schneider* in *Bundeszentrale für politische Bildung* (Hrsg.), Das junge Politik-Lexikon, 2023.

175 *Grüner*, Geplantes „Wirtschaftswunder"?, 2009, S. 321 ff.

176 *Kriwet*, Wirtschaftswunder, 2004. abrufbar unter https://www.planet-wissen.de/geschichte/deutsche_geschichte/wirtschaftswunder/index.html.

177 So stieg das BIP in Spitzenzeiten sogar um 12,1 % innerhalb eines Jahres (Wert von 1955 im Vergleich zu 1954) und war in den 1950er Jahren lediglich einmal unter 6,0 %. Vgl. dazu *Heilemann/Kaufhold*, Wirtschaftspolitische Chronik der Bundesrepublik Deutschland 1949 bis 2019, 2020, S. 391.

178 *Kriwet*, Wirtschaftswunder, 2004. abrufbar unter https://www.planet-wissen.de/geschichte/deutsche_geschichte/wirtschaftswunder/index.html.

ansah,[179] oder man sich der Tragweite von Umweltveränderungen schlicht nicht bewusst war, kann abschließend nicht mit Sicherheit gesagt werden. Ein Gedanke, der damit einhergeht, ist zudem die vom schnellen Fortschritt ausgehende Überzeugung, man könne mit solider menschlicher Arbeit in Verbindung mit technischer Entwicklung neben sozialen und strukturellen auch ökologische Probleme lösen. Denn die zentralen Herausforderungen des Wiederaufbaus, die Armut zu verringern und die westdeutsche Bevölkerung strukturell und gesellschaftspolitisch wieder zu verbinden, wurden mit dem Wirtschaftswachstum in kurzer Zeit bewältigt. Jedenfalls stand der stetige und bis Mitte der 1960er Jahre ungebremste wirtschaftliche Aufschwung sowie die damit verbundene Euphorie klar im Vordergrund – auch vor klimatischen Erwägungen.[180]

III. Phase des Umdenkens 1973–1990

Erst in den darauffolgenden Jahrzehnten begann mit dem Aufkommen von Klima und Umweltbelangen im gesellschaftlichen Diskurs auch eine ernsthafte juristische Behandlung des Klimaschutzes.[181]

1. Politische und gesellschaftliche Umstände

Das rasante Wirtschaftswachstum flachte in den 1970er Jahren weiter ab. Einschneidend in diesem Zusammenhang waren auch die Ölpreiskrisen[182] in den Jahren 1973 und 1979/1980, welche auch als das Ende des „Wirtschaftswunders" gesehen werden.[183] Dies führte zu einem immer stärker werdenden Konflikt zwischen einer Finanzpolitik, deren Bestrebungen es war, die erfolgreiche wirtschaftliche Entwicklung der vergangenen Jahre

---

179 Wie es bspw. als These aus einer Gesetzesentwurfsbegründung der Fraktion „Die Grünen" aus dem Jahr 1987 hervorgeht. Vgl. BT-Drs.: 11/604.

180 Für das Jahr 1967 prognostizierte die Gemeinschaftsdiagnose erstmals seit Beginn des wirtschaftlichen Aufschwungs Anfang der 1950er Jahre ein negatives Wirtschaftswachstum von 0,5 %. Siehe dazu *Heilemann/Kaufhold*, Wirtschaftspolitische Chronik der Bundesrepublik Deutschland 1949 bis 2019, 2020, S. 97.

181 Vgl. dazu *Rupp* JZ 1971, (401).

182 Oft auch als „Ölkrise" bezeichnet. Im Folgenden wird jedoch der Begriff der Ölpreiskrise verwandt, um zu verdeutlichen, dass die Krise vorrangig die Implikationen des hohen Öl*preises* umfasst.

183 *Decressin* Business Economics 2007, (21).

fortzuführen und einer Reformpolitik, welche auf eine grundlegende Neustrukturierung der Wirtschafts und vor allem der Außenpolitik abzielte.[184]

a) Bestrebungen gesellschaftlicher Akteure – Club of Rome

Gesamtgesellschaftlich lässt sich eine veränderte Sicht auf die politischen und gesellschaftlichen Umstände verzeichnen.[185] Seit dem Ende des Zweiten Weltkriegs 1945 waren nun 30 Jahre vergangen. Damit betrat eine neue Generation die gesellschaftliche Bühne, welche anders als ihre Eltern nicht mehr bloß das Nachkriegsdenken und der ungebremste wirtschaftliche Fortschritt bewegte, sondern auch die damit verbundenen strukturellen, gesellschaftlichen und ökologischen Zusammenhänge. Exemplarisch für diese neue Sichtweise steht der Bericht des *Club of Rome*,[186] welcher zu Beginn der 1970er Jahre auf die Folgen der Ressourcenverwendung für die Umwelt aufmerksam machte. Darin warnten die Wissenschaftler vor einem unkontrollierbaren Wachstum, welches schon bald an die Grenzen der globalen Kapazitäten stoßen werde, wenn nicht ein (wie von ihnen gefordertes) ökologisches und wirtschaftliches Gleichgewicht forciert werde.[187]

b) Das Umweltprogramm der Bundesregierung 1971

In diesem Kontext ist auch das Umweltprogramm der Bundesregierung von 1971[188] zu sehen, welches erstmals die Umwelt in ihrer Gänze als politische Herausforderung umfassend begreift, indem es nicht nur anstrebt, die Belastungen der Umwelt legislativ besser zu regulieren, sondern auch innerhalb der Bevölkerung das Umweltbewusstsein anhand konkreter Maßnahmen[189]

---

[184] *Willoweit/Schlinker*, Deutsche Verfassungsgeschichte, 8. Aufl. 2019, S. 383.

[185] Dazu exemplarisch *Kersten*, Das ökologische Grundgesetz, 2022, S. 25.

[186] Der *Club of Rome* ist ein Zusammenschluss von Wissenschaftlern aus verschiedenen Disziplinen mit dem Ziel, für eine nachhaltige Zukunft der Menschheit zu einzustehen. Das internationale Gremium wurde 1968 gegründet und ist seither weltweit tätig.

[187] *D. Meadows et al.*, Die Grenzen des Wachstums, 1972, S. 17.

[188] BT-Drs. 1971 VI/2710.

[189] So wird Klima- und Umweltschutz bspw. als interdisziplinäre Maßnahme begriffen und daraus gefolgert, dass die Belange bereits in der Ausbildung junger Menschen integriert werden. Zudem wird sogar über einen eigenen Studiengang der Umwelt oder umweltbezogene Weiterbildungsmaßnahmen nachgedacht. Vgl. dazu BT-Drs. 1971 VI/2710, S. 20.

zu stärken versucht.[190] Damit einher geht auch eine Bestandsaufnahme des Umweltzustandes und somit auch des Klimas, welches an mehreren Stellen des Programms Erwähnung findet.[191] Um die Umsetzung des Programms sicherzustellen, wird darin zudem eine Ressortzuweisung vorgenommen, anhand derer die Fachbehörden gezielt in ihrem Bereich einen Beitrag zur interdisziplinären Aufgabe leisten können.[192] Dabei werden mit der Politik, den Unternehmen und der Gesamtbevölkerung nicht nur alle nationalen Player in dem Programm adressiert, sondern Umweltschutz wird ferner als internationale Aufgabe begriffen und der Abschluss internationaler Übereinkommen wird in diesem Rahmen explizit angestrebt.[193] Aus rechtswissenschaftlicher Sicht resultierte daraus insbesondere das 1974 gefasste Bundes-Immissionsschutzgesetz,[194] welches als maßgebliches Ziel den Schutz der Menschen und der Umwelt vor negativen Umwelteinwirkungen hat.

c) Die Gründung der Partei „Die Grünen" 1980

Auch parteipolitisch fand dieses neue Verständnis mit der Gründung der *Grünen*[195] als neue bundespolitische Partei 1980 Beachtung und erhielt mit der erstmaligen Wahl in den Deutschen Bundestag 1983 politisches Gewicht. Damit mündeten die gesellschaftlichen Bestrebungen zum Umwelt und Klimaschutz nicht nur in einer politischen Partei, die bereits mit ihrer Namensgebung diese Belange als zentrales Anliegen vertraten. Die Ökologie wurde mit dem Einzug der Grünen in die Landesparlamente und den Bundestag auch ein wesentlicher Bestandteil der verfassungsstaatlichen Institutionen und damit zumindest mittelbar Gegenstand legislativer und exekutiver Entscheidungen.[196]

---

[190] BT-Drs. 1971 VI/2710, S. 9.

[191] So z.B. BT-Drs. 1971 VI/2710, S. 16, 23, 43, 47 und dabei meist im Kontext der anthropogenen Klimaänderungen und deren Folgen.

[192] BT-Drs. 1971 VI/2710, S. 16 ff.

[193] BT-Drs. 1971 VI/2710, S. 22 ff. Siehe dazu sogleich die Ausführungen in Teil 2: A. IV. 2. b) und c).

[194] BGBl. 1974 I, S. 721.

[195] Gegründet 1980 als „Die Grünen" fusionierte die Partei 1993 zur bis heute bestehenden Partei Bündnis 90/Die Grünen.

[196] In diese Richtung andeutend *Kersten*, Das ökologische Grundgesetz, 2022, S. 25.

2. Der Stellenwert des Klimaschutzes im Verfassungsrecht

a) Der Versuch einer Auslegung der bisherigen Grundrechte

Die veränderte Sicht auf klimatische Implikationen bewog auch erste Rechtswissenschaftler[197] zu Bestrebungen bezüglich juristischem Umwelt und Klimaschutz, was schnell die Frage eines verfassungsrechtlichen Schutzes aufwarf. Die Suche nach geeigneten Anhaltspunkten für einen solchen Schutz im Grundgesetz gestaltete sich problematisch, da die originäre Funktion der Grundrechte schließlich in der Verleihung von subjektiven Rechten zur Abwehr gegen staatliche Freiheitseingriffe bestand.[198] Eine Auslegung und Interpretation von Grundrechten als Leistungs und Sorgerechte und damit der Verleihung positiver Rechte – zusätzlich zu den defensiven Abwehrrechten – geschah erst zögerlich.[199] Eine Grundlage dafür bildete damals das BVerwG mit der Anerkennung des Existenzminimums und der daraus resultierenden Verpflichtung des Staates zur Wahrung dieses Minimums,[200] was manche zu Bestrebungen nach einem verfassungsrechtlichen Umweltschutz aus Art. 1 GG und vor allem Art. 2 GG ermutigte.[201] Im Jahr 1977 konstatierte das BverwG in einem Urteil zum Rechtsschutz gegen Bebauungspläne jedoch, dass ein umfassendes „Umweltgrundrecht" schlichtweg nicht existent ist und dem Kläger über die in Art. 2 ff. GG genannten Schutzgüter hinaus kein subjektivrechtlicher Schutz zusteht.[202]

---

197 *Rupp* JZ 1971, 401; *Rauschning* in *VVDStRL* (Hrsg.), Deutschland nach 30 Jahren Grundgesetz. Staatsaufgabe Umweltschutz, 1979, S. 168; *Hoppe* in *VVDStRL* (Hrsg.), Deutschland nach 30 Jahren Grundgesetz. Staatsaufgabe Umweltschutz, 1979, S. 214; *Steiger,* Mensch und Umwelt: zur Frage der Einführung eines Umweltgrundrechts, 1975; *Kloepfer,* Zum Grundrecht auf Umweltschutz: Vortrag gehalten vor der Berliner Juristischen Gesellschaft am 18. Januar 1978, 1978.

198 Dazu grundlegend *Lübbe-Wolff,* Die Grundrechte als Eingriffsabwehrrechte, 1988.

199 *Rupp* JZ 1971, 401 (402).

200 BVerwGE 1, 159 = NJW 1954, 1541.

201 *Rupp* JZ 1971, 401; *Rauschning* in *VVDStRL* (Hrsg.), Deutschland nach 30 Jahren Grundgesetz. Staatsaufgabe Umweltschutz, 1979, S. 168; *Hoppe* in *VVDStRL* (Hrsg.), Deutschland nach 30 Jahren Grundgesetz. Staatsaufgabe Umweltschutz, 1979, S. 214; *Steiger,* Mensch und Umwelt: zur Frage der Einführung eines Umweltgrundrechts, 1975; *Kloepfer,* Zum Grundrecht auf Umweltschutz: Vortrag gehalten vor der Berliner Juristischen Gesellschaft am 18. Januar 1978, 1978.

202 BVerwG, NJW 1978, 554 = BVerwGE 54, 211, Rn. 220; vgl. dazu auch *Schlacke,* Umweltrecht, 9. Aufl. 2023, § 4, Rn. 9.

b) Bestrebungen zur Schaffung neuer Grundrechte

Dies zum Anlass nehmend wurde im Jahr 1984 erstmals ein Gesetzesentwurf zur Einführung einer Staatszielbestimmung zum Umweltschutz im Grundgesetz vorgebracht.[203] Die Verfasser forderten darin eine Erweiterung des Art. 2 GG[204] um einen dritten Absatz, wonach jedem Menschen das Recht auf eine gesunde Umwelt und den Erhalt seiner natürlichen Lebensgrundlagen zusteht. Begründet wurde dieser Vorschlag mit dem sich aus Art. 2 Abs. 2 GG ergebenden Gesundheitsschutz, welcher nach Ansicht der Verfasser nicht ohne einen Schutz der Umweltbedingungen sichergestellt werden kann. Der enge Zusammenhang zwischen dem Leben und der Gesundheit zum einen und den natürlichen Lebensgrundlagen zum anderen sei demnach der Ausgangspunkt für einen umfassenden grundrechtlichen Gesundheitsschutz, der nicht nur dem Individuum ein neues subjektives Recht einräumen sollte, sondern aufgrund der Funktion von Grundrechten als objektive Werteordnung[205] auch einen neuen Stellenwert der Umweltbelange in der Gesellschaft begründen sollte.[206] Um diesem Willen auch institutionellen Nachdruck zu verleihen, war neben der Erweiterung des Art. 2 GG auch die Schaffung eines Art. 37a GG im Entwurf[207] vorgesehen.

---

[203] BT-Drs. 10/990 S. 1.

[204] Auf BT-Drs. 10/990 S. 2 fehlt die Bezeichnung des betreffenden Artikels, an welchen ein Absatz hinzugefügt werden soll. Mit Blick auf die Begründung zu den einzelnen Bestimmungen des Entwurfs auf S. 4, in welchen die Ergänzung explizit als Art. 2 Abs. 3 GG bezeichnet wird, kann davon ausgegangen werden, dass es sich dabei um einen redaktionellen Fehler handelt und Art. 2 GG gemeint ist.

[205] *Willoweit/Schlinker*, Deutsche Verfassungsgeschichte, 8. Aufl. 2019, S. 287 f. Das BVerfG formuliert es in seiner BVerfGE 7, 198 v. 15.1.1958 als ein „Wertesystem, das seinen Mittelpunkt in der innerhalb der sozialen Gemeinschaft sich frei entfaltenden menschlichen Persönlichkeit und ihrer Würde findet."

[206] BT-Drs. 10/990 S. 4.

[207] Nach BT-Drs. 10/990 S. 2: Gesetzesentwurf zu *Artikel 37a GG*

(1) *Umwelt, Natur und Landschaft sind als Lebensgrundlagen des Menschen der Obhut und Pflege von jedermann vertraut. Sie stehen unter dem besonderen Schutz des Staates.*

(2) *Geschützt werden insbesondere Wasser, Boden, Luft, Klima, Tiere, Pflanzen, natürliche Ressourcen und ihr Zusammenwirken im Naturhaushalt. Die natürliche Artenvielfalt ist zu erhalten und zu fördern.*

(3) *Näheres wird durch das Gesetz bestimmt. Insbesondere wird durch Gesetz bestimmt, in welcher Weise einer künftige Generationen treffenden nachteiligen Veränderung der natürlichen Lebensgrundlagen des Menschen vorzubeugen ist.*

Dieser Entwurf stellte die natürlichen Lebensgrundlagen unter den expliziten Schutz des Staates (Abs. 1) und nannte mit Wasser, Boden, Luft, Klima, Tiere, Pflanzen, natürliche Ressourcen und deren Zusammenwirken im Naturhaushalt exemplarisch einzelne Schutzobjekte des Vorhabens (Abs. 2). Damit stellt der Gesetzesentwurf den ersten gesetzgeberischen Versuch dar, das Klima *expressis verbis* verfassungsrechtlich zu schützen. Ferner wurde die zeitliche Dimension des Schutzes in den Blick genommen (Abs. 3), indem die Veränderungen für künftige Generationen erwähnt werden. Damit ging der Ansatz des vorgeschlagenen Art. 37a GG sogar weiter als die Schutzrichtung des geplanten Art. 2 Abs. 3 GG, da hier der Natur selbst Rechte zugestanden wurden. Die Belange der Umwelt sollten dadurch nicht nur in jedwedes staatliche Handeln miteinbezogen werden, um negative Veränderungen durch staatliche Entscheidungen zu verhindern. Der Staat wäre auch zur positiven Aufgabe des Umweltschutzes verpflichtet worden.[208]

Der als Staatszielbestimmung formulierte, aber durch die Anerkennung eigener Rechte der Natur als Umweltgrundrecht zu verstehende Entwurf wurde nach Ablehnung im Bundestag als Gesetzesentwurf[209] in abgeänderter Form unter dem Titel der Einführung eines Umweltgrundrechts 1987 erneut vorgebracht – jedoch ohne Erfolg.[210]

IV. Die Aufwertung des Klimaschutzes 1990–2005

1. Politische Umstände

Der darauffolgende Zeitraum stand vor dem Hintergrund der am 03.10.1990 vollzogenen Wiedervereinigung im Zeichen des Aufbruchs. Neben den begleitenden verfassungsrechtlichen Fragen hinsichtlich der Eingliederung der ehemaligen DDR in die bundesdeutsche Republik[211] beschäftigte sich die Gesellschaft mit den Fragen der sozialen und ökonomischen

---

208 Vgl. dazu die Begründung zum Gesetzesentwurf BT-Drs. 10/990 S. 4.

209 BT-Drs. 11/604.

210 Der Entwurf sah vor, den ursprünglich als Art. 2 Abs. 3 konzipierten subjektiven Schutz der Umwelt als eigenen Art. 2a zu fassen und dabei die Gesichtspunkte des Art. 37a aus dem Entwurf aus 1984 (BT-Drs. 10/990) zu integrieren. Ferner war eine Änderung des Art. 14 GG vorgesehen, welche Umweltbelange im Rahmen der Abwägung Geltung verleihen sollte. Vgl. dazu BT-Drs. 11/604.

211 Siehe zu den Hintergründen des Einigungsvertrags (BGBl. II 1990, 889) und dessen Implikationen auf das Grundgesetz *Frotscher/Pieroth*, Verfassungsgeschichte, 20. Aufl. 2022, S. 510 ff.

Angleichung. Demzufolge waren die bestimmenden politischen Themen bei den ersten Bundestagswahlen des wiedervereinigten Deutschlands 1990 dahingehend geprägt.[212] Aus dem neben dem Einigungsvertrag geschlossenen Staatsvertrag[213] über die Schaffung einer Währungs, Wirtschafts und Sozialunion zwischen der BRD und der DDR wird aber deutlich, dass die Umwelt und Klimabelange weiterhin von Bedeutung waren. Die BRD regelte darin bspw. die Übertragung der Umweltschutzbelange im Rahmen der Wirtschaftsunion (Art. 1 Abs. 3 S. 3).[214] Ungeachtet der sozioökonomischen Herausforderungen der Wiedervereinigung brach die in der BRD bereits angestoßene Diskussion zum Umwelt und Klimaschutz in Gesellschaft und Politik also nicht ab. Vielmehr waren nun auch die in dieser Zeit bestimmenden Volksparteien mit CDU/CSU und SPD an einer verfassungsrechtlichen Verankerung interessiert.[215] Die politischen Parteien trugen damit ihrer Aufgabe als Interessenvertreter der Gesellschaft Rechnung und verschafften dem gesellschaftlichen und naturwissenschaftlichen Diskurs politische Bedeutung.

2. Der Stellenwert des Klimaschutzes im Verfassungsrecht

a) Einführung der Staatszielbestimmung Art. 20a GG

All dies führte zu Beginn der 1990er Jahre zu einem parteiübergreifenden Konsens hinsichtlich einer verfassungsrechtlichen Verankerung des Umweltschutzes.[216] Initiativ hierfür war der Bericht der Sachverständigenkommission „Staatszielbestimmungen/Gesetzgebungsaufträge“, in welchem in einem ersten Schritt bereits 1983 der Vorschlag der Fassung einer Staatszielbestimmung[217] aufgebracht worden war.[218] Wie diese Formulierung allerdings ausgestaltet

---

212 *Barth/Siegel*, Epochenwandel 1989, 2021, S. 15 ff.

213 BGBl. II 1990, 537.

214 Siehe zu den Hintergründen *Münch* NJW 1991, 865 (870).

215 Dies geht aus den verschiedenen Entwürfen und Vorhaben der Parteien hervor, zusammengefasst im Bericht der Gemeinsamen Verfassungskommission v. 05.11.1993 BT-Drs. 12/6000, S. 65 ff.

216 BT-Drs. 12/6000 S. 65.

217 Zur Unterscheidung der verschiedenen Begrifflichkeiten Staatsziel, zweck und aufgabe vgl. *Murswiek*, Umweltschutz als Staatszweck, 1995, S. 10 ff.

218 *Bundesminister des Innern/Bundesminister der Justiz*, Staatszielbestimmungen, Gesetzgebungsaufträge, 1983, S. 84 ff.

werden sollte, war Gegenstand heftiger Diskussionen,[219] sodass sich die Findung eines mehrheitsfähigen Kompromisses keineswegs einfach gestaltete und über ein Jahrzehnt andauerte.[220]

AA) DIE DISKUSSION ZU ART. 20A GG

(1) Entwurf der SPD-Fraktion

Zunächst brachte die SPD-Fraktion 1984 einen Gesetzesentwurf für einen Art. 20a GG vor, welcher die natürlichen Lebensgrundlagen und deren Schutz zum Ziel staatlichen Handelns machen sollte.[221] Inhaltlich sollte der neue Artikel folgendermaßen formuliert werden:

> Die natürlichen Lebensgrundlagen stehen unter dem besonderen Schutz des Staates.[222]

Aufgrund der für eine Grundgesetzänderung notwendigen qualifizierten Mehrheit von Zweidritteln der gesetzlichen Mitgliederzahl des Bundestages nach Art. 79 Abs. 2 GG wäre hierfür jedoch ein parteiübergreifender breiter Zuspruch erforderlich gewesen, welcher 1984 nicht erreicht werden konnte.[223] Insbesondere die Unionsfraktion votierte gegen den Entwurf. Ihrer Meinung nach ging mit dem Vorschlag eine zu weitreichende Aufwertung der Stellung der Umwelt einher. Sie zu schützen sei Aufgabe des Staates, aber damit könne keine Gleichstellung des verfassungsrechtlichen Wertes der Umwelt mit dem des Menschen erfolgen.[224] Bevor die Parteien CDU/CSU 1990 selbst einen Gesetzesentwurf[225] erstellten, wurde 1987 vom Bundesrat eine abgeänderte Version des ursprünglichen Vorschlags der SPD mit einem zusätzlichen Abs. 2 als Entwurf eingebracht.

(2) Entwurf des Bundesrates

> (1) Die natürlichen Lebensgrundlagen des Menschen stehen unter dem Schutz des Staates.
> (2) Bund und Länder regeln das Nähere in Gesetzen unter Abwägung mit anderen Rechtsgütern und Staatsaufgaben.[226]

---

[219] Exemplarisch hierfür *Murswiek*, Umweltschutz als Staatszweck, 1995, S. 74 ff.
[220] *Heinz* NuR 1994 (1).
[221] BT-Drs. 10/1502 S. 3.
[222] BT-Drs. 12/6000 S. 65.
[223] BT-Drs. 12/6000 S. 65.
[224] BT-Drs. 12/6000 S. 66.
[225] BT-Drs. 11/7423.
[226] BT-Drs. 11/885 S. 3.

Im Vergleich der beiden Entwürfe ist erkennbar, dass mit dem hinzugefügten Genitiv „des Menschen“ eine Konkretisierung des Schutzobjekts vorgenommen wurde. Damit wollte man die Schutzrichtung nochmals verdeutlichen. Es geht nicht darum, die Umwelt als eigenes Rechtssubjekt zu klassifizieren und zu schützen, sondern den Menschen als Zentrum des Grundgesetzes innerhalb seines Lebensraums zu schützen.[227] Damit sah der Entwurf eine anthropozentrische Ausrichtung des Staatsziels vor, welche den verfassungsrechtlichen Eigenwert des Menschen vor dem der Umwelt in den Mittelpunkt rückt.[228] Ferner wurde mit der Streichung des Adjektivs „besonder[em]“ eine Herabstufung des Schutzniveaus vorgenommen, deren Auswirkung zwar vordergründig phonetischer Natur ist, aber dennoch eine Tendenz erkennen lässt. Der geplante Art. 20a GG wurde im Laufe der verschiedenen Entwürfe sukzessive abgemildert, um einen Kompromiss herbeizuführen und damit die nötige Mehrheit zu erreichen.[229]

Interessant ist in diesem Kontext auch der im zweiten Absatz des Entwurfs formulierte Gesetzesvorbehalt, welcher in ähnlicher Form auch im Vorschlag der Unionsfraktion 1990 enthalten ist.

(3) Entwurf der CDU/CSU-Fraktion

> (1) Die natürlichen Lebensgrundlagen des Menschen stehen unter dem Schutz des Staates.
> (2) Das Nähere regeln die Gesetze.[230]

Mit diesem Zusatz in Abs. 2 forderte die Unionsfraktion einen Ausgestaltungsvorbehalt zugunsten des Gesetzgebers, der eine einseitige Bevorzugung des Staatsziels Umwelt in der Abwägung mit anderen Schutzgütern verhindern sollte. Umweltschutz, so die Vorschlagenden damals, sei Schutzgütern wie dem Wirtschaftswachstum oder der Verkehrsversorgung weder unterzustellen, noch könne Umweltschutz losgelöst von der Handhabe des Gesetzgebers einfach für sich stehen.[231] Eben diesen Konkretisierungsvorbehalt kritisierte jedoch die Opposition und sah darin eine Schwächung des Staatsziels. Im Ergebnis werde Umweltschutz dadurch zum „Spielball

---

227 BT-Drs. 11/885 S. 4.
228 BT-Drs. 12/6000 S. 66.
229 Hierzu und im Ganzen kritisch zur Umsetzung der Staatszielbestimmung *Kersten*, Das ökologische Grundgesetz, 2022, S. 27 f.
230 BT-Drs. 11/7423 S. 2.
231 BT-Drs. 12/6000 S. 66; 11/7423 S. 2.

der Disposition" des einfachen Gesetzgebers, womit die Verfassungsqualität verloren gehe.[232] Außerdem befürchteten die Kritiker des Vorschlags durch die Hinzunahme des Gesetzesvorbehalts eine auch in ihrer Darstellung und Wirkung zu einseitig adressierte Aufgabe an den Gesetzgeber, was die eigentliche Intension, mit dem Staatsziel auch die Rechtsprechung in ihrer Beurteilung zu beeinflussen, verfehle.[233]

(4) Entwurf der Grünen-Fraktion

Einen in diesem Interessenfeld interessanten Entwurf brachte auch die Fraktion der Grünen 1987 ein.[234] Dieser Vorschlag ist insoweit von den bisher diskutierten Entwürfen abzugrenzen, als dass er bereits dem Titel nach nicht nur die verfassungsrechtliche Verankerung des Umweltschutzes als Staatsziel, sondern auch als Grundrecht vorsieht. Das Vorhaben ist vor dem Hintergrund der bereits besprochenen vorangegangenen Bestrebungen[235] der Partei zur Schaffung eines Umweltgrundrechts zu sehen, welche stets keine Mehrheit gefunden hatten.[236] Der als Staatszielbestimmung formulierte Teil[237] des Entwurfs versucht die Meinungsverschiedenheit hinsichtlich der anthropozentrischen Ausrichtung aufzulösen, indem die Umwelt sowohl als eigenes Schutzobjekt als auch als Lebensgrundlage des Menschen in Bezug genommen wird.

> Die natürliche Umwelt steht als Lebensgrundlage des Menschen und um ihrer selbst willen unter dem besonderen Schutz des Staates. Bei Konflikten zwischen ökologischer Belastbarkeit und ökonomischen Erfordernissen ist den ökologischen Belangen der Vorrang einzuräumen, wenn andernfalls eine erhebliche Beeinträchtigung der natürlichen Umwelt droht.[238]

Zudem wird mit Satz 2 versucht, eine Priorisierung im Rahmen der Abwägung mit ökonomischen Belangen vorzunehmen. Im Fall einer

---

[232] BT-Drs. 12/6000 S. 66.
[233] BT-Drs. 12/6000 S. 66.
[234] BT-Drs. 11/663.
[235] BT-Drs. 10/990; 11/604.
[236] Siehe dazu die Ausführungen in Teil 2: A. III. 2. b).
[237] Anders als die Vorschläge der SPD-Fraktion BT-Drs. 10/1502, der Unionsfraktion BT-Drs. 11/7423 und des Bundesrates räumt der vorliegende Entwurf der Grünen BT-Drs. 11/663 dem Staatsziel keinen eigenen Art. 20a GG ein, sondern plant, diese Passage als weitere Sätze dem Art. 20 Abs. 1 GG anzufügen.
[238] BT-Drs. 11/663 S. 2.

drohenden erheblichen Umweltbeeinträchtigung soll dem Umweltschutz Vorrang gewährt werden. Ungeachtet der Frage, wie eine solche erhebliche Beeinträchtigung näher zu konkretisieren ist, sieht der Entwurf aber im Umkehrschluss grundsätzlich keinen höheren Rang des Umweltschutzes vor.

BB) DIE WESENTLICHEN STREITPUNKTE DER VERSCHIEDENEN ENTWÜRFE

Die gemeinsame Verfassungskommission, welche es sich zur Aufgabe genommen hatte, einen mehrheitsfähigen Vorschlag einer Staatszielbestimmung zu entwerfen, sah sich insbesondere mit folgenden beiden Streitpunkten konfrontiert. In den Entwürfen der unterschiedlichen Parteien ist zum einen ein differierender Ansatz hinsichtlich des Umweltschutzes festzustellen. Während die Unionsfraktion einen anthropozentrischen Ansatz verfolgte, der die Umwelt als Lebensgrundlage des Menschen zu schützen versucht,[239] forderte die SPD-Fraktion einen Ansatz, welcher die Umwelt selbst als schützenswertes Gut annimmt und damit einen ökozentrischen Ansatz.[240]

Strittig war zum anderen die Aufnahme eines Gesetzesvorbehalts, den insbesondere CDU/CSU forderte. Dem liegt die Frage zugrunde, welcher verfassungsrechtliche Stellenwert dem Staatsziel eingeräumt werden soll. Durch einen Konkretisierungsvorbehalt erhofften sich die Befürworter der Klausel eine Handhabe durch den Gesetzgeber in Bezug auf die Ausgestaltung und den Anwendungsvorrang in Abwägungsfragen mit anderen Schutzgütern.[241] Mit Verweis auf Grundrechte wie beispielsweise Art. 14 GG, welcher mit der Sozialgebundenheit einen Ausgleich des Schutzgutes mit dem öffentlichen Interesse anstrebt, wurde argumentiert, dass ein Weglassen der Vorbehaltsregelung einem Vorrang des Umweltschutzes gleichkäme. Um im Streitfall eine langwierige Verwaltungs und Gerichtsentscheidung zu verhindern, welche einzelfallbezogen einen Vorrang durchsetzen muss, wurde seitens der Unionsfraktion ein solcher Gesetzesvorbehalt und damit eine Stärkung der politischen Entscheidung befürwortet.[242] Dem entgegneten die Kritiker der Vorbehaltsregelung, dass der Stellenwert des Staatsziels damit

---

239 BT-Drs. 11/7423 S. 3.
240 BT-Drs. 10/1502 S. 3.
241 BT-Drs. 12/6000 S. 66.
242 BT-Drs. 12/6000 S. 65 ff.; 11/7423 S. 3.

erheblich verringert werde. Sie befürchteten, dass der angestrebte verfassungsrechtliche Schutz der Umwelt dadurch zu einem Gesetzgebungsauftrag relativiert werde und das Staatsziel nunmehr als solches „zweiter Klasse" verstanden werden könnte.[243]

CC) DER KOMPROMISS DES ART. 20A GG

Es galt daher, im Hinblick auf die strittigen Punkte einen Kompromiss zu entwickeln, um die Zustimmung einer breiten Mehrheit in den Parteien zu erhalten und damit die Verfassungsänderung zu ermöglichen.

> Der Staat schützt auch in Verantwortung für die künftigen Generationen die natürlichen Lebensgrundlagen[244] im Rahmen der verfassungsmäßigen Ordnung durch die Gesetzgebung und nach Maßgabe von Gesetz und Recht durch die vollziehende Gewalt und Rechtsprechung.[245]

Bezüglich des Ansatzes einigte man sich auf eine Formulierung, die zwar den Bezug des Menschen zur Umwelt und damit einen anthropozentrischen Ansatz nicht explizit beinhaltet, spätestens durch den Rahmen der verfassungsmäßigen Ordnung aber gleichwohl impliziert. Menschliche Belange finden, wenngleich auch nicht als Mittelpunkt, trotzdem Erwähnung im Kontext des Umweltschutzes und mit Blick auf die künftigen Generationen. Damit ist auch die Frage der Schutzrichtung beantwortet. Der Umwelt werden keine subjektiven, einklagbaren Rechte verliehen, sie erhält keinen eigenen verfassungsrechtlichen Status, sondern der Staat wird auf Grundlage der objektivrechtlichen Verfassungsbestimmung zum Umweltschutz verpflichtet.[246] Hinsichtlich des konkreten Gesetzesvorbehalts konnte keine Mehrheit gefunden werden, man einigte sich stattdessen auf die Bezugnahme auf die verfassungsmäßige Ordnung. Diese sollte nicht nur den Rahmen der gesetzgeberischen Ausgestaltung festsetzen, sondern auch die ebenbürtige Stellung im Spannungsfeld mit anderen verfassungsrechtlichen Schutzgütern

---

243 BT-Drs. 12/6000 S. 66.

244 An dieser Stelle wurde mit Änderung im BGBl. I 2002, 2862 der Zusatz „und die Tiere" mitaufgenommen. Vgl. dazu im Näheren *Gruber*, Rechtsschutz für nichtmenschliches Leben, 2006, S. 175 ff.

245 BGBl. I 1994, 3146.

246 BT-Drs. 12/6000 S. 66 f.

verdeutlichen, mithin eine Balance herstellen.[247] Zudem wurde mit der Aufnahme der Exekutive und der Judikative der breite Adressatenkreis der Staatszielbestimmung verdeutlicht, was ebenso wie die Streichung des „besonderen" Schutzes als ein Zugeständnis zur Erzielung des Kompromisses zu verstehen ist.[248]

DD) VERFASSUNGSRECHTLICHE EINORDNUNG

(1) Hohes Schutzinteresse

Die aus Art. 20a GG resultierende verfassungsrechtliche Bedeutung verdeutlicht den Stellenwert des Umweltschutzes.[249] Die Einführung der Staatszielbestimmung war 1994 vor dem Hintergrund des bis dato Schweigens der Verfassung zum Umwelt und Klimaschutz ein Novum.[250] Erstmals wurde der Thematik Verfassungsrang beigemessen, nachdem in den Jahrzehnten zuvor Umweltbelange von politischer Seite eher beiläufig behandelt wurden[251] und die Rechtsprechung in Konsequenz wenig Anhaltspunkte zur Berücksichtigung der Umweltfolgen in ihrer Judikatur hatte.[252] Zwar gab es auf einfachgesetzlicher Ebene bereits Regularien, welche den mittelbaren oder unmittelbaren Schutz des Klimas und der Umwelt zur Folge hatten. Diese waren jedoch zumeist davon gekennzeichnet, dass sie auf den Schutz anderer Rechtsgüter abzielten und nur nachrangig einen Umweltschutz bezweckten.[253]

---

[247] BT-Drs. 12/6000 S. 67.

[248] Vgl. zum genauen Verlauf der Verhandlungen im Rahmen der gemeinsamen Verfassungskommission und den einzelnen Änderungsanträgen der Fraktionen BT-Drs. 12/6000 S. 65 ff.

[249] Die Tragweite der Bedeutung erfassend *Schink* DÖV 1997, 221; *Henneke* NuR 1995, 325; *Murswiek* NVwZ 1996, 222; *Steinberg* NJW 1996, 1985; *Uhle* JuS 1996, 96.

[250] Abgesehen von der in Teil 2: A. I. angesprochenen Regelung nach Art. 150 Abs. 1 WRV, welcher den staatlichen Schutz der Naturdenkmäler thematisierte. Dieser war jedoch lediglich als rechtlich unverbindlicher Programmsatz konzipiert.

[251] Vgl. dazu insbesondere die Ausführungen in Teil 2: A. I. und II.

[252] Exemplarisch an dieser Stelle das BVerwG, welches 1978 noch feststellte, dass ein Umweltgrundrecht nicht existierte. BVerwG NJW 1978, 554; BVerwGE 54, 211 Rn. 220, *Schlacke*, Umweltrecht, 9. Aufl. 2023, § 4 Rn. 9.

[253] Hier können exemplarisch die Maßnahmen zur Bekämpfung der Ölpreiskrisen angeführt werden, welche zwar mittelbar zu einem verringerten CO_2-Ausstoß führten, in erster Linie aber vom gestiegenen Ölpreis und den damit verbundenen Preis und Versorgungsängsten herrührten. Vgl. dazu *Kloepfer*, Umweltrecht, 4. Aufl. 2016, § 17 Rn. 11; *Kloepfer/Durner*, Umweltschutzrecht, 3. Aufl. 2020, S. 6.

Selbst das eng mit dem Klimaschutz verbundene Immissionsschutzrecht, welches vor der Einführung des Art. 20a GG als weitreichendster gesetzgeberischer Beitrag zum Klimaschutz angesehen werden konnte, bezweckt prioritär die Luftreinhaltung und den Schutz vor gesundheitsschädlichen Stoffen in der Troposphäre und verfolgt damit keinen ganzheitlichen Ansatz zum Klima oder Umweltschutz.[254] Der verfassungsändernde Gesetzgeber erkannte in den späten Jahren der 1980er diese Schutzlücke und war gewillt, dem Umweltschutz durch die Verankerung im Grundgesetz mehr Geltung zu verleihen.[255] Dieser Impuls geht nicht zuletzt mit einem gesteigerten Bewusstsein für Umweltbelange einher. Umweltschutz wird nun als existenzielles und nachhaltiges Interesse der Menschen identifiziert, welches in der Verantwortung des Staates steht und als solches grundlegend zu behandeln ist.[256] Mit der Schaffung des Art. 20a GG ist der Gesetzgeber dieser Aufgabe nachgekommen und hat den Umweltschutz verfassungsrechtlich verankert.

(2) Schutzgut

Anzuerkennen ist zudem, dass die Formulierung der natürlichen Lebensgrundlagen einen weiten Anwendungsbereich vorsieht und damit ein umfassender Beitrag zum Umweltschutz angestrebt wird,[257] von dem nicht nur die Umwelt selbst, sondern auch alle sog. Umweltmedien wie Boden, Wasser, Luft, Klima, Landschaften und das Grundwasser[258] erfasst werden.[259] Ferner wird mit der Nennung der Verantwortung gegenüber künftiger Generationen die langfristige und nachhaltige Konzeption des Umweltschutzes zum Ausdruck gebracht, was als Manifestierung eines ökologischen Nachhaltigkeitsprinzips gesehen werden kann.[260]

---

[254] *Kloepfer*, Umweltrecht, 4. Aufl. 2016, § 17 Rn. 20 f.

[255] BT-Drs. 12/6000 S. 65.

[256] Es wird festgestellt, dass Umweltschutz eine hochrangige Aufgabe des Staates ist, die in der Zeit des Entstehens des Grundgesetzes noch nicht so präsent war. Vgl. dazu BT-Drs. 12/6000 S. 65.

[257] *Jarass/Pieroth* in *Jarass/Pieroth GG*, Art. 20a GG, Rn. 3; *Kersten*, Das ökologische Grundgesetz, 2022, S. 27.

[258] BVerfGE 102, 1 = NJW 2000, 2573.

[259] *Steinberg* NJW 1996, 1985 (1991).

[260] *Erbguth* DVBl. 1999, 1082 (1084); *Müller-Bromley*, Staatszielbestimmung Umweltschutz im Grundgesetz?, 1990, S. 102 f.

(3) Gestaltungsfreiheit des Gesetzgebers

Allein aus dem Gesetzestext wird jedoch nicht deutlich, wie dieses Prinzip im konkreten Fall anzuwenden ist, was zur Frage der Anwendung der Staatszielbestimmung führt. Im Zentrum steht dabei der Staat als der primäre Adressat der Bestimmung. Dieser hat die Verpflichtung, gesetzgeberisch tätig zu werden, um das erklärte Ziel, den Schutz der natürlichen Lebensgrundlagen mittels Maßnahmen umzusetzen und damit Schäden an der Umwelt vorzubeugen.[261] Hier wird dem Gesetzgeber ein Gestaltungsspielraum[262] eingeräumt, innerhalb dessen es der Einschätzung des Gesetzgebers obliegt, welche Maßnahmen zur Erreichung des Staatsziels zu treffen sind.[263] Begrenzt wird die Ausgestaltung durch konfligierende Rechtsgüter von Verfassungsrang. Dass Art. 20a GG hierbei keinen absoluten Vorrang genießt, wird durch die Fassung als Staatszielbestimmung deutlich.[264] Vielmehr ist der Gesetzgeber dazu angehalten, die natürlichen Lebensgrundlagen im Spannungsfeld der verfassungsrechtlichen Güter nach den Grundsätzen der praktischen Konkordanz zu erhalten.[265]

Vor diesem Hintergrund stellt sich die Frage der Notwendigkeit des zweiten Halbsatzes des neugefassten Art. 20a GG, wonach die Gesetzgebung nur im Rahmen der verfassungsmäßigen Ordnung agieren soll. Schließlich impliziert die Ausgestaltung als Staatszielbestimmung bereits, dass dem Umweltschutz kein übergeordneter Stellenwert zukommen soll.[266] Darüber hinaus ist der Gesetzgeber im Rahmen seines Wirkens stets an die verfassungsmäßige Ordnung gebunden (Art. 20 Abs. 3 GG), wodurch dem Zusatz verfassungsrechtlich kein eigener Wert beigemessen werden kann. Er ist stattdessen als Ausdruck des Kompromisses zu begreifen, welcher zwar den verfassungsrechtlichen Schutz der Umwelt sicherstellen will, aber zugleich kein den Grundrechten übergeordnetes Ziel anstrebt.[267]

---

[261] BVerwG, NJW 1995, 2648 (2649).

[262] Den Gestaltungsspielraum des Gesetzgebers unterteilend in Ziel und Einzelmaßnahmen *Müller-Bromley*, Staatszielbestimmung Umweltschutz im Grundgesetz?, 1990, S. 115 ff.

[263] *Krings* in Schmidt-Bleibtreu GG, Art. 20a GG, Rn. 26; *Jarass* in Jarass/Pieroth GG, Art. 20a GG, Rn. 18; *Murswiek* NVwZ 1996 (222).

[264] BT-Drs. 12/6000 S. 67 f.

[265] *Krings* in Schmidt-Bleibtreu GG, Art. 20a GG, Rn. 26. BVerwG, NJW 1995, 2648 (2649).

[266] BT-Drs. 12/6000 S. 67 f.

[267] *Murswiek* NVwZ 1996 (222). In der Begründung des Kompromissvorschlags wird bei der Verweisung auf die Rechtsbindung des Art. 20 Abs. 3 GG auch von einem

Nachrangig werden auch Exekutive und Judikative adressiert, zur Verwirklichung des Staatsziels positiv beizutragen. Vor dem Hintergrund, dass die beiden Gewalten ohnehin an das Grundgesetz und damit auch die Beachtung des Art. 20a GG gebunden sind, ihnen aber darüber hinaus keinerlei zusätzliche Handhabe eingeräumt wurde, ist die explizite Nennung der Exekutive und Judikative rein deklaratorischer Natur. Dadurch wurde kein expliziter Auftrag erteilt, sondern die Nennung der beiden Gewalten kann gegenteilig als intendierte Begrenzung der Kontrolle über die gesetzgeberische Verpflichtung verstanden werden,[268] aus der Befürchtung heraus, Gerichte könnten künftig umweltpolitische Entscheidungen über das Parlament hinweg treffen.[269] Die Ausgestaltung des Umweltschutzes ist primär als Aufgabe des Gesetzgebers zu begreifen. An der Judikatur liegt es schließlich, den Rahmen zu kontrollieren und damit den Gestaltungsspielraum des Gesetzgebers festzusetzen. Auch deshalb sind die Gerichtsentscheidungen in der Folgezeit von besonderer Bedeutung.

(4) Kein subjektiver Schutz

In seiner juristischen Schlagkraft wird Art. 20a GG insbesondere durch das Fehlen eines subjektiven Rechts begrenzt.[270] Da der Kompromiss als objektivrechtliches Konstrukt ausgestaltet ist, existieren auch keine einklagbaren Rechte der Umwelt, was eine juristische Überprüfung der Bemühungen zur Erreichung des Staatsziels erschwert.[271] Auch in diesem Punkt wird der Konflikt deutlich, in dem sich der Gesetzgeber im Hinblick auf die verfassungsrechtliche Verankerung des Umweltschutzes befand. Das Rechtsgut Umwelt wird unter staatlichen Schutz gestellt, aber ohne, dass dieser einklagbar ist. Im Ergebnis führt das dazu, dass die tatsächliche Gewährleistung dieses Schutzes maßgeblich von der legislativen Konkretisierung, mithin vom

verfassungspolitischen Signal gesprochen. Vgl. dazu BT-Drs. 12/6000 S. 68.

268 *Kersten*, Das ökologische Grundgesetz, 2022, S. 28 f.

269 Daher ist im Rahmen des Gesetzgebungsverfahrens zu Art. 20a GG in diesem Kontext auch von einer „Angstklausel" die Rede. Vgl. dazu *Murswiek* NVwZ 1996 (222).

270 Ansätze wonach Umweltschutz subjektiv einklagbar wäre als verfehlt bezeichnend *Müller-Bromley*, Staatszielbestimmung Umweltschutz im Grundgesetz?, 1990, S. 168.

271 *Krings* in Schmidt-Bleibtreu GG, Art. 20a GG, Rn. 8; *Sommermann* in Münch/Kunig GG, Art. 20a GG, Rn. 20.

politischen Willen abhängt[272] und der damit verbundene verfassungsrechtliche Stellenwert des Klimaschutzes auch durch die politischen Entscheidungen determiniert wird.

(5) Zusammenfassung

Zu dem in diesem Abschnitt betrachteten Zeitpunkt der Schaffung des Art. 20a GG stellte die Aufnahme der Staatszielbestimmung ins Grundgesetz eine enorme Verbesserung des verfassungsrechtlichen Status des Umwelt und Klimaschutzes dar. Erstmals in der Geschichte der Bundesrepublik wurden die Belange der Umwelt im Grundgesetz verankert und damit in die für alle Gewalten bindende Riege der schützenswerten Rechtsgüter aufgenommen. Umweltschutz avancierte vom beiläufig mitbehandelten Thema gesetzgeberischer Vorhaben zu einer existenziellen Herausforderung.

Durch die bewusste Entscheidung seitens des verfassungsändernden Gesetzgebers,[273] der Umwelt kein eigenes Grundrecht zukommen zu lassen und sie auch nicht auf eine Ebene mit den Staatsstrukturprinzipien des Art. 20 GG zu stellen, sondern lediglich als Staatszielbestimmung aufzunehmen, wurde jedoch bereits eine verfassungsrechtliche Einordnung vorgenommen. Zu groß war die Furcht vor den weitreichenden und zu diesem Zeitpunkt in mancher Hinsicht unwägbaren Folgen in breiten Teilen der Politik. Dass die Staatszielbestimmung im Verlauf der Kompromissfindung an Schlagkraft verlor, ist weniger einer zu geringen Wertschätzung der existenziellen Aufgabe gegenüber geschuldet als vielmehr eben dieser Furcht vor einem unkontrollierbaren Klimaschutz um jeden Preis.[274] Eine weitestgehend anthropozentrische Grundhaltung, das Fehlen subjektiver Rechte und die notwendige Ausgestaltung durch den einfachen Gesetzgeber lassen dem Art. 20a GG anfangs einen geringen verfassungsrechtlichen Stellenwert zukommen. Umso entscheidender für die Frage des weiteren Verlaufs ist daher die Konkretisierung des Klimaschutzes in den darauffolgenden Jahren sowie deren juristische Kontrolle.

---

[272] So auch den Normtypus beschreibend *Blasberg*, Inhalts und Schrankenbestimmungen des Grundeigentums zum Schutz der natürlichen Lebensgrundlagen, 2008, S. 36 f.
[273] Vgl. dazu BT-Drs. 12/6000 S. 65 ff.
[274] Vgl. dazu *Murswiek* NVwZ 1996 (222).

b) Rolle der Europäischen Union

Um den verfassungsrechtlichen Stellenwert in Gänze zu begreifen, lohnt auch ein Blick auf den Klimaschutz im Mehrebenensystem. Die Vorgaben auf diesen Ebenen sind nicht genuin verfassungsrechtlich. Durch den soeben erörterten Konkretisierungsbedarf[275] im Rahmen des Art. 20a GG kommt den völker und unionsrechtlichen Regelungen jedoch eine besondere Rolle zu, da sie in der Lage sind, eine Ausgestaltung des verfassungsrechtlich anvisierten Klimaschutzes vorzunehmen.[276] Außerdem lässt sich daraus rechtshistorisch gut ableiten, inwieweit die eingangs dargestellten wissenschaftlichen Erkenntnisse zu den anthropogenen Klimaänderungen[277] bereits in der nationalen und internationalen Gesetzgebung an Widerklang gefunden hatten.

Im Hinblick auf den nationalen Klimaschutz nimmt die Europäische Union eine Schlüsselrolle ein. Mit der Gründung der Europäischen Union durch den Vertrag von Maastricht 1992[278] wurde auch Art. 23 zur Europäischen Integration in das GG eingefügt.[279] Sowohl der unionsrechtliche Vertragstext als auch Art. 23 GG eint der Gedanke einer supranationalen Organisation. Diese sieht vor, dass anders als bei der intergouvernementalen Zusammenarbeit nicht lediglich die Zusammenarbeit zwischen souveränen Einzelstaaten gefördert wird, sondern die Mitgliedstaaten der EU Hoheitsrechte im Sinne von Art. 23 Abs. 1 S. 2 GG übertragen.[280] Hinzu kommt, dass Deutschland als Mitgliedstaat der EU grundsätzlich integrationsoffen gegenübersteht und von der Kompetenzübertragung Gebrauch macht.[281] Auch wenn mit dem Vertrag von Maastricht der Klimaschutz nicht als genuiner Kompetenzbereich an die EU übertragen wurde, sind die in der Folgezeit geschlossenen klimaschützenden Abkommen vor dem Hintergrund der Integration einzuordnen. Die Erfüllung der Staatsaufgabe

---

275 Siehe hierzu die Bewertung der Fassung des Art. 20a GG in Teil 2: A. IV. 2. a) dd).

276 Siehe dazu im Ergebnis auch die Ausführungen des BVerfG in Teil 3: A. IV. 2.

277 Gemeint sind die Ausführungen in Teil 1: C.

278 Vertrag über die Europäische Union (Maastricht, 7. Februar 1992), Amtsblatt Nr. C 191 vom 29.07.1992 S. 0004, abrufbar unter: https://www.cvce.eu/content/publication/2002/4/9/2c2f2b85-14bb-4488-9ded-13f3cd04de05/publishable_de.pdf.

279 BGBl. I 2086.

280 *Uerpmann-Wittzack* in Münch/Kunig GG, Art. 20a GG, Rn. 12.

281 Vgl. zur Überprüfung des Vertrags von Maastricht durch das BVerfG NJW 1993, 3047; sowie *Meessen* NJW 1994, 549 (550).

ist somit nicht nur durch nationales Handeln, sondern auch durch ein Tätigwerden auf Unionsebene im Wege der Kooperation möglich. Auch deshalb sind im Folgenden die europäischen Bemühungen zum Klimaschutz nicht außer Acht zu lassen.

Neben den unions und verfassungsrechtlichen Implikationen wird der EU beim Klimaschutz auch deshalb eine besondere Rolle zuteil, da Emissionsminderungen umso effektiver erreicht werden können, je besser und abgestimmter die einzelnen Staaten als Emittenten zusammenarbeiten. Die Entwicklung des Globalklimas hängt, wie dargestellt,[282] von der Menge der weltweiten Emissionen ab. Ein staatenübergreifendes Vorgehen kann dabei nicht nur helfen, die Senkung der Emissionen besser zu koordinieren und zu überwachen, sondern auch etwaige Hürden wie Wettbewerbsnachteile abzubauen. Die EU kann hierbei als Gemeinschaft ein Schlüssel zu einem effektiveren Klimaschutz sein.

c) Klimarahmenkonvention 1992

Vor dem Hintergrund des Klimaschutzes im Mehrebenensystem ist daher die von den Vereinten Nationen 1992 beschlossene[283] Klimarahmenkonvention (UNFCCC)[284] einzuordnen, welche als erster umfassender Ansatz zum expliziten Schutz des Klimas auf völkerrechtlicher Ebene zu sehen ist.[285] Zuvor wurde mit der Einheitlichen Europäischen Akte (EEA)[286] und der damit verbundenen Aufnahme umweltschutzrechtlicher Bestimmungen in den Gemeinschaftsvertrag der EWG 1986 bereits ein erster Schritt[287] zum Umweltschutz auf völkerrechtlicher Ebene getan.[288] Die UNFCCC hatte demgegenüber das Ziel, den Prozess der Lösungsfindung zur internationalen Herausforderung des Klimaschutzes mit einem einheitlichen Ansatz der Vertragsstaaten abzuschließen. Dieser hatte 1979 mit der ersten

---

[282] Vgl. dazu die Ausführungen in Teil 1: C.

[283] Vgl. zur nationalen Zustimmung BGBl. II 1993 S. 1784

[284] United Nations Framework Convention on Climate Change (UNFCCC) v. 9.5.1992, abgedruckt mit Zustimmungsgesetz v. 13.9.1993 BGBl. II 1784.

[285] *Bodansky* Yale Journal of International Law 1993, 453 (453 f.).

[286] ABlEG 1987 Nr. L 169/1.

[287] Zur Frage, ob damit der Staatszweck Umweltschutz auch indirekt zum Staatsziel der Mitgliedstaaten geworden ist *Haneklaus* DVBl. 1990, 1135 (1137).

[288] Hierzu im Detail *Pernice* NVwZ 1990 (201).

Weltklimakonferenz in Genf[289] begonnen.[290] Bemerkenswert ist dabei nicht nur der enge klimatologische Bezug der UNFCCC, sondern auch die Stabilisierung der Treibhausgaskonzentration als maßgeblicher Ansatz zur Abmilderung der Klimaänderungen.[291]

Die Kernaussage der seit 1994 völkerrechtlich bindenden UNFCCC ist dabei folgende:[292] „Das Endziel dieses Übereinkommen [...] ist es, [...] die Stabilisierung der Treibhausgaskonzentrationen in der Atmosphäre auf einem Niveau zu erreichen, auf dem eine gefährliche anthropogene Störung des Klimasystems verhindert wird. Ein solches Niveau sollte innerhalb eines Zeitraumes erreicht werden, der ausreicht, damit sich die Ökosysteme auf natürliche Weise den Klimaänderungen anpassen können, die Nahrungsmittelerzeugung nicht bedroht wird und die wirtschaftliche Entwicklung auf nachhaltige Weise fortgeführt werden kann."[293]

Auch wenn diese ambitionierte Formulierung als wichtiger Schritt zu einer internationalen Klimaschutzpolitik gesehen werden kann, ist die UNFCCC im Detail keineswegs als umfassendes Instrument zu einem globalen Klimaschutz anzusehen.[294] Hierfür fehlt es zum einen an rechtsverbindlichen Reduktionszielen. Zwar hat das IPCC bereits damals einen CO_2-Minderungsfahrplan vorgegeben, welcher beispielsweise eine Reduktion der Emissionen von 40 % bis 2020 vorsah. Dieser ist jedoch nur ansatzweise anhand dreier Richtwerte geregelt und sieht keine Vorgehensweise in Form konkreter Maßnahmen vor.[295] Zum anderen bleibt es den Vertragsstaaten

---

289 *UBA*, The First World Climate Conference in Geneva, abrufbar unter: https://sns.uba.de/chronik/en/concepts/t-1161bc99_1521f2d78fa_38c5.html.

290 Hierbei handelte es sich vorwiegend noch um eine wissenschaftliche Bestandsaufnahme mit dem Zweck, die seit Jahrzehnten bestehende Warnung der Wissenschaftler in den völkerrechtlichen Diskurs einzubringen und eine gemeinsame Faktenlage zu schaffen, auf Grundlage derer Vereinbarungen getroffen werden können. Vgl. dazu *Schönwiese*, Klimatologie, 5. Aufl. 2020, S. 385.

291 BGBl. 1993 II S. 1784 ff.

292 *Schönwiese*, Klimatologie, 5. Aufl. 2020, S. 386; *Rahmstorf/Schnellnhuber*, Der Klimawandel, 9. Aufl. 2019, S. 95.

293 *Deutsche Gesellschaft für die Vereinten Nationen e.V.* Zeitschrift Vereinte Nationen 1992, 140.

294 *Görrissen* in Bahr/Lutz (Hrsg.), Unsere Gemeinsame Zukunft – Globale Herausforderungen, 1994 (209).

295 Vgl. BT-Drs. 11/8030, S. 206 f. Hier wird den Industriestaaten wie Deutschland eine restriktivere Vorgehensweise empfohlen, um den Entwicklungsländern einen

selbst überlassen, nationale Konzepte zur Reduktion von Treibhausgasen zu entwickeln. Es wird auch keine konkrete Budgetierung vorgenommen, sondern lediglich festgehalten, dass nationale Unterschiede mit Blick auf den Stand des industriellen Fortschritts[296] oder das Rohstoffaufkommen bestehen.[297]

Zusammenfassend ist mit der UNFCCC 1992 erstmals rechtsverbindlich und auf internationaler Ebene eine Einigung hinsichtlich der globalen Aufgabe des Klimaschutzes getroffen worden, welche den anthropogenen Anteil der Klimaänderung zu verringern versucht, um damit den Nationen Zeit für die Anpassung einzuräumen. Zur Erreichung dieses Ziels ist die UNFCCC jedoch allenfalls der Anfang. Für die tatsächliche Umsetzung waren weitere internationale Abkommen mit spezifischeren Festsetzungen erforderlich.[298]

d) Kyoto-Protokoll 1997

Diesen Bedarf erkannten auch die Vertragsstaaten und nahmen die UNFCCC als Grundlage für jährliche Vertragsstaatenkonferenzen (COP),[299] bei welchen die Verpflichtungen der UNFCCC gemonitort und angepasst werden sollten.[300] Von Bedeutung waren dabei insbesondere die Ergebnisse der COP3 im Jahr 1997 in Kyoto, festgehalten im sog. Kyoto-Protokoll. In diesem haben sich die Vertragsstaaten auf rechtsverbindliche, konkrete Emissionsgrenzen (Art. 3 Abs. 1 KP) geeinigt, indem eine regionale, zahlenmäßig relative Reduktion der Emissionen festgeschrieben wurde. Zudem wurde in Anlage 1

---

industriellen Fortschritt zu ermöglichen, welcher vorübergehend eine höhere Emission von Treibhausgasen erfordert.

296 In Art. 4 Nr. 4 wird die Zusammenarbeit der Industrie- mit den Entwicklungsländern forciert, indem erstere bspw. bei dem Transfer von „Know-how" oder durch die Vermittlung von Wissen beim klimafreundlichen Fortschritt helfen sollen. Vgl. dazu auch *Görrissen* in Bahr/Lutz (Hrsg.), Unsere Gemeinsame Zukunft – Globale Herausforderungen, 1994, S. 209 (211).

297 *Deutsche Gesellschaft für die Vereinten Nationen e.V.* Zeitschrift Vereinte Nationen 1992, 140 (142). Artikel 4a.

298 *Görrissen* in Bahr/Lutz (Hrsg.), Unsere Gemeinsame Zukunft – Globale Herausforderungen, 1994 (209).

299 Engl. Conference of parties.

300 *Schönwiese*, Klimatologie, 5. Aufl. 2020, S. 386; *Pohlmann*, Kyoto Protokoll: Erwerb von Emissionsrechten durch Projekte in Entwicklungsländern, 2004, S. 116.

bereits eine Unterteilung der Emissionsquellen in verschiedene Sektoren vorgenommen.[301]

Auf dieser Grundlage haben sich die Industriestaaten zu einer Verringerung der Treibhausgasemissionen[302] um 5,2 % im Vergleich zum Niveau von 1990 verpflichtet. Die EU hat als Staatengemeinschaft eine Reduktion von 8 % im Zeitraum der ersten Verpflichtungsperiode 2008 – 2012 forciert. Im Rahmen des sog. Lastenverteilungsverfahrens, welches ein gemeinschaftsinternes Abkommen zur Verteilung der durch die Reduktion von Treibhausgas entstehenden Lasten darstellt, wurde mit der EU-Ratsentscheidung 2002/358/EG[303] jedem Mitgliedsstaat eine individuelle Reduktionsverpflichtung zugeteilt.[304] Für Deutschland ergab das Lastenverteilungsverfahren in der ersten Verpflichtungsperiode eine vorgeschriebene Senkung um 21 %. Dies ist auch deshalb interessant, da sich die nationale Verpflichtung Deutschlands zur Reduktion von Treibhausgasemissionen nun nicht mehr allein aus völkerrechtlichen Abkommen, sondern auch aus europarechtlichen Vereinbarungen ergibt.

Problematisch erscheint in diesem Kontext die Dauer des Ratifizierungsprozesses. Erst im Jahr 2005 erlangte das von 156 Staaten unterzeichnete

---

301 Das Protokoll sieht in Anlage 1 folgende Sektoren vor: Energie (Verbrennung von Brennstoffen: Energiewirtschaft, verarbeitendes Gewerbe und Baugewerbe, Verkehr, andere Sektoren, Sonstige; flüchtige Emissionen aus Brennstoffen: Feste Brennstoffe, Öl und Erdgas, Sonstige); Produktionsprozesse (Mineralerzeugnisse, chemische Industrie, Metallerzeugung, Sonstige Erzeugung, Erzeugung bzw. Verbrauch von Halogenkohlenwasserstoffen und Schwefelhexafluorid, Sonstige); Verwendung von Lösungsmitteln und anderen Erzeugnissen; Landwirtschaft (enterische Fermentation, Düngewirtschaft, Reisanbau, landwirtschaftliche Böden, traditionelles Abbrennen von Grasland, offene Verbrennung landwirtschaftlicher Rückstände, Sonstige); Abfallwirtschaft (Entsorgung fester Abfälle an Land, Abwasserbehandlung, Müllverbrennung, Sonstige).

302 Im Kyoto-Protokoll wurden folgende Treibhausgase reglementiert: Kohlendioxid (CO_2), Methan (CH_4), Distickstoffoxid (N_2O), Halogenierte Fluorkohlenwasserstoffe (HFKW), Fluorkohlenwasserstoffe (FKW) und Schwefelhexafluorid (SF_6). Vgl. hierzu UBA, Kyoto-Protokoll abrufbar unter: https://www.umweltbundesamt.de/themen/klima-energie/internationale-eu-klimapolitik/kyoto-protokoll#entstehungsgeschichte-und-erste-verpflichtungsperiode.

303 Zur Umsetzung des Kyoto-Abkommens auf europäischer Ebene: ABlEU L 130 v. 15.5.2002, S. 1 ff.

304 *Schnittker*, Die Klimaschutzgesetze der Bundesländer, 2021, S. 67.

Abkommen rechtliche Bindungswirkung und beschloss damit einen nahezu acht Jahre fortwährenden Prozess der Einigung auf konkrete nationale Reduktionsziele.[305]

e) Bewertung

Zusammenfassend geht mit der politischen und gesellschaftlichen Aufwertung des Klimaschutzes in den 1990er Jahren auch eine Steigerung des rechtlichen Stellenwertes einher. Dabei trägt Art. 20a GG als erster Ansatz einer grundrechtlichen Verankerung des Staatsziels Umwelt und Klimaschutz in besonderer Weise zu diesem verfassungsrechtlichen Novum bei. Auch die völkerrechtlichen Abkommen verpflichten Deutschland als Vertragspartei des Kyoto-Protokolls, ebenso wie die europäischen Abkommen zur Lastenverteilung als Mitgliedstaat zur Erreichung der entsprechenden Klimaschutzziele. Mit Blick auf die konkrete Umsetzung der Ziele ist der Bundesgesetzgeber auch in der Pflicht, die Erreichung selbiger sicherzustellen.

AA) EXKURS ZUM NACHHALTIGKEITSGRUNDSATZ IM GLEICHLAUF MIT DEM KLIMASCHUTZ ZUR JAHRTAUSENDWENDE

Ein Grundsatz, der in dieser Zeit an Bedeutung gewonnen hat, ist das Prinzip der Nachhaltigkeit, welches sich aufgrund des Gleichlaufs mit dem Klimaschutz besonders zur Anschauung der Klimabelange in dieser Zeit eignet. Anders als beim Klimaschutz handelt es sich dabei zunächst abstrakt um eine Strategie zur Verwendung von Ressourcen. Um das Nachhaltigkeitsprinzip in seiner ganzheitlichen Bedeutung anzuwenden, sind politische Handlungsentscheidungen einer dreifachen Abwägung zu unterziehen. Hierbei müssen (1) die Interessen der Industrie und Entwicklungsstaaten, (2) die Interessen der gegenwärtigen und künftigen Generationen sowie (3) ökologische und ökonomischsoziale Interessen berücksichtigt und gegeneinander abgewogen werden.[306] Ziel ist es, dass alle Staaten bei ihren nationalen Entscheidungen diese Implikationen berücksichtigen und damit eine nachhaltige Politik verfolgen, welche Ökonomie, Ökologie und soziale

---

305 *Welp/Wicke/Jaeger*, Climate policy in the coming phases of the kyoto process: Targets, instruments, and the role of cap and trade schemes, 2007, S. 9 f.

306 *Rehbinder* NVwZ 2002 (657).

Folgen gleichermaßen beachtet. In der Theorie wird damit eine politische Handlungsmaxime verfolgt, welche einerseits international von allen Staaten gleichermaßen angewendet wird und den einzelnen Nationen andererseits genügend Spielraum für die Ausgestaltung nach individuellen Gegebenheiten überlässt.[307]

BB) ORIENTIERUNG AN INTERNATIONALEN VERTRÄGEN

In den 1990er Jahren hat dieser Grundsatz auch mithilfe der oben genannten Entwicklungen, insbesondere mit Blick auf das Klima international und national an Einfluss gewonnen. Zwar fand das Nachhaltigkeitsprinzip bereits im EWG-Vertrag[308] in Art. 2 Eingang, indem dort die wesentliche Aufgabe der Staatengemeinschaft als nachhaltige Förderung anhand der dreifachen Abwägung beschrieben wird. Im Rahmen des EG-Vertrags[309] wurde diese Aufgabe jedoch durch Art. 6[310] ergänzt. Darin wird die nachhaltige Umsetzung der Gemeinschaftstätigkeiten[311] unter Einbeziehung der Erfordernisse des Umweltschutzes festgehalten.[312] Ebenso stellt Art. 37 der Charta der Grundrechte der Europäischen Union klar, dass eine nachhaltige Entwicklung nur unter Einhaltung eines hohen Umweltschutzniveaus erreicht werden kann. Zudem wurde durch die Deklaration von Rio de Janeiro 1992 das Nachhaltigkeitsprinzip als Leitlinie der Umweltpolitik manifestiert. Grundsatz 3 der Deklaration gibt sogar vor, dass das Recht auf Entwicklung in einer Art und Weise verwirklicht werden muss, welche dem Umweltbedürfnis der heutigen und künftigen Generationen entsprechen muss.[313]

---

[307] *Rehbinder* NVwZ 2002 (657).

[308] Vertrag zur Gründung der Europäischen Wirtschaftsgemeinschaft, unterzeichnet zu Rom, am 25. März 1957.

[309] Vertrag über die Europäische Union, unterzeichnet zu Maastricht am 7. Februar 1992. Siehe Amtsblatt der Europäischen Gemeinschaften. C 191, 29. Juli 1992. Wurde 2009 mit dem Vertrag von Lissabon in „Vertrag über die Arbeitsweise der Europäischen Union" (AEUV) umbenannt.

[310] Heute: Art. 11 AEUV.

[311] Die Tätigkeiten der Gemeinschaft werden im Detail in Art. 3 des EG-Vertrags aufgeführt.

[312] *Calliess* DVBl. 1998 (559).

[313] Weitere explizite Erwähnungen finden sich z.B. in Art. 4 und 8 der Rio-Deklaration.

CC) NATIONALER NIEDERSCHLAG

Doch auch national ist der Nachhaltigkeitsgrundsatz im Bereich des Umwelt und Klimaschutzes in dieser Dekade präsenter geworden. So findet er im neuen Art. 20a GG auf verfassungsrechtlicher Ebene Niederschlag. Im einfachgesetzlichen nationalen Recht ist dieser insbesondere im Bereich des Forst und Wasserrechts[314] seit jeher von Bedeutung und wird beispielsweise nun auch im Bundesbodenschutzgesetz (§§ 1, 7, 17 I, II), im Kreislaufwirtschafts und Abfallgesetz (§§ 1, 4–6, 22 II Nr. 1, IV, § 23 Nr. 3) sowie dem Planungsrecht (§ 2 I Nrn. 3, 8 ROG, § 1a I BauGB) aufgegriffen.[315] Jedoch auch politisch hat sich die Bundesregierung zur Ausrichtung am Nachhaltigkeitsgrundsatz in dieser Zeit explizit bekannt, indem im Koalitionsvertrag 1998 beispielsweise eine Orientierung am Leitbild der Nachhaltigkeit festgehalten wird[316] und im Rahmen der nationalen Nachhaltigkeitsstrategie als politische Leitlinie benannt wurde.[317] Als weitere Belege für diese Ausrichtung können die Ansätze des damaligen Bundesministeriums für Umwelt, Naturschutz und Reaktorsicherheit zur nachhaltigen Umweltpolitik[318] sowie die Berichte der Enquetekommission „Schutz des Menschen und der Umwelt" des Bundestages[319] angeführt werden.

DD) DER GLEICHLAUF IN DER ENTWICKLUNG DES NACHHALTIGKEITSGRUNDSATZES UND DES KLIMASCHUTZES

Im Ergebnis steht der Nachhaltigkeitsgrundsatz in seiner ökologischen Ausprägung exemplarisch für den Stellenwert des Umwelt und Klimaschutzes zur Jahrtausendwende. Nicht nur aufgrund seiner thematischen Überschneidung mit dem Klimaschutz, sondern auch ob der vergleichbaren

---

314 Exemplarisch dazu Bundeswaldgesetz (§§ 1 Nr. 1, 6 I, 8 I Nr. 1, 11), Bundesjagdgesetz (§§ 1 II, 22), Wasserhaushaltsgesetz (§§ 1a, 5 I 1 Nr. 3, § 36b) sowie siehe zur weiteren Aufzählung *Rehbinder* NVwZ 2002, 657 (658)

315 *Kloepfer*, Umweltrecht, 4. Aufl. 2016, § 4 Rn. 31; *Rehbinder* NVwZ 2002 (657).

316 Koalitionsvereinbarung zwischen der Sozialdemokratischen Partei Deutschlands und Bündnis 90/Die GRÜNEN, unterzeichnet zu Bonn, am 20. Oktober 1998, S. 13.

317 Vgl. dazu die nationale Nachhaltigkeitsstrategie der Bundesregierung, 2002; BT-Drs. 14/8953.

318 *Bundesministerium für Umwelt, Naturschutz und Reaktorsicherheit,* Auf dem Weg zu einer nachhaltigen Entwicklung in Deutschland, 1997, S. 9 ff. sowie z.B. der Entwurf eines umweltpolitischen Schwerpunktprogramms 1998.

319 BT-Drs. 12/5812, 12/8260, 13/7400.

Handhabung. Eine nachhaltige klimatologische Entwicklung, welche soziale, ökonomische und ökologische Erwägungen gleichermaßen in den Blick nimmt, wird auf internationaler und nationaler Ebene nicht nur erkannt und positiv bewertet. Sie wird mit der Erklärung von Rio 1992, der Einführung des Art. 20a GG 1994 und der nationalen Nachhaltigkeitsstrategie 2002 auch als Leitlinie politischen Handelns auserkoren. Zwar entfalten zumindest erstgenannte auch unmittelbare rechtliche Bindungswirkung – in ihrer juristischen Schlagkraft sind diese jedoch maßgeblich von der weiteren Ausgestaltung abhängig. Das Kyoto-Protokoll stellt dabei einen konsequenten nächsten Schritt auf internationaler Ebene dar, das Ziel der Reduktion von Treibhausgasemissionen mithilfe konkreter Zielwerte mit Leben zu füllen.

Die nationale Nachhaltigkeitsstrategie dagegen ist als eine Art Orientierungshilfe ohne Rechtsqualität und daher auch ohne rechtliche Bindung zu bewerten. Dem Grundsatz der Nachhaltigkeit assistieren hier zwar sog. Managementregeln, welche insbesondere in den Bereichen Energie und Ressourcenverbrauch einen Weg zum Ausgleich zwischen Ökologie und Ökonomie aufzeigen sollen. Grundlegend ist dabei der Ansatz eines nachhaltigen Ressourcenverbrauchs zu nennen, wonach immer nur so viel an natürlichen Ressourcen verbraucht werden darf, wie in der gleichen Zeit auch wieder entstehen kann und eine Regeneration damit gesichert ist. Da auch diese Regeln keine Bindungswirkung entfalten[320], geht zu diesem Zeitpunkt ein weiterer Schritt hin zur Verrechtlichung jedoch ab.[321]

Zusammenfassend eint den Klimaschutz und den Nachhaltigkeitsgrundsatz zu dieser Zeit, dass sie in Gesellschaft, Politik und Recht als erstrebenswert erachtet werden. Für eine konsequente Umsetzung fehlt es jedoch an der Verbindlichkeit der Zielsetzung. Gründe für das Fehlen sind nicht zuletzt in der Vielzahl verschiedener Akteure und Interessen zu finden.

V. Retardierendes Moment 2005–2021

1. Politische Umstände

Im Jahr 2005 wurde mit Angela Merkel nicht nur erstmals eine Frau zur Kanzlerin gewählt – als Physikerin und versierte Umweltpolitikerin hatte

[320] Vgl. dazu *Di Fabio* NVwZ 1999, 1153 (1154).

[321] *Knopp* ZUR 2009, 409 (410); *Bundesregierung*, Fortschrittsbericht 2008 zur nationalen Nachhaltigkeitsstrategie, 2008.

sie auch den Bezug zu Klimabelangen. Als Umweltministerin durfte Merkel im Kabinett von Helmut Kohl (1994–1998) bereits vor ihrer Kanzlerschaft an den Vertragsstaatenkonferenzen teilnehmen, wobei sie das erste Treffen in Berlin 1995 (COP 1) als Gastgeberin ausrichtete und sich im Rahmen der Verhandlungen zum Kyoto-Protokoll für ambitionierte Klimaziele einsetzte.[322] Als Bundeskanzlerin startete sie ehrgeizig und erwarb sich mit öffentlichen Auftritten[323] und umweltpolitischen Projekten[324] in der öffentlichen Wahrnehmung schnell einen Ruf als „Klimakanzlerin".[325]

Die in der Folgezeit aufgekommene Wirtschafts und Finanzmarktkrise verstärkte den wirtschaftspolitischen Handlungsbedarf und lenkte die Sorgen der Bevölkerung auf ökonomische Aspekte. Dies hatte Folgen für die klimatischen Erwägungen bei der Abwägung im Rahmen des Nachhaltigkeitsgrundsatzes.[326] Nach wie vor wurde in den 2010er Jahren die Grundposition vertreten, nach welcher effektiver Umweltschutz nur in Zeiten wirtschaftlichen Wohlstandes durchgesetzt werden kann und im Falle einer Rezession hinter den ökonomischen Anstrengungen zurückbleibt.[327] Dem liegt die Annahme zugrunde, dass Ökonomie und Ökologie eine Art Zielkonflikt darstellen und dass eine nicht forciert werden kann, ohne der anderen zu schaden.

Eine Inkonsequenz im Vorgehen zeigt sich auch bei der Thematik des Atomausstiegs, welcher in dieser Zeit immer wieder für politische und

---

[322] *Gloe* in Kempf/Merz/Gloe (Hrsg.), Kanzler und Minister 2005–2013, 2015 (132) beschreibt Merkels Moderation des COP 1 als ihr „erstes internationales Meisterstück" und attestiert ihr 1997 in Kyoto eine wichtige Rolle.

[323] Beispielsweise im Rahmen einer Expeditionsreise nach Grönland, um sich vor Ort ein Bild vom Abschmelzen des Polareis zu machen. Vgl. „Den Klimawandel besichtigen. Mit Gespür für die Schau: Angela Merkel und Sigmar Gabriel in Grönland". Frankfurter Allgemeine Zeitung, 18.08.2007, Nr. 191, S. 1 f.

[324] Siehe dazu das Klimaprogramm der Bundesregierung 2007; vgl. die Eckpunkte für ein integriertes Energie- und Klimaprogramm, abrufbar unter https://www.bmwk.de/Redaktion/DE/Downloads/E/eckpunkt-fuer-ein-integriertes-energie-und-klimaprogramm.pdf?__blob=publicationFile&v=1.

[325] *Gloe* in Kempf/Merz/Gloe (Hrsg.), Kanzler und Minister 2005–2013, 2015 (48).

[326] Exemplarisch dafür steht die 2012 geplante Kürzung der Einspeisevergütung für Strom, welcher durch Photovoltaik Anlagen gewonnen und dem Stromnetz zugeführt wurde. *Gloe* in Kempf/Merz/Gloe (Hrsg.), Kanzler und Minister 2005–2013, 2015 (173).

[327] *Knopp* ZUR 2009 (409); *Grandjot* NuR 2005 (679). Der Autor spricht sogar von einem kaum vermeidbaren ökologischen Raubbaus in Zeiten wirtschaftlicher Not.

rechtliche Diskussionen sorgte. Das Atomgesetz (AtG)[328] schaffte 1959 die Grundlage für eine jahrzehntelange, uneingeschränkte Betriebserlaubnis. Erst 2002 wurde mit der Novellierung[329] des AtG ein Auslaufen der bestehenden Atomkraftwerke beschlossen,[330] weshalb auch vom Ausstiegsgesetz die Rede war.[331] In den nachfolgenden Jahren änderte sich insbesondere unter der Bundesregierung aus Union und FDP (2009–2013) diese Haltung gegenüber der Atomenergie, mit der Folge, dass 2009 mit der 11. Novelle des AtG eine Laufzeitverlängerung um weitere 12 Jahre beschlossen wurde.[332] Beeinflusst durch die Reaktorkatastrophe in Fukushima Japan 2011 änderte die Bundesregierung jedoch ihren der Atomenergie zugewandten Kurs und vollzog eine Kehrtwende, sodass mit dem Ende des Jahres 2022 alle verbleibenden Werke ihren Betrieb einstellen sollten.[333]

Dennoch gewann das Thema des Klimaschutzes – „im Schatten" des wirtschaftlichen Wohlstandes in den 2010er Jahren und der gesellschaftlichen und politischen Migrationsdebatte in Folge steigender Flüchtlingszahlen – gegen Ende des Jahrzehnts immer mehr an Bedeutung in der Bevölkerung. Schließlich war es die Zivilbevölkerung, welche die Aufmerksamkeit mit Initiativen wie „Fridays for Future"[334] wieder auf den Klimaschutz lenkte. Animiert durch die internationale Bewegung, aber auch durch nationale Entwicklungen wie beispielsweise die Empfehlung,[335] den Kohleausstieg im Jahr 2038 zu vollziehen, machten die Aktivisten auf die Dringlichkeit von politischen Maßnahmen zum Klimaschutz aufmerksam.

---

328 In der Fassung BGBl. I 1959, S. 814.

329 Atomgesetz vom 25.07.2002, BGBl. I S. 2674.

330 Rechtlich wurde beschlossen, keine weiteren Neugenehmigungen auszustellen und den bestehenden Atomkraftwerken eine Reststrommenge zuzuteilen, welche diese in den kommenden Jahren noch produzieren dürfen. Es handelt sich daher bei der Novellierung des AtG 2002 nicht um einen sofortigen Ausstieg aus der nuklearen Energieerzeugung, aber um einen Entschluss, die Energieerzeugung langfristig von den Atomkraftwerken zu entfernen.

331 *Moench* in Ludwigs (Hrsg.), Der Atomausstieg und seine Folgen, 2016 (16).

332 *Moench* in Ludwigs (Hrsg.), Der Atomausstieg und seine Folgen, 2016 (18).

333 *Moench* in Ludwigs (Hrsg.), Der Atomausstieg und seine Folgen, 2016 (23).

334 Die Protestaktion in den internationalen Klimaschutz einordnend *Schönwiese*, Klimatologie, 5. Aufl. 2020, S. 388.

335 *Kommission „Wachstum, Strukturwandel und Beschäftigung"*, Abschlussbericht, 2019, S. 64.

2. Der Stellenwert des Klimaschutzes in der Verfassung

Um die Veränderung des Stellenwertes des verfassungsrechtlichen Klimaschutzes in dieser Periode zu begreifen, ist es hilfreich, sich anhand der maßgeblichen Änderungen in diesem Bereich anzunähern. Zwar stellen diese keine Änderung des Verfassungstextes dar. Jedoch kommt den staatlichen Handlungen in diesem Bereich und der gerichtlichen Beurteilung aufgrund der Verpflichtung zur Ausgestaltung des Art. 20a GG eine große Bedeutung bei der Frage der Bestimmung des Stellenwertes zu.

a) Einführung des Europäischen Emissionshandelssystems (ETS) als klimaschützende Maßnahme

Ein Ansatz der Europäischen Union, das aus dem Kyoto-Protokoll[336] resultierende Reduktionsziel von 8 % zu erreichen, ist die Einführung eines Emissionshandelssystems.[337] Dem liegt der Gedanke zugrunde, das von den Unternehmen emittierte CO_2 zu budgetieren und darüber hinausgehende Emissionen zu bepreisen („Cap and trade").[338] Um den Unternehmen jedoch einen lukrativen Anreiz zu setzen, CO_2 einzusparen, wird nicht etwa jede Tonne emittiertes CO_2 durch einen Fixpreis belegt, sondern ein marktähnliches Zertifikatssystem eingeführt. Jeder Mitgliedsstaat legt zu Beginn einer sog. Handelsperiode eine individuelle Anzahl an Zertifikaten fest, welche die Legitimation für einen gewissen CO_2-Ausstoß darstellen. Diese werden an die Unternehmen verteilt[339] und bilden in Summe das EUweite

336 Siehe hierzu die Einzelheiten in Teil 2: A. IV. 2. c).

337 Als flankierende Instrumentarien sind bspw. der Clean Development Mechanism (CDM – Mechanismus für Umweltverträgliche Entwicklung) oder die Joint Implementation (JI – gemeinsame Projektumsetzung) anzuführen.

338 Die Tatsache, dass emittierte Treibhausgase in marktpolitische Erwägungen miteinbezogen werden, stellt insofern ein Novum dar, als dass Staaten und Unternehmen erstmals den Ausstoß von klimaschädlichen Gasen auch unter einem finanziellen Aspekt betrachten müssen. Bisher bestand das Problem darin, dass der Reduktion lediglich umwelt- und klimapolitische Erwägungen zugrunde lagen, die zwar mitunter auch rechtliche Bindungswirkung entfalteten (siehe BImSchG) – die Unternehmen und Staaten jedoch keine wirtschaftliche Motivation zu einer Einsparung hatten.

339 Die Verteilung erfolgte in den ersten beiden Handelsperioden zumeist im Rahmen einer kostenlosen Vergabe oder einer Versteigerung, um die verfassungsrechtlichen Vorgaben einzuhalten. Zu den möglichen Konflikten einer kostenpflichtigen Verteilung der Zertifikate mit den nationalen und europäischen Grundrechten siehe *Küll*, Grundrechtliche Probleme der Allokation von CO2-Zertifikaten, 2009.

Budget.[340] Die Unternehmen können nun selbst entscheiden, ob sie weiter Treibhausgase emittieren und die Zertifikate damit verbrauchen, oder aber CO_2-Einsparungen vornehmen und die Möglichkeit wahrnehmen, die Zertifikate auf dem europäischen Emissionshandelsmarkt zu verkaufen (Trade). Das daraus gewonnene Kapital kann dann beispielsweise zur Forschung und Entwicklung einer klimafreundlicheren Produktion genutzt werden. Gleichsam müssen Unternehmen, welche mehr CO_2 emittieren, zusätzliche Zertifikate erwerben.[341]

Damit wurde ein Handelssystem eingeführt, das nach der Idee des freien Marktes intrinsische Anreize zur Einsparung setzen soll. Neben marktpolitischen sollen jedoch auch ordnungspolitische Maßnahmen dieses System regulieren. So ist die insgesamt verfügbare Menge an CO_2-Zertifikaten limitiert, um dem System eine Steuerungswirkung zukommen zu lassen. Damit kann nicht nur eine Budgetierung in bestimmten Sektoren vorgenommen werden. Durch eine stufenweise Verringerung der Zertifikate, ist auch eine gesteuerte Reduktion der Emissionen möglich (Cap). Diese Schritte kommen durch die Handelsperioden zum Ausdruck, welche sich in Bezug auf die Modalitäten und die miteinbezogenen Sektoren unterscheiden.

AA) VERGANGENE HANDELSPERIODEN

Das Emissionshandelssystem wird als das zentrale Klimaschutzinstrument der Europäischen Union angesehen.[342] Als solches war es der ambitionierte Plan, einen Großteil der Industriebetriebe miteinzubeziehen, wenngleich man sich in der ersten Handelsperiode (2005 – 2007) lediglich auf die Großindustrie beschränkte.[343] Erst im Rahmen der zweiten Handelsperiode (2008 – 2012) einigte man sich auf die Ausweitung des Handelssystems auf den Flugverkehr und ab Beginn der dritten Handelsperiode (2013 – 2020)

---

[340] Die Einführung eines EUweiten Caps trat erst 2013 in Kraft.

[341] *Kloepfer/Durner*, Umweltschutzrecht, 3. Aufl. 2020, S. 304; *Ohms*, Recht der Erneuerbaren Energien, 2014, S. 63 ff.

[342] *Bundesministerium für Umwelt, Naturschutz und Reaktorsicherheit*, Die Reform des EU-Emissionshandels für die 4. Handelsperiode (2021–2030), 2018, S. 1; *Schwarzer/Niederhuber* in Kirchengast/Schulev-Steindl/Schnedl (Hrsg.), Klimaschutzrecht zwischen Wunsch und Wirklichkeit, 2018 (77) bezeichnen es auch als das „Flaggschiff der ambitionierten EU-Klimapolitik“; *Hartmann* NVwZ 2016 (189).

[343] Vgl. Anhang I der EH-RL: ABlEG Nr. L 275, 32.

auch auf die Einbeziehung weiterer Sektoren und Treibhausgase sowie die Berücksichtigung der CO_2-Speicherung.[344] Mit der dritten Handelsperiode wurde zudem die Verteilung der Zertifikate verändert. Diese sind grundsätzlich darauf ausgelegt, dass sie die Gesamtmenge der erlaubten Emissionen in diesem Zeitraum darstellen und daher auch nur innerhalb dieser Periode Gültigkeit behalten.[345] Nachdem in den ersten beiden Handelsperioden die Zertifikate kostenlos verteilt wurden, führte dies zu einem Überschuss an am Markt verfügbaren Zertifikaten, sodass der eigentlich intendierte Marktmechanismus und dessen Anreizwirkung nicht zur Geltung kamen. Im Gegenteil, der Marktpreis eines Zertifikats verfiel nahezu und fand erst mit Beginn der dritten Handelsperiode einen Wendepunkt.[346] Ausgangslage hierfür war neben der anvisierten europaweiten Harmonisierung der Zuteilung auch die Ausweitung der zumindest teilweisen[347] Versteigerung der Zertifikate.[348] Auch die nationale Verteilung, welche bisher im Rahmen der Nationalen Aktionspläne (NAP) weitestgehend den Mitgliedstaaten überlassen wurde und lediglich einer Prüfung durch die EU unterzogen wurde, wurde ab 2013 standardisiert. Hinzu kam auch die jährliche Verringerung der verfügbaren Zertifikate um 1,74 %,[349] welche mit Beginn der dritten Handelsperiode erstmals auch EUweit einheitlich durchgesetzt wurde. In den Jahren 2014 und 2015 wurden zudem zeitweise Zertifikate dem System entzogen, welche aufgrund der Überallokation auf dem Markt waren, um eine Verknappung des Angebotes und damit Marktanreize zu schaffen.[350]

---

[344] Vgl. hierzu Anhang I der RL 2009/29/EG.

[345] Zu der Problematik der rechtlichen Handhabung von Zertifikaten nach Ablauf der jeweiligen Handelsperiode siehe *Küll*, Grundrechtliche Probleme der Allokation von CO2-Zertifikaten, 2009, 179 ff.

[346] *Hartmann* NVwZ 2016 (189).

[347] So musste bspw. von 2013 an der gesamte Stromsektor die Zertifikate ersteigern. Eine ganzheitliche Versteigerung als alleinige Zuteilungsform ist für 2027 anvisiert. *Hartmann* NVwZ 2016, 189 (191).

[348] *Ohms*, Recht der Erneuerbaren Energien, 2014, S. 64.

[349] So belief sich die Menge der EUweit verfügbaren Zertifikate gemäß Art. 1 Beschluss 2010/634/EU im Jahr 2013 bspw. auf 2.039.152.882.

[350] *Hartmann* NVwZ 2016, 189 (190).

BB) AKTUELLE HANDELSPERIODE (2021–2030)

Mit Blick auf die vierte Handelsperiode (2021–2030) wurden daher schon frühzeitig Nachbesserungen eruiert,[351] um das System als wichtiges Klimaschutzinstrument weiter auszubauen. Eine zentrale Verbesserung ist dabei die Erhöhung des jährlichen Reduktionsfaktors auf 2,2 %, was eine effektive Minderung der verfügbaren Zertifikate um jährlich 48 Millionen bedeutet, sodass am Ende der vierten Handelsperiode 2030 nurmehr 1,3 Milliarden Zertifikate auf dem Markt sein sollten.[352] Daneben wird mit der Verdopplung der MSR-Entnahmerate und der gleichzeitigen Begrenzung des Gesamtumfangs der Marktstabilitätsreserve ein deutlicher Rückgang des Überschusses forciert.[353]

Zusätzlich wurde mit der Einigung zur Reform der EU-Emissionshandelsrichtlinie Ende 2022[354] das Handelssystem weiterentwickelt. Ein Schritt ist dabei die Ausweitung der vom Handelssystem erfassten Sektoren. Künftig sollen somit ca. 85 % aller europäischen CO_2-Emissionen mittels Zuteilung von Zertifikaten geregelt werden. Insbesondere die Etablierung eines zweiten, separaten Emissionshandels ab 2025 und die damit verbundene Einbeziehung der Sektoren[355] Verkehr und Gebäude ab 2027 gelten dabei als „Durchbruch" im Rahmen des „Fit for 55 Programms"[356] der EU.[357] Zudem

---

351 Vgl. hierzu *Bundesministerium für Umwelt, Naturschutz und Reaktorsicherheit,* Die Reform des EU-Emissionshandels für die 4. Handelsperiode (2021–2030), 2018.

352 *Bundesministerium für Umwelt, Naturschutz und Reaktorsicherheit,* Die Reform des EU-Emissionshandels für die 4. Handelsperiode (2021–2030), 2018, S. 2.

353 In der Praxis geschieht dies dadurch, dass die über die Begrenzung hinausgehenden, aufgrund von Entnahme in Reserve befindlichen Zertifikate gelöscht werden.

354 Mit Zustimmung des Europäischen Parlaments v. 18.04.2023.

355 Vgl. dazu grundlegend die nationalen Emissionen in den einzelnen Sektoren in *Felbermayr* in *Stiftung Familienunternehmen* (Hrsg.), Industriepolitik in Deutschland und der EU, 2020 (S. 54 ff.).

356 Darunter ist die Reihe an Vorschlägen der Europäischen Kommission vom Juli 2022 zu verstehen, in welcher Wege aufgezeigt werden, wie eine EU-weite Senkung der Treibhausgasemissionen von 55 % bis zum Jahr 2030 erreicht werden kann. Eine der Bemühungen zielt dabei auf die Fortentwicklung des ETS ab. Vgl hierzu *Telschow/Grebe* IR 2023, 98 (99).

357 Pressemitteilung des Bundesministeriums für Wirtschaft und Klimaschutz v. 18.04.2023, „Europäisches Parlament bestätigt Einigung zur Reform des EU-Emissionshandel" abrufbar unter https://www.bmwk.de/Redaktion/DE/Pressemitteilungen/2023/04/230418-europaisches-parlament-bestatigt-einigung-zur-reform-des-eu-emissionshandel.html.

wurde auch der Minderungsdruck auf die bereits unter dem bestehenden (ersten) Handelssystem regulierten Sektoren erhört, indem die Gesamtmenge der Zertifikate seit dem Jahr 2024 um 4,3 % und ab 2028 um 4,4 % nochmals reduziert wird.[358]

CC) BEWERTUNG

Ob diese Nachbesserungen ausreichen, um das anvisierte Ziel, bis 2030 eine Reduktion der Emissionen um 65 % im Vergleich zum Jahr 2005 tatsächlich zu erreichen, ist unklar. Es bleibt aber festzuhalten, dass sich das Emissionshandelssystem trotz anfänglicher systembedingter Schwierigkeiten in den ersten beiden Handelsperioden zu einem beständigen Klimaschutzinstrument fortentwickelt hat. Insbesondere die Schaffung eines EUweiten Caps sowie die Einbindung weiterer Sektoren sind wichtige Schritte hin zu einem ganzheitlichen und effektiven System, welches imstande ist, durch marktpolitische und ordnungspolitische Elemente Treibhausgasemissionen zu senken. Kritik darf beispielsweise bei der Kontrolle der tatsächlichen Emissionen angebracht werden, welche selbst bei hohem Verwaltungsaufwand nicht vollständig gelingen kann,[359] sowie an der Einbeziehung des gebundenen CO_2 bei der Zielberechnung.[360] Mit den aktuellen Verbesserungen sendet die EU jedoch nicht nur ein wichtiges Signal für mehr Klimaschutz, sie wertet das Emissionshandelssystem als

---

[358] *Telschow/Grebe* IR 2023, 98 (99). Weitere Neuerungen sind dabei die Ausweitung des bestehenden Emissionshandels auf den Seeverkehr, die Neuregelung der kostenlosen Zuteilung von Zertifikaten und angepasste Fristenregelungen für die Mitgliedsstaaten mit Blick auf den erhöhten Verwaltungsaufwand.

[359] Hier ist exemplarisch der Luftverkehr anzuführen. Während zu Beginn 2012 alle Flüge mit Start oder Ziel innerhalb der Mitgliedstaaten berücksichtigt wurden, fand bereits 2013 eine Änderung statt. Danach müssen nurmehr Flüge mit Start und Ziel innerhalb der Mitgliedstaaten dokumentiert und berichtet werden, weshalb alle darüberhinausgehenden Flüge de facto keine Zertifikatsverpflichtung mehr haben. Siehe zu der Veränderung vom sog. „full scope" auf den „reduced scope" auch UBA, Der Europäische Emissionshandel v. 22.09.2022, abrufbar unter https://www.umweltbundesamt.de/daten/klima/der-europaeische-emissionshandel#teilnehmer-prinzip-und-umsetzung-des-europaischen-emissionshandels.

[360] So ist das erklärte Reduktionsziel als Nettowert zu verstehen, da es nicht nur die tatsächliche Verringerung der Emissionen (brutto) berücksichtigt, sondern auch die zusätzlich gebundenen Treibhausgase. *Stäsche* KlimR 2023 (171).

Klimaschutzinstrument weiter auf, indem es die Ziele verschärft und konkrete Wege zu deren Erreichung einschlägt.[361]

Politisch gesehen lassen sich die Bestrebungen zum Klimaschutz auf europäischer Ebene seit dem Kyoto-Protokoll 1997 als ambitioniert bezeichnen.[362] Dem Klimaschutz wird ein hoher Stellenwert beigemessen, welcher sich über die vergangenen zwei Jahrzehnte als stabil erwiesen hat. Fortlaufend werden Rechtsakte beschlossen,[363] welche sich unmittelbar und mittelbar den Treibhausgasemissionen zuwenden und durch deren Reduktion einen Beitrag zum Klimaschutz zu leisten imstande sind. Die prominentesten europäischen Rechtsakte im Rahmen der Klimaschutzinstrumente sind neben der Emissionshandels-Richtlinie wohl die Erneuerbare-Energien-Richtlinie[364], die Energieeffizienzrichtlinie[365] und der Effort-Sharing-Rechtsakt.[366] Die Tatsache, dass diese großen Vorhaben oft in unmittelbarer zeitlicher Nähe zu den Vertragsstaatenkonferenzen beschlossen wurden, zeigt nicht zuletzt den Willen der EU, zum globalen Handeln anzuregen. In dieser Hinsicht erscheint es daher überzeugend, das Emissionshandelssystem wegen seiner Einbeziehung von potenziell 85 % der EUweiten Emissionen zwar als zentrales Klimaschutzinstrument der EU zu bewerten, es aber gleichzeitig als Teil eines Konglomerates an Rechtsakten zu sehen.[367]

b) *Der Atomausstieg als Praxistest für den verfassungsrechtlichen Klimaschutz*

Auf nationaler Ebene ist insbesondere der Atomausstieg für den verfassungsrechtlichen Klimaschutz bedeutsam, da die juristische Diskussion zu dieser Zeit auf den Stellenwert schließen lässt.

---

361 *Stäsche* KlimR 2023, 171 (180).

362 *Schwarzer/Niederhuber* in Kirchengast/Schulev-Steindl/Schnedl (Hrsg.), Klimaschutzrecht zwischen Wunsch und Wirklichkeit, 2018, S. 77 (78).

363 Exemplarisch sind dabei zu nennen: Die Gemeinsame Agrarpolitik (GAP), Limitierung der CO_2-Emissionen von Heuwagenflotten und die Gebäudeeffizienzrichtlinie (2010/31/EU, ABl L 2010/153, 13). Weitere Beispiele bei *Schwarzer/Niederhuber* in Kirchengast/Schulev-Steindl/Schnedl (Hrsg.), Klimaschutzrecht zwischen Wunsch und Wirklichkeit, 2018, S. 77 (78 f.).

364 Richtlinie 2009/28/EG, ABlEU L 2009/140, 16.

365 Richtlinie 2012/27/EU, ABlEU L 2012/315, 1.

366 Entscheidung 406/2009/EG, ABlEU L 2009/140, 136.

367 *Schwarzer/Niederhuber* in Kirchengast/Schulev-Steindl/Schnedl (Hrsg.), Klimaschutzrecht zwischen Wunsch und Wirklichkeit, 2018, S. 77 (81).

AA) VERFASSUNGSRECHTLICHES SPANNUNGSFELD

Dem tatsächlichen Atomausstieg[368] zum 31.03.2023 gingen politische Debatten und Kehrtwenden voraus,[369] die selbst mit dem Vollzug des Ausstiegs kein Ende fanden.[370] Die gesetzlichen Grundlagen für den Ausstieg finden sich dabei in den Novellen des AtG, insbesondere der 13. AtG-Novelle[371] von 2011. Diese gab den Anlass für eine verfassungsrechtliche Auseinandersetzung in den Folgejahren, welche das Spannungsfeld zwischen umwelt und sicherheitspolitischen Maßnahmen des Staates und konfligierender Interessen natürlicher oder juristischer Personen deutlich macht.

Der Gesetzgeber war 2011 infolge der Reaktorkatastrophe von Fukushima, Japan, gewillt, die Erzeugung atomarer Energie in Deutschland endgültig zu beenden.[372] Um dies rechtlich umzusetzen, wurde in der 13. AtG-Novelle zum einen die erst kurz zuvor erhöhten individuellen „Restmengen" auf den Stand der ursprünglichen Fassung von 2002 zurückgesetzt und zum anderen für jedes Atomkraftwerk ein individuelles Betriebsende festgelegt, wobei für sieben der verbleibenden Kraftwerke die Betriebserlaubnis bereits mit Inkrafttreten des Gesetzes erlosch (§ 7 Ia). Schon früh wurde die Verfassungsmäßigkeit mit Blick auf Art. 14 GG und Art. 12 GG infrage gestellt.[373] Insbesondere wandten sich drei der vier großen deutschen Energieunternehmen mit Verfassungsbeschwerden gegen die 13. AtG-Novelle. Im Detail gingen sie dabei nicht gegen die 2002 beschlossene grundsätzliche Beendigung der friedlichen Nutzung der Kernenergie vor. Vielmehr ging es um die mit der Novelle einhergehenden Modalitäten,[374] konkret um die Frage, ob den Betreibern durch die Festsetzung des individuellen Enddatums die Nutzung der ihnen zugeteilten Reststrommenge unmöglich gemacht wurde und dieser Vorgang eine Verletzung der Grundrechte darstellte. In Betracht kamen dabei neben einem Eingriff in das Recht auf Eigentum (Art. 14 GG) und die Berufsfreiheit

[368] Zum politischen Hintergrund siehe *Kloepfer/Durner*, Umweltschutzrecht, 3. Aufl. 2020, S. 6 ff.; *Schlotka/Helmes* NJW 2011, 3185.

[369] Dazu bereits eingangs in Teil 2: A. V. 1.

[370] Hierzu exemplarisch die Aktuelle Stunde im Deutschen Bundestag zur Weiternutzung der Atomkraft am 19.04.2023, nachzulesen im Plenarprotokoll 20/96, S. 11506.

[371] BGBl. I 2011, 1704.

[372] BT-Dr. 17/6070 S. 3 ff.

[373] *Schlotka/Helmes* NJW 2011, 3185 (3186); *Ewer* NVwZ 2011, 1035; *Sellner/Fellenberg* NVwZ 2011, 1025.

[374] BVerfGE 143, 246 = NJW 2017, 217.

(Art. 12 GG) auch ein Verstoß gegen den Gleichheitsgrundsatz (Art. 3 GG) mit Blick auf die sich unterscheidenden individuellen Abschalttermine.[375]

BB) BEURTEILUNG DES BVERFG

Tatsächlich stellte das BverfG in seinem Urteil vom 06.12.2016[376] in Teilen die Verfassungswidrigkeit der 13. AtG-Novelle fest. Dabei äußerte sich das Gericht zunächst zu der umstrittenen[377] Frage, ob die 2002 gesetzlich zugesagten Reststrommengen ein taugliches Schutzobjekt im Rahmen des Art. 14 GG darstellen. Nach Auffassung des Gerichts sind die beschlossenen Reststrommengen Teil des Eigentums eines Kernkraftwerks, dessen wesentlicher Zweck in der Erzeugung nuklearer Energie zu sehen ist. Diesen Nutzungsrechten kommt im Rahmen des Vertrauensschutzes eine verfassungsrechtliche Relevanz zu, womit von einem grundrechtlich geschützten Anspruch auf die verbleibende Verstromung auszugehen ist.[378] Mit der Verhinderung der Verstromung der Reststrommengen wurde daher auch in Eigentumsrechte der Beschwerdeführer im Sinne einer Inhalts und Schrankenregelung eingegriffen.[379] Zu klären war dennoch, ob das für den individuellen Betreiber im Einzelfall zumutbar war. Dies wäre bspw. im Fall der Übertragbarkeit der Reststrommengen[380] auf andere Kernkraftwerke gegeben gewesen.[381] Stehen dem konkreten Energieunternehmen in Summe mehr Verstromungskapazität zur Verfügung, als für die Restverstromung

---

[375] *Ruttloff* NVwZ 2021, 351 (352).

[376] BVerfGE 143, 246 = NJW 2017, 217.

[377] Zu den Hintergründen *Muckel* JA 2017 (234); *Roller* ZUR 2017, 277 (279 ff.); *Moench* in Ludwigs (Hrsg.), Der Atomausstieg und seine Folgen, 2016 (30 ff.).

[378] BVerfGE 143, 246 (= NJW 2017, 217) Rn. 311 f., 336 f. 344 f.

[379] Zu der aus dem Urteil resultierenden Bedeutung für die Abgrenzung der Enteignung von einer Inhalts- und Schrankenregelung siehe *Roller* ZUR 2017, 277 (279 ff.).

[380] Im Einzelfall war die Frage der Übertragbarkeit nicht klar zu beantworten, da Energieunternehmen oftmals nur Eigentumsanteile an anderen Kraftwerken halten und die Übertragung daher nicht vollständig, sondern nur anteilig umsetzbar ist. Das BVerfG hat bei der Berechnung der tatsächlichen Verwertbarkeit den Maßstab zugrunde gelegt, dass „nicht mehr verwertbare Elektrizitätsmengen auf ein anderes Kernkraftwerk des eigenen Konzerns oder anteilsgemäß auf ein Kernkraftwerk übertragen [werden] können, an dem [Konzerngesellschaften] zumindest Eigentumsanteile halten" (Rn. 319).

[381] BVerfGE 143, 246 (= NJW 2017, 217) Rn. 236, 312.

benötigt werden, so ist der Eingriff als verhältnismäßig zu bewerten.[382] Insoweit dies bei einem Energieunternehmen[383] nicht möglich ist, und dieses daher seiner grundrechtlich geschützten Möglichkeit, die Reststrommengen zu verstromen, entzogen wird, stellt die Regelung einen verfassungswidrigen Grundrechtseingriff dar, der einer Kompensation bedarf.[384] Die Frage, ob in diesem Zusammenhang auch eine Verletzung von Art. 12 GG zutreffend sei, ließen die Richter indes offen. Es wird zwar klargestellt, dass die gesetzliche Beendigung auch einen Eingriff in die unternehmerische Tätigkeit und damit die Berufsfreiheit darstellt. Ein weitergehender Schutz durch die Berufsfreiheit, als Art. 14 GG ihn in diesem Fall gewährt, ist jedoch keinesfalls ersichtlich, weshalb dazu keine weitere Prüfung vorgenommen wurde.[385]

Aufgrund dieses Verstoßes forderte das BverfG den Gesetzgeber dazu auf, die verfassungswidrigen Teile der Novelle zu korrigieren.[386] Erwähnenswert ist dabei, dass die Richter dem Gesetzgeber lediglich Möglichkeiten aufwiesen, wie die Verfassungswidrigkeit beseitigt werden könne, sich jedoch auf keine festlegten. Insbesondere wird betont, dass die Laufzeitverlängerung nur eine Option unter mehreren sei, die keinen Vorrang der Verfassung genieße. Weitere Lösungen wären die gesetzliche Sicherstellung einer ökonomisch zumutbaren Weitergabemöglichkeit für nicht mehr verstrombare Reststrommengen oder die Gewährung eines finanziellen Ausgleichs.[387] Zugleich stellten die Richter jedoch klar, dass die grundsätzliche Entscheidung der Bundesregierung, aus der Gewinnung nuklearer Energie auszusteigen und mit Art. 7 Ia der 13. AtG-Novelle konkrete Endtermine festzulegen, im Kern nicht gegen das Grundgesetz verstößt. Lediglich das Fehlen der o.g. Ausgleichs und Kompensationsmöglichkeiten für die im Vertrauen auf die Reststrommengen

---

[382] Wie bspw. bei den Konzernen E.ON und EnBW, für welche eine Eigentumsverletzung abgelehnt wurde. Vgl. dazu *Ruttloff* NVwZ 2021, 351 (352).

[383] Hier Vattenfall und RWE.

[384] BVerfGE 143, 246 (= NJW 2017, 217) Rn. 368, 404. *Ruttloff* NVwZ 2021, 351 (352).

[385] BVerfGE 143, 246 (= NJW 2017, 217) Rn. 390 f.

[386] Das BVerfG verschaffte dieser Forderung 2020 erneut Nachdruck, indem es mit dem Beschluss v. 29.9.2020 – 1 BvR 1550/19 (= NVwZ 2021, 390) die 16. AtG-Novelle v. 10.7.2018 für nicht in Kraft getreten erklärte, da die mit dem Urteil v. 2016 beanstandenden verfassungsrechtlichen Mängel nicht hinreichend beseitigt wurden.

[387] BVerfGE 143, 246 (= NJW 2017, 217) Rn. 402 ff.

getätigte Investitionen und die nun durch die Gesetzesänderung entzogene Amortisierungsmöglichkeit sind verfassungsrechtlich zu beanstanden.[388]

CC) DIE GEWICHTUNG DES ART. 20A GG

Vielmehr wird im Rahmen der Verhältnismäßigkeitsprüfung zur Inhalts und Schrankenregelung sogar die hohe Gewichtung der Ziele des Gesetzgebers hervorgehoben. Insbesondere Art. 20a GG kommt dabei eine besondere Bedeutung zu, da neben dem Schutz von Leben und Gesundheit der Bevölkerung (Art. 2 II GG) auch der Schutz der natürlichen Lebensgrundlagen seitens des Gesetzgebers bezweckt wird (Art. 20a GG). Das BverfG stellt gleich zu Beginn der Verhältnismäßigkeitsprüfung klar, dass es sich dabei um verfassungsrechtliche Güter von hohem Wert handle. Eine Reaktorkatastrophe mit einer Ausstrahlung radioaktiver Stoffe ist nicht nur eine unmittelbare Gesundheitsgefährdung, sondern führt auch zu Schäden an der Umwelt, mithin den natürlichen Lebensgrundlagen, welche aufgrund der langen Halbwertszeit der Stoffe für eine Vielzahl der künftigen Generationen besteht. Zur Erreichung dieses Schutzes hat der Gesetzgeber mit der früheren Abschaltung der Kernkraftwerke im Rahmen der Risikominderung[389] beigetragen und damit ein legitimes Ziel verfolgt.[390]

Diese verfassungsrechtlichen Güter stellen die Richter im weiteren Verlauf der Prüfung dem Eigentumsrecht[391] der Beschwerdeführer entgegen. Dabei wird deutlich, dass Art. 14 GG keinen absoluten Vorrang genießt und im Wege der Angemessenheitsprüfung die konkurrierenden Rechtsgüter im Einzelfall gewichtet werden müssen, um zu einem Ergebnis zu kommen. Im vorliegenden Fall wird das Eigentumsrecht insbesondere an den erst 2010 zusätzlich zugeteilten Strommengen durch die fehlende Eigenleistung und das aus der kurzen Zwischenzeit resultierende mangelnde Vertrauen relativiert. Da es sich zudem lediglich um Nutzungs und Verwertungsrechte handelt, konstatieren die Richter hier insgesamt eine geringe Schutzwürdigkeit.[392] Demgegenüber

---

388 BVerfGE 143, 246 (= NJW 2017, 217) Rn. 397, 402.

389 Zu der Frage des tatsächlichen Ausmaßes der Risikominderung siehe BVerfGE 143, 246 (= NJW 2017, 217) Rn. 304 sowie den Bericht der Reaktor Sicherheitskommission v. 16.05.2011, S. 22 f.

390 BVerfGE 143, 246 (= NJW 2017, 217) Rn. 303.

391 Nähere Ausführungen dazu: BVerfGE 143, 246 (= NJW 2017, 217) Rn. 296 ff. *Moench* in Ludwigs (Hrsg.), Der Atomausstieg und seine Folgen, 2016 (30 ff.).

392 BVerfGE 143, 246 (= NJW 2017, 217) Rn. 308 f.

stellen Art. 2 II GG und Art. 20a GG wichtige Gemeinwohlinteressen dar, welche auch nicht dadurch eingeschränkt werden, dass der Gesetzgeber durch die 2010 erstmals vorgenommene Kehrtwende sich für die Atomkraft als „Brückentechnologie" ausgesprochen hatte.[393] Im vorliegenden Fall konstatiert das BverfG daher sogar im Hinblick auf die 2010 zugeteilten Elektrizitätsmengen ein Überwiegen des Schutzinteresses mit Blick auf Art. 2 II GG und Art. 20a GG, welches es dem Gesetzgeber ermöglicht, die zusätzlichen Strommengen ohne wirtschaftlichen Ausgleich in verfassungskonformer Weise wieder zu entziehen.[394]

DD) BEWERTUNG

Mit Blick auf den verfassungsrechtlichen Klimaschutz ist der Atomausstieg in Deutschland in zweierlei Hinsicht relevant. Zum einen hat das BverfG mit der Beurteilung der 13. AtG-Novelle von 2011 dem Art. 20a GG zu weiterer Schlagkraft verholfen. Durch die Heranziehung der Staatszielbestimmung als legitimen Zweck zur Einschränkung von Eigentumsrechten hat das BverfG Art. 20a GG nicht nur in der juristischen Praxis zu neuer Prominenz verholfen. Der anfangs sehr vage ausgestaltete Artikel hat nun auch eine Konkretisierung erhalten. Wenngleich nicht das Klima als solches, sondern die natürlichen Lebensgrundlagen im Ganzen in die Wertung der Richter miteingeflossen sind, hat das BverfG der Staatszielbestimmung jedenfalls ein hohes Gewicht beigemessen – mit Folgen für künftige grundrechtliche Abwägungen. Die Tatsache, dass die Richter dennoch von einer teilweisen Verfassungswidrigkeit ausgingen, darf dabei nicht als Geringschätzung des Art. 20a GG gewertet werden. Zu eklatant war die kompensationslose, faktische Kürzung der seit 2002 zugesicherten Reststrommengen. Vielmehr ist der Fokus aber auf die Tatsache zu legen, dass sowohl der Atomausstieg als solcher als auch der ersatzlose Entzug der 2010 erteilten Strommengen mit dem Grundgesetz vereinbar sind.[395] Es lässt sich resümieren, dass der Gesetzgeber zum Schutz der Gesundheit und der natürlichen Lebensgrundlagen im Einzelfall in Grundrechte Einzelner eingreifen darf, auch wenn er zuvor eine anders ausgerichtete Politik verfolgt hat.[396]

---

[393] BVerfGE 143, 246 (= NJW 2017, 217) Rn. 308.

[394] Zu der Diskussion einer grundrechtlichen Verankerung des Atomausstiegs siehe *Gärditz*, Atomausstieg ins Grundgesetz?, 2016.

[395] So auch *Roller* ZUR 2017 (277).

[396] Heftige Kritik an der sicherheitspolitischen Neubewertung verübt indes *Moench* in Ludwigs (Hrsg.), Der Atomausstieg und seine Folgen, 2016 (19 ff.).

Gleichzeitig kommt die klimatologische Dimension des Art. 20a GG nicht zur Geltung. Denn die Nutzung der Atomkraft ist auch aus klimatologischer Sicht von Relevanz. Die Atomkraft ist eine Form der Energiegewinnung, welche insbesondere im Vergleich mit der auch hierzulande weit verbreiteten Kohleverstromung eine sehr gute CO_2-Bilanz aufweist. Es erscheint daher etwas befremdlich, die Abschaltung der Atomkraftwerke und den Ausstieg aus der Atomenergie mit Art. 20a GG zu begründen. Denn klar ist auch, dass bei zumindest gleichbleibendem Strombedarf der Wegfall der nuklearen Energie entweder durch andere Energieerzeugungsformen oder den Stromimport aus dem Ausland kompensiert werden muss, bei welchen eine bessere CO_2-Bilanz nicht zwangsläufig gegeben ist.[397] Langfristig ist der Umstieg auf andere erneuerbare Energien wie Solar oder Windkraft vor dem Hintergrund des geringeren Risikos und der nach wie vor ungeklärten Frage der Endlagerung atomarer Abfälle erstrebenswert. Um zumindest den Übergang bis zur vollständigen Abdeckung des Strombedarfs durch solche Energieformen klimafreundlich zu gestalten, kann die Atomkraft als Brückentechnologie jedoch hilfreich sein.[398] Das erkannte auch die EU-Kommission und stufte bestimmte Atomkraftaktivitäten im Rahmen der Bestimmungen zur EU-Taxonomie 2022 als nachhaltig ein.[399] Erklärtes Ziel ist es dabei, Investitionsanreize für sog.

---

[397] Der tatsächliche CO_2-Belastung von Atomkraftwerken ist umstritten und nicht zweifelsfrei zu beziffern. Eckdaten einer Studie zufolge ist in Deutschland durch den Atomausstieg zum 31.03.2023 von einem zusätzlichen jährlichen Ausstoß von 15 Millionen Tonnen CO_2 auszugehen, da der nun benötigte Strom insbesondere durch Kohleverstromung und Gaskraftwerke gewonnen wird. Dazu der Studienleiter und Physiker der Universität Stuttgart, Andre Thess: „Es ist mit hoher Wahrscheinlichkeit davon auszugehen, dass der Wegfall der Kernenergie kurzfristig durch stärkere Kohleverstromung und mehr Strom aus Gaskraftwerken kompensiert wird. Dies geht zulasten der CO_2-Bilanz des deutschen Stromsektors und damit zu Lasten der deutschen Klimaschutzverpflichtungen“ nachzulesen unter https://www.sueddeutsche.de/wissen/atom-studie-15-millionen-tonnen-mehr-co2-mit-akw-abschaltung-dpa.urn-newsml-dpa-com-20090101-230414-99-308236.

[398] So auch der Weltklimarat IPCC, welcher die Kernenergie reife CO_2-arme Quelle für Grundlaststrom bezeichnet. Vgl. *Intergovernmental Panel on Climate Change*, Working Group III Contribution to the Fifth Assessment Report of the Intergovernmental Panel on Climate Change, 2014, S. 20.

[399] Vgl. EU-Kommission, Factsheet on EU taxonomy accelerating sustainable investments v. 02.02.2022, abrufbar unter https://finance.ec.europa.eu/system/files/2022-02/sustainable-finance-taxonomy-complementary-climate-delegated-act-factsheet_en.pdf.

Übergangsaktivitäten wie der Atomkraft oder der Energiegewinnung durch Gas zu setzen und damit das Klima zu schützen.[400] Umso erstaunlicher ist es daher, dass dieser Aspekt bei der Bewertung des BverfG unter Einbeziehung des Art. 20a GG keine Bedeutung findet.

Zusammenfassend wird in der Diskussion um die Abschaltung der Atomkraftwerke die Bedeutung des Art. 20a GG bei der gerichtlichen Überprüfung von umweltbezogenen Maßnahmen deutlich. Gleichzeitig ist festzuhalten, dass Art. 20a GG ausschließlich in seiner umweltschützenden Dimension herangezogen wird und der klimatologische Aspekt mit der möglichen Einsparung von Emissionen bei der Stromerzeugung dagegen keine Beachtung findet.

c) Die COP 21 in Paris als Durchbruch im internationalen Klimaschutz

Während die jährlichen Vertragsstaatenkonferenzen nach der Jahrtausendwende keine nennenswerten Vereinbarungen mit Blick auf den Klimaschutz erreichen konnten,[401] wurde 2015 mit dem Pariser Abkommen[402] ein Durchbruch erzielt.[403] Dieser versucht mithilfe eines dreiseitigen Ansatzes, den negativen Folgen des Klimawandels entgegenzuwirken.

AA) MITIGATION

Zum einen soll der anthropogene Anteil am Klimawandel durch konkrete Emissionsziele begrenzt werden.[404] Der wesentliche Kern dieses Aspekts ist die Verständigung darauf, den Temperaturanstieg auf 1,5 °C bzw. jedenfalls deutlich unter 2 °C im Vergleich zum vorindustriellen Niveau zu begrenzen (Art. 2 Abs. 1a). Notwendig dafür ist, dass die Vertragsstaaten ihren

---

[400] Pressemitteilung des Europäischen Parlaments zur Taxonomie v. 06.07.2022: „Keine Einwände gegen Einstufung von Gas und Atomkraft als nachhaltig“ abrufbar unter https://www.europarl.europa.eu/news/de/press-room/20220701IPR34365/taxonomie-keine-einwande-gegen-einstufung-von-gas-und-atomkraft-als-nachhaltig.

[401] *Schönwiese*, Klimatologie, 5. Aufl. 2020, S. 387. Bezeichnet die COP 3 (Kyoto, 1997) als letzten erwähnenswerten Beitrag zum Klimaschutz.

[402] Abrufbar in der Originalfassung in englischer Sprache unter https://unfccc.int/resource/docs/2015/cop21/eng/l09r01.pdf.

[403] Der Vertrag ist am 4.11.2016 durch die Akzeptierung von mindestens 55 Mitgliedern, welche für mindestens 55 % der globalen Treibhausgasemissionen verantwortlich sind, automatisch in Kraft getreten.

[404] Siehe dazu die klimatologischen Einzelheiten in Teil 1: B. III. 3.

Höchststand an Treibhausgasemissionen alsbald erreichen und in kurzer Zeit rasch reduzieren. Insbesondere soll dabei ab 2050 eine CO_2-Neutralität erreicht werden, wonach nicht mehr CO_2 emittiert werden darf als in der gleichen Zeit gebunden werden kann.[405] Dass die Industriestaaten hierbei zu einem zügigeren Erreichen dieser Ziele als die Entwicklungsländer angehalten werden, ist Ausdruck der seit Kyoto 1997 verfolgten Strategie, das wirtschaftliche Entwicklungspotenzial in diesen Ländern nicht zu schmälern.[406] Daneben werden alle Vertragsstaaten dazu aufgefordert, Klimaschutzpläne anhand konkreter Maßnahmen, sog. „(I)NDCs"[407] vorzulegen und in fünfjährigen Perioden über den Stand der Umsetzung zu berichten (Art. 13 Abs. 7). Hierbei wird zudem ausdrücklich festgehalten, dass nach dem ersten Intervall weitere nationale Bemühungen hinzutreten müssen, um das anvisierte 1,5 °C-Ziel ernsthaft forcieren zu können.

BB) ADAPTION

Zudem wird die Anpassung[408] an das veränderte Klima und damit die Widerstandsfähigkeit weiter ausgebaut, um auch bei fortschreitendem Klimawandel handlungsfähig zu bleiben. Hierzu sollen die Vertragsstaaten nationale Anpassungspläne entwickeln, welche Risiken bewerten und darauf basierend Frühwarnsysteme implementieren können.[409] Dazu gehört auch die Förderung der Entwicklung treibhausgasarmer Technologien, um den Wohlstand auch bei geringeren Emissionen erhalten zu können. Hierbei ist insbesondere die Sicherstellung der Nahrungsmittelversorgung durch emissionsarme Erzeugung hervorzuheben.[410] Ferner werden anders als noch

---

405 *Schönwiese*, Klimatologie, 5. Aufl. 2020, S. 387.

406 Siehe dazu die Ausführungen in Teil 2: A. IV. 2. c).

407 Als „Nationally Determined Contributions" sind die nationalstaatlich zu regelnden Beiträge jedes Vertragsstaates zur Erreichung der Pariser Ziele zu verstehen. Daneben sind auch die bereits im Vorfeld des Pariser Abkommens auf nationalstaatlicher Ebene ergriffenen Maßnahmen sog. „Independently Nationally Determined Contributions" mit einzubeziehen.

408 Siehe dazu die klimatologischen Einzelheiten in Teil 1: B. III. 3.

409 *Schlacke* ZUR 2016, 65 (66). Verweist dabei auf die Vergleichbarkeit zu den geforderten nationalen Plänen zum Klimaschutz, da auch diese in Intervallen geprüft und bewertet werden sollen.

410 *Karimi-Schmidt* in Kirchengast/Schulev-Steindl/Schnedl (Hrsg.), Klimaschutzrecht zwischen Wunsch und Wirklichkeit, 2018, S. 53 (57).

in der UNFCCC 1992[411] erstmals auf dem Klimawandel beruhende Schäden anerkannt („loss and damages"), was den Fokus auf die Prävention vor klimabedingten Schäden zumindest verstärkt.[412]

CC) FINANZMITTELFLÜSSE

Mit Art. 9 des Pariser Abkommens wird die Klimafinanzierung in den Blick genommen und dabei insbesondere die Frage der Finanzierbarkeit von Maßnahmen zum Klimaschutz in Schwellen und Entwicklungsländern. Hier werden die entwickelten Länder – darunter auch Deutschland – abermals[413] in die Pflicht genommen (Art. 9 Abs. 1) und zu einer Steigerung ihrer finanziellen Klimahilfen angehalten, um auch in den Entwicklungsländern ein Gleichgewicht zwischen Mitigation und Adaption erreichen zu können (Art. 9 Abs. 4).[414]

DD) BEWERTUNG

Fast zwanzig Jahre hatte es gedauert, bis die Verständigung von Kyoto von 1997, das Klima durch eine Reduktion von Treibhausgasemissionen zu schützen, auf europarechtlicher Ebene mit Leben gefüllt wurde. Das Pariser Abkommen ist demnach als eine wichtige Weichenstellung zu bewerten, die nicht nur mit der Begrenzung der Erderwärmung auf 1,5 °C ein konkretes Ziel vorgibt, sondern sich auch um die Umsetzung des Ziels bemüht.[415] Als völkerrechtlicher multilateraler Vertrag im Sinne des Art. 2 Abs. 1 des Wiener Übereinkommens über das Recht der Verträge muss das Abkommen von den Staaten implementiert werden, um auch auf nationaler Ebene volle Geltung entfalten zu können.[416] Als solches ist es nicht in

---

411 Siehe zu den Hintergründen die Ausführungen in Teil 2: A. IV. 2. b).

412 Zu der Möglichkeit einer versicherungsrechtlichen Absicherung von Klimaschäden als Resultat des Pariser Abkommens siehe *Frank* ZUR 2016, 352 (357 ff.).

413 Bereits in der UNFCCC (Art. 4) wurden seitens der Industriestaaten „neue und zusätzliche finanzielle Ressourcen" geschaffen.

414 *Karimi-Schmidt* in Kirchengast/Schulev-Steindl/Schnedl (Hrsg.), Klimaschutzrecht zwischen Wunsch und Wirklichkeit, 2018, S. 53 (62). Betont in diesem Rahmen die Möglichkeit, auf die nationalen Klimaschutzpläne angepasste Finanzmittel bereitzustellen und insbesondere den Inselstaaten eine angemessene und im Zweifel vorzugswürdige Anpassung zu ermöglichen.

415 *Frank* ZUR 2016, 352 (253).

416 *Karimi-Schmidt* in Kirchengast/Schulev-Steindl/Schnedl (Hrsg.), Klimaschutzrecht zwischen Wunsch und Wirklichkeit, 2018, S. 53 (55 f.).

jedem Detail vollumfänglich rechtsverbindlich ausgestaltet, sondern enthält gerade im Bereich der nationalen Reduktionsstrategie viele Spielräume.[417] Ferner fehlt es an Sanktionsmöglichkeiten im Falle des Untätigbleibens einzelner Staaten.[418] Den von den Vertragsstaaten zu bestimmenden (I) NDCs kommt daher eine zentrale Bedeutung zu. Denn eine wesentliche Voraussetzung für das Zustandekommen des Abkommens war, dass die Nationen selbst mittels Klimaschutzplänen die Möglichkeit haben, über die konkreten nationalen Beiträge zur CO_2-Minderung sowie über einen genauen Zeitplan entscheiden zu können („bottomup"). Dagegen hat der Ansatz einer völkerrechtlichen Regelung der von den einzelnen Vertragsstaaten zu erbringenden Reduktionsmengen („topdown") keine Mehrheit gefunden, womit auch konkrete Reduktionsziele fehlen.[419] Auch deshalb liegt ein wesentlicher Fokus bei dem Erreichen der Klimaziele weiterhin auf der nationalen Handhabung. Zudem ist es nicht gelungen, einen verbindlicheren Rahmen zum Kohleausstieg zu vereinbaren, weshalb auch hier die Nationen selbst gefragt sind, den nationalen Ausstieg aus der Kohleverstromung zu forcieren.[420]

Zusammenfassend stellt das Pariser Abkommen trotz der aufgezeigten Verbesserungsmöglichkeiten einen konsequenten weiteren Schritt zu einer internationalen Strategie zum Klimaschutz dar. Während mit dem Kyoto-Protokoll bereits der Grundstein für die Senkung der internationalen Treibhausgasemissionen gelegt wurde, stellt der Pariser Vertrag mit seinem konkreten Ziel, die Erderwärmung auf deutlich unter 2 °C zu beschränken, ein taugliches Nachfolgekonstrukt dar, welches alle Vertragsstaaten zu ambitionierterem Klimaschutz anhält. Das Abkommen wirkt sich jedoch auch auf den nationalen Klimaschutz aus. Mit Blick auf das Verfassungsrecht ist insbesondere die konkretisierende Wirkung für Art. 20a GG hervorzuheben.[421]

---

[417] Zu den Hintergründen der rechtlichen Bindungswirkung für die Vertragsstaaten siehe *Bodansky* RECIEL 2016, 142 (143 ff.).

[418] Das kritisiert *Schlacke* ZUR 2016, 65 (66).

[419] *Frank* ZUR 2016 (352).

[420] *Franzius* ZUR 2017 (515). Siehe zudem dazu sogleich die Ausführungen zum Kohleausstieg in Teil 3: C. III.

[421] Siehe zu diesem Gesichtspunkt sogleich die Ausführungen des BVerfG in Teil 3: A. IV. 2.

B. Bisheriger Stellenwert des verfassungsrechtlichen Klimaschutzes

Zusammenfassend lässt sich der Stellenwert des verfassungsrechtlichen Klimaschutzes zum Zeitpunkt vor dem sodann zu besprechenden Klimabeschluss des BVerfG von 2021[422] wie folgt beschreiben.

Da eine Verankerung des Klimaschutzes in Form eines Grundrechtes abgelehnt wurde, einigte man sich auf die Formulierung einer Staatszielbestimmung Art. 20a GG. Demnach schützt der Staat in Verantwortung für die künftigen Generationen die natürlichen Lebensgrundlagen, wozu auch der Schutz des Klimas zählt.[423] Diese Bestimmung richtet sich objektivrechtlich an den Staat. Diesem wird zugleich ein weiter Gestaltungsspielraum hinsichtlich des Ziels und der Mittel zur Zielerreichung eingeräumt, was die gerichtliche Feststellung eines Verstoßes erheblich erschwert.

Eine davon zu unterscheidende subjektive Schutzpflicht gegenüber Einzelnen geht grundrechtsdogmatisch aus der Schutzpflichtenrechtsprechung des BVerfG hervor, wonach neben der auf Staatsabwehr gerichteten „negativen“ Pflicht, Eingriffe zu verhindern, auch eine „positive“ Grundrechtsschutzpflicht besteht.[424] Erstmals wurde eine solche Schutzpflicht im Urteil des BVerfG zum Schwangerschaftsabbruch 1975 festgehalten[425] und wird seither auf weitere Verfassungsgüter ausgeweitet. Allgemein wird der Staat dabei verpflichtet, Beeinträchtigungen des Rechtsguts zu verhindern. Die Art und Weise der Umsetzung dieses Schutzes bleibt jedoch in der Ausgestaltung dem Gesetzgeber selbst überlassen.[426] Er wird dabei nur durch das Untermaßverbot begrenzt.[427] Die Staatsaufgabe[428] des Klimaschutzes aus Art. 20a GG weist mit Blick auf deren tatsächliche Durchschlagskraft folgende Mängel auf:

I. Unbestimmtheit

In seiner Formulierung ist Art. 20a GG mit Blick auf die Anforderungen an den Klimaschutz sehr vage. Von den natürlichen Lebensgrundlagen ist zwar das

---

422 BVerfG NJW 2021, 1723.

423 BVerfGE 118, 79 = NVwZ 2007, 937 Rn. 110.

424 Vgl. dazu *Britz* NVwZ 2023 (1449).

425 BVerfGE 39, 1 = NJW 1975, 573 sowie *Groß* NVwZ 2020 (337).

426 So dargestellt z.B. in BVerfGE 118, 79 (110); *Murswiek* in Sachs GG, Art. 20a GG, Rn. 17.

427 Die Bedeutung von Schutzplichten im Allgemeinen übernommen von *Groß* NVwZ 2020, 337 (338).

428 Resultierend aus der Schutzpflichtenrechtsprechung *Britz* NVwZ 2023 (1449).

Klima unstrittig mit umfasst.[429] Die Schwierigkeit besteht in der Festlegung des Schutzniveaus und damit eines konkreten Klimaziels. Das Klima ist aufgrund seiner dargestellten Komplexität und der Wechselwirkungen nicht zweifelsfrei in „gut“ und „schlecht“ zu unterteilen. Selbst in der Klimatologie bedarf es aufwendiger Klimamodelle, um Veränderungen annähernd prognostizieren zu können. Umso schwerwiegender ist es demnach, dass aus Art. 20a GG selbst keinerlei nähere Ziele hervorgehen.[430] Erst in den letzten Jahren wurde mithilfe internationaler Abkommen versucht, das Staatsziel Klimaschutz näher zu konkretisieren.

II. Gestaltungsspielraum des Gesetzgebers

Den Art. 20a GG mit Leben zu füllen, gestaltet sich auch deshalb als besonders herausfordernd, da dem Gesetzgeber bei der Umsetzung der Staatsaufgabe ein weiter Gestaltungsspielraum eingeräumt wird.[431] Das BVerfG zeigte sich sehr zurückhaltend bei der Kontrolle konkreter Maßnahmen, um nicht selbst in die Rolle des Klimaschützers zu avancieren. Stattdessen wird der Gestaltungsspielraum des Gesetzgebers hervorgehoben.[432] Hinweise oder Empfehlungen werden betont ohne detaillierte Handlungspflichten gegeben.[433] Eine Grenze in Gestalt eines nicht zu verletzenden Zielkerns könnte in der Parallele zum sich aus der Schutzpflicht ergebenden Untermaßverbot ergeben.[434] Dessen Unterschreiten ist jedoch ebenso schwer zu bestimmen und das Konstrukt wurde bislang nicht auf klassische Grundrechtsverletzungen und Art. 20a GG übertragen.[435] Folglich

---

[429] Vgl. dazu bspw. BVerfGE 137, 350 Rn. 47; 157, 30 Rn. 198.

[430] Kritik übt an dieser Stelle auch *Appel* in Vesting/Korioth (Hrsg.), Der Eigenwert des Verfassungsrechts, 2011 (293).

[431] *Voßkuhle* NVwZ 2013, 1 (4).

[432] Der weite Gestaltungsspielraum des Gesetzgebers im Bereich des verfassungsrechtlichen Klimaschutz wird deutlich in BVerfGE 118, 79 = NVwZ 2007, 937; BVerfGK 11, 445 = NVwZ 2007, 1168 = NJW 2008, 213.

[433] So wies das BVerfG 2007 bspw. auf die Erforderlichkeit einer Schaffung von Anreizen für Modernisierungsmaßnahmen im Bereich der Emissionen hin – ohne dabei den Gesetzgeber zu verpflichten. Siehe BVerfGE 118, 79 (111) = NVwZ 2007, 937.

[434] Vgl. dazu die Ausführungen in Teil 3: B. II.

[435] Einige sehen darin lediglich ein Verbot der Verschlechterung der Gesamtsituation *Jarass* in Jarass/Pieroth GG, Art. 20a GG, Rn. 11 Dagegen wird angeführt, dass auch der Klimaschutz im verfassungsrechtlichen Zielgefüge keinem ausnahmslosen

bedarf es stetig politischer Mehrheiten, Maßnahmen umzusetzen und in der Ausgestaltung des Art. 20a GG fortzuschreiten. Diese sind zudem mit den internationalen Abkommen in Einklang zu bringen. In Summe geschah die Umsetzung, wie aufgezeigt, im Laufe der vergangenen Jahrzehnte nicht immer in gleichem Maße.

III. Rechtliche Durchsetzbarkeit

Das BVerfG erlegte dem Staat mit der Schutzpflichtenrechtsprechung die Aufgabe auf, die verfassungsrechtlichen Güter zu schützen. Diese Verpflichtung wurde seit der erstmaligen Schaffung 1975 jedoch nicht weiterentwickelt.[436] Somit existieren auch keine näheren Vorgaben an die Art und Weise sowie den Umfang der Verpflichtung, welche ihrerseits vom BverfG kontrolliert werden könnten. So verwundert es nicht, dass eine solche Schutzpflichtverletzung bislang in keinem der Bereiche festgestellt wurde.[437] Im Gegenteil – das BverfG verwies stets auf den weiten Gestaltungsspielraum des Gesetzgebers in der Ausgestaltung seiner Schutzpflichten.[438] So hält das BverfG 2009 in einem Beschluss zu den verfassungsrechtlichen Anforderungen an die Endlagerung radioaktiver Abfälle fest, dass es offen bleiben kann, ob sich ein Beschwerdeführer auf eine Verletzung der Staatszielbestimmung aus Art. 20a GG berufen kann, da eine solche im vorliegenden Fall erst gar nicht festgestellt werden kann. Das Gericht umging damit eine Normierung der Gestaltungsgrenzen.[439]

Gleichzeitig erwachsen aus dem Staatsauftrag auch keine subjektiven Rechte Einzelner, etwa in Form eines Anspruchs auf klimaschützende Maßnahmen.[440] Anders als bei Grundrechten, welchen in der Durchsetzung ihrer Abwehrfunktion auch Rechtsschutzmöglichkeiten Betroffener innewohnen. Die wenigen Versuche, subjektiven Rechtsschutz auf Grundlage

---

Verschlechterungsverbot unterliege. *Sommermann* in Münch/Kunig GG, Art. 20a GG, Rn. 44 Vielmehr wird dort das Untätigbleiben trotz erheblicher neuer klimatischer Gefahren gesehen. *Sommermann* in Münch/Kunig GG, Art. 20a GG, Rn. 43.

436 *Voßkuhle* NVwZ 2013 (1).

437 *Appel* in Vesting/Korioth (Hrsg.), Der Eigenwert des Verfassungsrechts, 2011 (293).

438 Vgl. hierzu BVerfGE 118, 79 = NVwZ 2007, 937 und BVerfGK 11, 445 = NVwZ 2007, 1168 = NJW 2008, 213.

439 BVerfGK 16, 370 = NVwZ 2010, 114 (116).

440 Gleichlautend das BVerfG NVwZ 2001, 1148.

des Art. 20a GG einzufordern, scheiterten daher.[441] Dies erschwert die Durchsetzbarkeit der Staatsaufgabe. Wenn sich der Staat im Bereich des Klimaschutzes allenfalls an Zielen messen lassen muss, welche er sich selbst auferlegt hat, die dem zugrundeliegende Formulierung der Ziele sich jedoch weitestgehend[442] außerhalb des verfassungsrechtlich kontrollierbaren Bereichs befindet, kann man bei Art. 20a GG zu dieser Zeit von einem „zahnlosen Tiger“ sprechen.

Auf Basis der Entwicklung und Veränderung des verfassungsrechtlichen Stellenwerts des Klimaschutzes werden im Folgenden dessen Veränderung durch den Klimabeschluss des BverfG sowie die daraus folgende Bedeutung für den Klimaschutz in anderen Rechtsgebieten beleuchtet.

441 Vgl. hierzu BVerfGE 118, 79 = NVwZ 2007, 937 und BVerfGK 11, 445 = NVwZ 2007, 1168 = NJW 2008, 213.

442 Die verfassungsgerichtliche Überprüfung beschränkt sich auf eine Evidenzkontrolle. Vgl. *Sommermann* in Münch/Kunig GG, Art. 20a GG, Rn. 42 f.

DRITTER TEIL

Der Klimabeschluss des Bundesverfassungsgerichts und dessen Auswirkungen

A. Der Beschluss des BVerfG

Der für die Beurteilung des Stellenwertes des Klimaschutzes in der Verfassung relevante Beschluss des Bundesverfassungsgerichts[443] befasst sich mit dem Bundes-Klimaschutzgesetz (KSG) in seiner ursprünglichen Fassung von 2019. Dessen Grundlage bilden die politischen Bemühungen der Bundesregierung in den Jahren zuvor mit dem Klimaschutzplan 2050 und dem Klimaschutzprogramm 2030.

I. Klimaschutzplan 2050

Die Bundesregierung strebte 2016 mit dem nationalen Klimaschutzplan 2050[444] eine Umsetzung der Ziele des Pariser Abkommens an. Hierbei ging es in einem ersten Schritt um die Benennung der konkreten nationalen Ziele und deren Umsetzung. Es handelt sich dabei nicht um ein rechtsverbindliches Gesetz, sondern vielmehr um ein Konzept zur Forcierung künftiger legislativer Maßnahmen.[445] Kernelement war dabei die Unterteilung der Treibhausgasemissionen in Sektoren.[446] In den Feldern Energiewirtschaft, Gebäude, Verkehr, Industrie, Landwirtschaft sowie Landnutzung und Forstwirtschaft wurden eigene Visionen und Leitbilder für das Jahr 2050 herausgearbeitet.[447] Diese sollten zur Erreichung der festgelegten Reduktionsziele der Sektoren beitragen. Als relevantester Bereich wurde aufgrund der hohen Emissionen der Sektor Energiewirtschaft identifiziert, welchem neben dem Bereich Gebäude die höchste Reduktionslast zugeteilt wurde.[448] Abseits der angegebenen Reduktionsquoten bleiben die zu treffenden Maßnahmen in

---

443 BVerfG Beschluss v. 24.3.2021 = BVerfG NJW 2021, 1723 auch bezeichnet als „Klimabeschluss" des BVerfG.

444 Klimaschutzplan 2050 der Bundesregierung, erstmals veröffentlicht im November 2016, abrufbar unter https://www.bmwk.de/Redaktion/DE/Publikationen/Industrie/klimaschutzplan-2050.pdf?__blob=publicationFile&v=1.

445 *Flaskühler*, Föderale Klimaschutzgesetzgebung in Deutschland im Lichte des wohlgeordneten Rechts, 2018, 426 f.

446 In einem ersten Impuls war noch die Unterteilung in sieben Sektoren vorgesehen, wobei die Handlungsfelder Abfall- und Kreislaufwirtschaft sowie Vorbildrolle der Bundesverwaltung eigene Sektoren darstellen sollten.

447 Vgl. dazu Klimaschutzplan 2050, S. 33 ff.

448 Der Klimaschutzplan sieht detaillierte Reduktionsquoten für die einzelnen Sektoren vor. Energiewirtschaft 62–61 %, Gebäude 67–66 %, Verkehr 42–40 %, Industrie 51–49 % und Landwirtschaft 34–41 %. Vgl. dazu Klimaschutzplan 2050, S. 26.

den Sektoren jedoch weitgehend den Akteuren selbst überlassen. Der Plan beschreibt lediglich abstrakt 97 mögliche Handlungsoptionen,[449] welche fortlaufend überprüft und angepasst werden sollen.[450]

Für sich gesehen ist der Klimaschutzplan 2050 der Bundesregierung als das zu bewerten, was er im Namen führt – ein Plan. Nach dem internationalen Pariser Abkommen ist der nationale Plan als Konzept zur Erreichung der Pariser Ziele ein folgerichtiger nächster Schritt. Dessen tatsächlicher Beitrag zum Klimaschutz ist jedoch aufgrund der fehlenden Rechtsverbindlichkeit und der noch vagen Umsetzungsvorschläge eher gering.[451] Die Wirksamkeit des Plans hängt daher im Wesentlichen von den weiteren Schritten ab, die in der Folgezeit zu ergreifen sind.[452]

II. Klimaschutzprogramm 2030[453]

Mit dem Klimaschutzprogramm 2030 hat die Bundesregierung Ende 2019 den nächsten Schritt zu einem rechtsverbindlichen nationalen Klimaschutz ergriffen.[454] Grundlage hierfür war das Pariser Abkommen von 2015[455] sowie der darauf beruhende nationale Klimaschutzplan 2050 der Bundesregierung von 2016.[456] Erklärtes Ziel war es, den nationalen CO_2-Ausstoß bis 2030 um 55 % im Vergleich zu 1990 zu senken (§ 3 Abs. 1 KSG), die Klimaneutralität bis 2050 zu erreichen (§ 1 S. 2 KSG) und dafür die notwendigen Maßnahmen in den einzelnen Sektoren umzusetzen.[457] Mit Blick auf die Kosten sind jedoch

---

449 *Flaskühler*, Föderale Klimaschutzgesetzgebung in Deutschland im Lichte des wohlgeordneten Rechts, 2018, S. 427.

450 Vgl. dazu Klimaschutzplan 2050, S. 78 ff.

451 *Stäsche* EnWZ 2016, 401 (404 ff.).

452 *Schnittker*, Die Klimaschutzgesetze der Bundesländer, 2021, S. 86.

453 *Doderer/Metz* EnWZ 2020, 216 (218). Zur Begründung: BT-Drs. 19/14337.

454 Vgl. dazu die Präambel des Klimaschutzprogramms 2030, S. 1 in welcher nochmals die Dringlichkeit von Klimaschutzmaßnahmen zur Erreichung der Pariser Ziele zum Ausdruck gebracht wird. Angesprochen werden auch die erheblichen Zahlungen, welche aufgrund der Verfehlung der Emissionsziele für 2020 (insbesondere in den Bereichen Verkehr, Gebäude, Industrie und Landwirtschaft) zu leisten sind.

455 Siehe dazu im Einzelnen Teil 2: A. V. 2. c).

456 Klimaschutzplan 2050 der Bundesregierung, abrufbar unter https://www.bmwk.de/Redaktion/DE/Publikationen/Industrie/klimaschutzplan-2050.pdf?__blob=publicationFile&v=1.

457 Klimaschutzprogramm 2030 der Bundesregierung, S. 13, 15, abrufbar unter https://www.bundesfinanzministerium.de/Content/DE/Downloads/Oeffentliche-Finanzen/

auch sektorenübergreifende Maßnahmen ins Auge zu fassen, welche in der Konzeption durch Synergieeffekte ökonomisch vorteilhaft sind und in der Umsetzung in mehreren Sektoren gleichzeitig zu Emissionseinsparungen führen.[458] Zusammenfassend besteht das Programm aus vier Elementen.[459] An erster Stelle steht die Schaffung von Anreizen zur CO_2-Einsparung. Hier sollen durch gezielte Förderprogramme Unternehmen zur wirtschaftlichen und sozialverträglichen Reduktion angeregt werden. Zweitens soll die CO_2-Bepreisung etwa mit der Einführung eines nationalen Emissionshandelssystems zu einer gesamtgesellschaftlichen Senkung der Emissionen führen. Als drittes Element sollen die daraus erzielten Einnahmen als Entlastung den Bürgern zugutekommen. Zuletzt sind auch regulatorische Maßnahmen zu ergreifen, wobei diese erst nachgelagert Wirkung entfalten sollen.[460] Den Kern des Programms bildet das Klimaschutzgesetz (KSG), welches als verbindliches Leit und Steuerungsinstrument dienen soll.[461]

Rechtliche Relevanz entfaltet dabei insbesondere das vierte Element, das KSG, da es sich hierbei – anders als beim zuvor beschlossenen Klimaschutzplan 2050 – nicht lediglich um eine Leitlinie handelt. Vielmehr liegt nun ein rechtsverbindliches Gesetz vor, welches der gerichtlichen Überprüfung unterliegt.

III. Klimaschutzgesetz

Ziel des KSG war es, die Reduktionsziele der Sektoren aus der Planung in rechtsverbindliche Verpflichtungen zu überführen und damit eine konsistente und umfassende Regelung zur Erreichung der Ziele herzustellen. Die staatlichen Bemühungen zum Klimaschutz sollen mithilfe des Gesetzes formalisiert werden. Das Gesetz selbst kann zwar keine Treibhausgasemissionen einsparen,[462] fungiert aber gleichwohl als verpflichtender Rahmen zur konkreten

Nachhaltigkeitsstrategie/klimaschutzprogramm-2030-der-bundesregierung-zur-umsetzung-des-klimaschutzplans-2050.pdf.

458 Klimaschutzprogramm 2030, S. 8. Zur Wichtigkeit der sektorenübergreifenden Maßnahmen siehe *Witte*, CO2 bepreisen, Energieträgerpreise reformieren: Wege zu einem sektorenübergreifenden Marktdesign, 2020, 9 f.

459 Siehe zu den einzelnen Elementen im Detail Klimaschutzprogramm 2030, S. 20 ff.

460 Dies wird bereits aus der Formulierung „die spätestens ab 2030 verstärkt greifen" deutlich. Vgl. hierzu Klimaschutzprogramm 2030, S. 20.

461 Bundes-Klimaschutzgesetz v. 12.12.2019, Gesetz vom 12.12.2019, BGBl. I 2019, 2513.

462 Wie auch aus der Gesetzesbegründung deutlich wird. Siehe BT-Drs. 19/14337, S. 17.

Umsetzung der Reduktionsziele.[463] Die Vorgaben verpflichten in erster Linie die öffentliche Hand und liegen in der Verantwortung des jeweils zuständigen Bundesministeriums (§ 4 Abs. 4 S. 1f. KSG).[464]

1. Inhalt

a) Begrenzung der Emissionsmengen pro Sektor

Zunächst wird in § 4 Abs. 1 S. 1 KSG die Unterteilung der Emissionen in Sektoren vorgenommen, wobei sich der Gesetzgeber stark an der Einteilung gemäß dem Klimaschutzplan 2050 orientiert.[465] Jeder der ausgewiesenen sechs Sektoren erhält eine individuell zugewiesene jährliche Emissionsmenge, welche nicht überschritten werden darf. § 4 Abs. 1 S. 3 KSG verpflichtet zur Einhaltung der Grenzen und verweist mit Blick auf die Mengen auf Anlage 2, welche sektorspezifische Vorgaben enthält.[466] Demnach sollen die zulässigen Jahresemissionsmengen im Laufe des Jahrzehnts bis 2030 moderat gesenkt werden. Auffällig ist dabei, dass die Reduktion nahezu linear verläuft, das heißt ohne signifikante Minderung im Laufe der Jahre. Vielmehr sind die jährlichen Einsparungen nahezu gleich, sodass in jedem Jahr in etwa die gleiche Menge an CO_2-Ausstoß pro Sektor reduziert werden soll.[467] Allein der emissionsintensivste Sektor der Energiewirtschaft unterliegt keiner jährlichen Minderungsvorgabe. Hier sind lediglich Reduktionsgrenzen für 2022 und 2030 festgehalten.[468] Mit diesen Zielwerten orientiert sich der Gesetzgeber an den Vorgaben des

---

[463] *Wickel* ZUR 2021 (332).

[464] BT-Drs. 19/14337 S. 2.

[465] Nunmehr werden die Emissionen in die Sektoren Energiewirtschaft, Gebäude, Industrie, Verkehr, Landwirtschaft sowie Abfallwirtschaft und Sonstiges und damit in sechs Bereiche unterteilt. § 4 Abs. 1 S. 2 teilt in Verbindung mit Anlage 1 die unterschiedlichen Emissionsquellen den Sektoren zu.

[466] BT-Drs. 19/14337 S. 28.

[467] Vergleiche hierzu Anlage 2 des KSG gemäß BT-Drs. 19/14337 S. 15 = Gesetz vom 12.12.2019, BGBl. I 2019, 2520. Demnach sollen die zulässigen Jahresemissionsmengen im Bereich Industrie von 186 (im Jahr 2020) sukzessive auf 140 (im Jahr 2030), im Bereich Gebäude von 118 auf 70, im Bereich Verkehr von 150 auf 95, im Bereich Landwirtschaft von 70 auf 58 und im Bereich Abfallwirtschaft und Sonstiges von 9 auf 5 Millionen Tonnen CO_2-Äquivalente gesenkt werden.

[468] Vergleiche hierzu Anlage 2 des KSG gemäß BT-Drs. 19/14337 S. 15 = Gesetz vom 12.12.2019, BGBl. I 2019, 2520. Hier ist eine Senkung von 280 auf 175 Millionen Tonnen CO_2-Äquivalente von 2020 bis 2030 vorgesehen. Die angegebene Höchstmenge für 2022 beträgt 257 Millionen Tonnen CO_2-Äquivalente.

Völker und Europarechts. Die Festsetzung der 55 % als Reduktionsziel entspricht dem Anteil am europäischen Klimaschutzziel für 2030, welcher auf Deutschland entfällt.[469] Die schrittweise Reduzierung (§ 3 Abs. 3 S. 2 KSG) folgt dem Progressionsgebot des Pariser Abkommens (Art. 4 Abs. 3).[470] Zudem wird in § 3 Abs. 3 S. 2 KSG festgehalten, dass die nationalen Klimaschutzziele zwar erhöht, aber keinesfalls gesenkt werden dürfen, womit den unionsrechtlichen Verpflichtungen zusätzlich Rechnung getragen werden soll.

b) Überwachung der tatsächlichen Emissionen

Neu ist auch die konkrete Benennung der Verantwortlichkeiten. In erster Linie steht die Einhaltung der Emissionsziele nach § 4 Abs. 4 KSG in der Verantwortung der zuständigen Bundesministerien. Diese sollen die weitere Ausarbeitung der Maßnahmen veranlassen.[471] Die Umsetzung durch die Bundesministerien wird von einem extra für diesen Zweck einberufenen Expertenrat für Klimafragen überprüft. Grundlage dafür sollen die vom Umweltbundesamt zu sammelnden Daten zum tatsächlichen Treibhausgasausstoß darstellen. Der interdisziplinäre Expertenrat soll sowohl die Bundesregierung als auch den Bundestag beraten und damit der gesamtgesellschaftlichen und fächerübergreifenden Aufgabe des Klimaschutzes Ausdruck verleihen (§ 11 Abs. 1 KSG). Um die Einbeziehung der naturwissenschaftlichen Implikationen des Gesetzes gerecht zu werden, ist der Expertenrat nicht nur als Übermittler und Berichterstatter zu verstehen. Ihm kommt auch das Recht zur Stellungnahme bei Änderungen und Fortschreibungen des KSG zu (§ 12 Abs. 3). Die öffentliche Hand setzt sich damit selbst unter die Kontrolle der Experten.[472] Subjektive und damit einklagbare Rechtspositionen von Privaten sollen jedoch ausdrücklich nicht durch das KSG begründet werden (§ 4 Abs. 1 S. 7 KSG).[473]

---

469 BT-Drs. 19/14337, S. 27.

470 *Wickel* ZUR 2021, 332 (334).

471 *Franzius* EnWZ 2019, 435 (336).

472 *Doderer/Metz* EnWZ 2020, 216 (218); *Scharlau et al.* NVwZ 2020, 1 (8) Wenngleich die vollständige Unabhängigkeit des Expertenrates aufgrund der Besetzung durch die Bundesregierung (gem. § 11 Abs. 1 KSG) freilich kritisiert werden darf. Zudem wird mit Blick auf das britische Climate Change Committee die untergeordnete Rolle des Expertenrates kritisiert.

473 Vgl. *Franzius* EnWZ 2019, 435 (437).

c) *Sofortmaßnahmen bei Überschreiten der Jahresemissionsmengen*

Das KSG sieht zudem erstmals eine Art Sanktionsmechanismus bei Nichteinhalten der zulässigen Höchstmengen vor. In einem ersten Schritt ist festzuhalten, dass die Überschreitung der Jahreshöchstmenge an Emissionen keineswegs folgenlos für die kommenden Jahre bleibt. § 4 Abs. 3 KSG sieht vor, dass sich die zu viel emittierte Menge an CO_2-Äquivalenten auf die Ziele der kommenden Jahre auswirkt. Die in einem Jahr überschüssig emittierten Treibhausgase müssen in den verbleibenden Jahren bis 2030 zusätzlich eingespart werden, um das Gesamtkontingent bis 2030 einzuhalten.[474] Die Differenzmenge wird dabei gleichmäßig auf die bis zum Zieljahr verbleibenden Jahre aufgeteilt. Diese Form der „Glättung" soll eine konsistente und lösungsorientierte Zielerreichung ermöglichen, da der Sektor nicht mit einem enormen Defizit in einem Jahr belastet wird, sondern nachhaltig effektivere Maßnahmen ergreifen werden können.[475]

Zudem wird bei einer Überschreitung der Jahresmenge eines Sektors das zuständige Bundesministerium zur Einleitung von Sofortmaßnahmen in Abstimmung mit dem Expertenrat verpflichtet (§ 8 Abs. 1 KSG). Diese Maßnahmen sind in Form eines Sofortprogramms der Bundesregierung vorzulegen, welches die Einhaltung der Höchstmengen für die Folgejahre sicherstellt. Die Bundesregierung behält es sich durch die Regelung in § 8 Abs. 2 S. 2 KSG in Verbindung mit § 4 Abs. 5 KSG vor, die Jahreshöchstgrenzen für die einzelnen Sektoren anzupassen. Um die Europarechtskonformität nicht zu gefährden, muss bei einer Erhöhung der zulässigen Emissionsgrenzen in einem Sektor jedoch eine entsprechende Kürzung in einem anderen Sektor vorgenommen werden, um das verbleibende nationale Gesamtbudget nicht zu verändern.[476]

2. Einordnung

Mit dem KSG hat der Gesetzgeber dem gesellschaftlichen[477] und internationalen[478] Handlungsdruck in Sachen Klimaschutz vorerst Rechnung getragen.

---

[474] Eine Unterschreitung der Jahresemissionen führt andersherum zu einer Verteilung der „eingesparten" Mengen auf die Folgejahre und damit zu einer Steigerung der Jahreshöchstgrenzen.

[475] BT-Drs. 19/14337 S. 29.

[476] *Wickel* ZUR 2021, 332 (336).

[477] Siehe dazu das sich entwickelnde gesellschaftliche Verständnis für die Dringlichkeit klimaschützender Maßnahmen in Teil 2.

[478] Siehe dazu die bereits in den 1990er Jahren entwickelten Anfänge in Teil 2: A. IV. 2. b)–d) sowie die Ziele des Pariser Abkommens in Teil 2: A. V. 2. c).

Die bislang nur als politische Leitlinien konzipierten Bestimmungen des Klimaschutzplans 2050 und des Klimaschutzprogramms 2030 wurden mit dem neuen Gesetz auf eine fundierte rechtliche Grundlage gestellt.[479] Mit der Emissionsaufteilung in Sektoren, der verbindlichen Festsetzung von Emissionshöchstgrenzen und der Ressortverantwortung wurden den Reduktionszielen ein konkreter rechtlicher Rahmen zur Umsetzung gegeben. Darüber hinaus sieht das KSG mit Instrumenten wie dem Expertenrat für Klimafragen und der Entwicklung von Maßnahme bzw. Sofortplänen die Einleitung der Detailarbeit vor. Als zentrales Steuerungs und Kontrollinstrument adressiert es die öffentliche Hand und sorgt neben der rechtlichen Vorgabe von Emissionswerten auch für Verlässlichkeit und Planungssicherheit durch die jährlichen Höchstgrenzen bis 2030.[480]

Festzuhalten bleibt jedoch auch, dass sich das KSG, anders als beispielsweise die Klimaschutzgesetze der Länder,[481] ausschließlich auf die Mitigation konzentriert und die Adaption trotz der bereits erörterten[482] engen Verbindung gänzlich außen vor lässt.[483] Ebenfalls zu kritisieren ist das in Teilen unklare Verhältnis zu den Vorgaben des Pariser Abkommens, namentlich den von den Staaten vorzulegenden (I)NDCs, da aus dem KSG nicht hervorgeht, ob und in welchem Umfang das KSG ein solches darstellt oder beinhaltet.[484] Zudem ist zwar das Ziel der Klimaneutralität bis 2050 (§ 1 S. 3 KSG) ausdrücklich festgeschrieben. Die Zielerreichung über das Jahr 2030 hinaus lässt der Gesetzgeber mit dem KSG jedoch offen.[485] Tatsächlich sah ein Entwurf noch ein verbindliches Zwischenziel für 2040 mit einer Emissionsreduktion von 70 % vor. Dieses wurde jedoch nicht in das KSG mitaufgenommen, weshalb die weitere Ausgestaltung nicht geregelt ist und es einer weiteren Konkretisierung durch den Gesetzgeber bedarf.[486]

---

479 BT-Drs. 19/14337 S. 17; *Kment* NVwZ 2020, 1537 (1539); *Scharlau et al.* NVwZ 2020, 1 (8).

480 *Saurer* NuR 2020, 433 (434).

481 Siehe dazu sogleich die Ausführungen zur Klimaanpassung in Teil 3: C. V.

482 Siehe dazu die klimatologischen Grundlagen in Teil 1: B. III. und zudem das Wechselspiel der beiden Herangehensweisen hervorhebend *Albrecht* NuR 2020, 370 (378).

483 *Kment* NVwZ 2020, 1537 (1539).

484 *Kment* NVwZ 2020, 1537 (1539).

485 *Scharlau et al.* NVwZ 2020, 1 (8).

486 Zu den Hintergründen des Vorschlags, siehe *Overath/Frenz* UPR 2019, 479 (480).

IV. Beschluss des Bundesverfassungsgerichts

Am 21. März 2021 hat das BVerfG einen Beschluss zum KSG gefasst, der sich nicht nur zur Frage der Verfassungsmäßigkeit des Gesetzes selbst äußert, sondern auch als Einordnung des verfassungsrechtlichen Klimaschutzes in Gänze gesehen werden kann. Das höchste deutsche Gericht hat dabei ausführlich den Stellenwert des Klimaschutzes im Grundgesetz dargelegt, weshalb auch vom „Klimabeschluss"[487] gesprochen wird.

1. Bisherige Rechtsprechung zum verfassungsrechtlichen Klimaschutz

a) Nationale Rechtsprechung

Dass sich das BVerfG überhaupt der Sache angenommen hat, war keineswegs absehbar. In den vergangenen Jahrzehnten hat sich das Gericht, wie dargestellt, nur punktuell in Fragen des Klimaschutzes und der Anwendung des Art. 20a GG geäußert.[488] Auch vergleichbare „Klimaklagen" blieben in Deutschland bislang erfolglos.[489] Erst 2019 scheiterte der Versuch von Klimaschützern, den Staat aufgrund der Verfehlung des Klimaschutzziels 2020 juristisch anzugreifen und ihn zu zusätzlichen klimaschützenden Maßnahmen zu verpflichten.[490] Das VG Berlin beschäftigte sich damals mit einer Klage von Landwirten, welche ökologische Agrarwirtschaft betreiben und sich aufgrund der klimatischen Veränderungen in ihren Erträgen bedroht sehen.[491] Als Ausgangspunkt begehrten die Kläger die Erfüllung des „Aktionsprogramms Klimaschutz 2020", welches ein Reduktionsziel bis 2020 um 40 % vorsieht.[492] Die Richter verneinten jedoch bereits im Rahmen der

---

487 So bspw. *Kersten,* Das ökologische Grundgesetz, 2022, S. 35.

488 Siehe dazu bspw. die Auseinandersetzung im Rahmen des Atomausstiegs in Teil 2: A. V. 2. b).

489 Vgl. dazu auch die Klagen gegen Private dargestellt z.B. in *Frank* NVwZ 2017, 664 (664 ff.). Später anderslautend OLG Hamm, Beschluss v. 30.11.2017, Az. 5 U 15/17 (Saúl Lliuya/RWE AG), abrufbar unter https://rwe.climatecase.org/sites/default/files/2022-05/30.11.2017%20OLG%20Hamm%20Hinweis-%20und%20Beweisbeschluss.pdf.

490 VG Berlin, NVwZ 2020, 1289 ff.

491 *Ruffert* JuS 2020 (478).

492 Gemeint ist das Aktionsprogramm Klimaschutz 2020, Beschluss des Bundeskabinetts vom 3.12.2014; Pressemitteilung des Bundesministeriums für Umwelt, Naturschutz, nukleare Sicherheit und Verbraucherschutz: abrufbar unter https://www.bmuv.de/pressemitteilung/hendricks-deutschland-schafft-sein-klimaziel.

Zulässigkeit das Vorliegen der Klagebefugnis. Hierfür müsste die Möglichkeit eines subjektivöffentlichen Rechts, hier eines Anspruchs auf die Handlung bestehen (§ 42 II VwGO). Das Aktionsprogramm Klimaschutz 2020 entfalte als Kabinettsbeschluss jedoch keine rechtsverbindliche Außenwirkung, sondern sei allenfalls als politische Absichtserklärung anzusehen. Dem Bürger räume das keinen subjektiven Anspruch ein.[493]

Auch aus den Schutzpflichten der Grundrechte lasse sich vorliegend kein subjektives Recht ableiten.[494] Betont wird dabei der weite Einschätzungs und Gestaltungsspielraum, welcher dem Gesetzgeber bei der Umsetzung von Schutzpflichten zukomme. Dieser Spielraum werde durch das Untermaßgebot begrenzt.[495] Die Richter des VG Berlin sehen dieses jedoch vorliegend nicht als unterschritten an. Begründet wird dies zunächst damit, dass das Klimaschutzziel 2020 eben nicht das grundrechtlich gebotene Untermaß darstelle. Mit Blick auf die internationalen Verpflichtungen stelle der Kabinettsbeschluss ein deutlich ambitionierteres Ziel dar, welches die internationalen Verpflichtungen überschreite. So hat beispielsweise die Europäische Union für den zweiten Verpflichtungszeitraum des Kyoto-Protokolls (2013–2020) eine Reduzierung um 20 % zugesagt. Wenn jedoch sogar die rechtsverbindlichen internationalen Regelungen mildere Emissionsziele vorsehen, könne das ambitionierte Klimaschutzziel 2020 nicht das verfassungsrechtlich zulässige Untermaß bilden.[496]

Zudem stellt das VG Berlin fest, dass die Bestimmung des Untermaßgebotes nicht allein auf naturwissenschaftlichen Erkenntnissen beruhen können. Dies betreffe insbesondere die Frage der Verteilung des Restbudgets an

---

493 VG Berlin, NVwZ 2020, 1291, Rn. 51 ff. Daran ändere auch die Tatsache nichts, dass das Bundeskabinett per Beschluss vom 9.10.2019 die Erreichung des Ziels auf das Jahr 2023 hinausgeschoben hat. Ein Kabinettsbeschluss kann durch einen späteren Beschluss geändert werden. (actus contrarius Gedanke).

494 Vorliegend kommt dem Gericht zufolge nur eine Verletzung der Schutzpflichten in Betracht, da die zur Rede stehenden Beeinträchtigungen (Art. 2 II 1 GG und Art. 14 I GG) nicht auf ein hoheitliches Handeln zurückzuführen sind. Vgl. VG Berlin, NVwZ 2020, 1291, Rn. 61 ff.

495 Dazu ausführlich in diesem Fall: *Ruffert* JuS 2020, 478 (480).

496 Vgl. dazu VG Berlin, NVwZ 2020, 1294, Rn. 77. Begründet wird diese Haltung auch mit der Empfehlung der COP 2007 in Bali, wonach die Industriestaaten ihre Treibhausgasemissionen bis 2020 um 10 % bis 40 % reduzieren sollten. Damit liege das Klimaschutzziel 2020 der Bundesregierung mit den anvisierten 40 % am oberen Rand der Empfehlung.

verbleibenden Emissionen. Während die globalen Emissionsmengen annähernd[497] kalkulierbar sind,[498] sei die Verteilung unter den Nationen Gegenstand eines normativen und ethischen Diskurses, bei dem Fragen der Gerechtigkeit und Billigkeit berücksichtigt werden müssen.[499] Dabei seien viele Ansätze zur gerechten Verteilung dieses Budgets denkbar, welche Fragen des industriellen Fortschritts, der Population sowie der historischen Emissionen berücksichtigen.[500] Das VG Berlin hat jedenfalls festgestellt, dass das Gericht die Frage der korrekten Verteilung der verbleibenden Emissionsmengen nicht zu beantworten habe und es dem Gericht schlichtweg nicht zustehe, der Bundesregierung die Art und Weise der Verteilung vorzuschreiben. Damit greife die Judikative in den Gestaltungs und Einschätzungsspielraum der Exekutive ein.[501]

Offen lässt das VG Berlin indes die Frage einer Berufung auf Art. 20a GG. Wie bereits das BVerfG 2010,[502] belässt es das VG Berlin bei dem Hinweis auf das Untermaßverbot und die Folgen einer Berufung auf Art. 20a GG im Rahmen der Grundrechte.[503]

b) *Internationale Rechtsprechung*

Im internationalen Vergleich ist das BVerfG mit dem Klimabeschluss jedoch nicht allein. Bereits in den Jahren zuvor hatte es in anderen Ländern Gerichtsentscheidungen gegeben, welche den Staat zu strengeren Klimaschutzmaßnahmen verpflichtet haben.[504] Insbesondere ein Urteil des niederländischen höchsten Gerichts[505] zu einer Klimaklage ist dabei als inter-

---

497 Zur Kritik an der Schwierigkeit einer exakten und zuverlässigen Berechnung des globalen Restbudgets siehe auch die Ausführungen zum verfassungsrechtlichen Stellenwert des Restbudget-Ansatzes in Teil 3: B. II. 2.

498 Der IPCC hat zum maßgeblichen Zeitpunkt 2018 das Restbudget mit 800 Gigatonnen beziffert, um das 1,75 °C-Ziel mit 67 % Wahrscheinlichkeit zu erreichen.

499 VG Berlin, NVwZ 2020, 1294, Rn. 78.

500 Vgl. dazu die Ausführungen zum verfassungsrechtlichen Stellenwert des Restbudget-Ansatzes in Teil 3: B. II. 2.

501 VG Berlin, NVwZ 2020, 1294, Rn. 78.

502 BVerfGK 16, 370 = NVwZ 2010, 114.

503 VG Berlin, NVwZ 2020, 1293, Rn. 70.

504 Exemplarisch hierfür die Fälle aus den USA, Massachusetts v. EPA, US Supreme Court, 549 US 497 (2007), Pakistan Leghari v. Federation of Pakistan, Lahore High Court (2015), Case No: W. P. No. 25501 und Kolumbien, Colombian Supreme Court 5.4.2018, STC 43602018 (Deforestation in the Colombian Amazon Rainforest).

505 Hoge Raad, Urt. v. 20.12.2019, 19/00135, abrufbar unter (englische Übersetzung) https://uitspraken.rechtspraak.nl/inziendocument?id=ECLI:NL:HR:2019:2007; Vorinstanz

nationales Exempel eines gerichtlichen Klimaschutzes anzusehen. Darin wurde ein erstinstanzliches Urteil aus dem Jahr 2015[506] bestätigt, wonach die niederländische Regierung zu einer Reduktion von Treibhausgasemissionen um 25 % bis zum Jahr 2020 verpflichtet wurde. Dies ist indes bemerkenswert, da sich eine explizite Verpflichtung zum 25 %-Ziel weder aus den europäischen Vorgaben noch aus nationalem Recht ergibt. Vielmehr hatte die niederländische Regierung das 20 %-Ziel der Europäischen Union übernommen.[507] Das Berufungsgericht leitete eine Verpflichtung aus den Schutzpflichten der Art. 2 EMRK und Art. 8 EMRK[508] ab, welche nicht nur als Abwehrrechte angesehen werden können, sondern auch Schutzpflichten entfalten. Zwar wird auch hier dem nationalen Gesetzgeber ein weiter Beurteilungs und Anwendungsspielraum eingeräumt. Anders als beispielsweise das VG Berlin[509] sieht das niederländische höchste Gericht die staatliche Schutzpflicht dennoch als verletzt an. Das Gericht stützt seine Argumentation maßgeblich auf die wissenschaftlichen Erkenntnisse, wonach eine frühzeitige Reduktion zur Erreichung der Klimaziele des Pariser Abkommens notwendig ist. Das festgestellte 25 %-Ziel bis 2020 stelle dabei das Untermaß des wissenschaftlich vertretbaren dar und wird daher als Mindestmaß der staatlichen Schutzpflicht aus Art. 2 EMRK und Art. 8 EMRK gewertet.[510] Durch die Nichterreichung dieses Ziels gefährde der Staat das Leben und das Wohlergehen des Einzelnen, weshalb dieses Schutzniveau unverzüglich wiederhergestellt werden müsse. Das oberste Gericht verpflichtet damit den niederländischen Staat zur

---

(Berufungsgericht): Gerechtshof Den Haag, Urt. v. 9.10.2018, 200.178.245/01, abrufbar unter (englische Übersetzung) https://uitspraken.rechtspraak.nl/inziendocument?id=ECLI:NL:GHDHA:2018:2610.

[506] Rechtbank Den Haag, Urt. v. 24.6.2015, C/09/456689/HA ZA 131396, abrufbar unter (englische Übersetzung) https://uitspraken.rechtspraak.nl/inziendocument?id=ECLI:NL:RBDHA:2015:7196.

[507] Bis 2011 hatte die niederländische Regierung von einer Reduktion um 30 % bis 2020 gesprochen – von da an jedoch die Zielsetzung der EU (20 %) übernommen. Vgl. dazu *Wegener* ZUR 2019, 3 (4).

[508] Die EMRK steht in den Niederlanden nach Art. 94 der Verfassung im Rang über den Gesetzen.

[509] Siehe dazu Teil 3: A. IV. 1. a).

[510] Hoge Raad Rs. 19/00135, abrufbar unter (englische Übersetzung) https://uitspraken.rechtspraak.nl/inziendocument?id=ECLI:NL:HR:2019:2007 Abschnitt 6.1.–7.3.6; Gerechtshof Den Haag, Urt. v. 9.10.2018, 200.178.245/01 abrufbar unter (englische Übersetzung) https://uitspraken.rechtspraak.nl/inziendocument?id=ECLI:NL:GHDHA:2018:2610, Rn. 46 ff., 76. Kritik dazu sogleich und in *Wegener* ZUR 2019, 3 (4).

Einleitung von Sofortmaßnahmen, um die Emissionen zu senken und damit den nationalen Beitrag zur Reduktion von Treibhausgasen zu leisten.[511]

c) Übertragbarkeit auf die nationale Rechtsprechung

Insbesondere vor dem Hintergrund des jüngsten Urteils des EGMR[512] hinsichtlich des Klimaschutzes in der Schweiz ergeben sich aus internationaler Rechtsprechung auch mögliche Folgen für die nationale Überprüfung des Klimaschutzes. Die Richter des EGMR urteilten, dass das Recht der Beschwerdeführer auf Privat und Familienleben aus Art. 8 EMRK durch unzureichenden Klimaschutz in der Schweiz[513] verletzt ist. Ein Verein Schweizer Klimaseniorinnen hatte Beschwerde vor dem EGMR erhoben, nachdem sie zuvor erfolglos alle nationalen Instanzen durchlaufen hatten. Das Gericht sah es als erwiesen an, dass gerade ältere Menschen besonders unter dem menschengemachten Klimawandel leiden und dadurch in ihren Menschenrechten eingeschränkt werden. Auch wenn in der EMRK kein expliziter Umweltschutz garantiert werde, sei Art. 8 EMRK dahingehend zu verstehen, dass „dem Einzelnen ein Recht auf wirksamen Schutz durch die Behörden vor schwerwiegenden schädlichen Auswirkungen des Klimawandels auf sein Leben, seine Gesundheit [und] sein Wohlbefinden“[514] zugestanden werde. Dabei seien die Nationalstaaten in der Pflicht, zu diesem Schutz mittels geeigneter Maßnahmen beizutragen. Auch wenn insbesondere kleinere und emissionsärmere Staaten keinen wesentlichen Beitrag hinsichtlich der erforderlichen globalen Emissionsreduktion zu leisten imstande seien, habe jeder Staat einen Anteil an der Verantwortung, Maßnahmen zur Bekämpfung des Klimawandels zu treffen.[515] Die Schweiz könne sich daher nicht durch den Verweis auf die Verpflichtung anderer Staaten ihrer eigenen Verantwortung entziehen, so der EGMR.

Daraus ergeben sich auch Folgen für den Klimaschutz in Deutschland. Zum einen ist hinsichtlich des gerichtlichen Zugangs festzuhalten, dass der EGMR den Klimaseniorinnen nicht individuell, aber als Verein, die

---

[511] *Weller/Tran* ZEuP 2021, 573 (590).

[512] EGMR (Große Kammer) Urteil v. 9.4.2024 – 53600/20 = NJW 2024, 1931.

[513] Die Schweiz hatte in den Klimagesetzen keine Budgetierung verbleibender Emissionen vorgenommen.

[514] NJW 2024, 1931, Leitsatz 3.

[515] NJW 2024, 1931, Leitsatz 2.

Beschwerdebefugnis zugestand und damit den Weg für künftige Klagen auch vor nationalen Gerichten eröffnete.[516] Zum anderen ist Deutschland durch die Verpflichtung an die Menschenrechtskonvention auch an den vom EGMR hergeleiteten gebotenen Klimaschutz gebunden. Nach der Rechtsprechung des BVerfG gehört zur Bindung an Gesetz und Recht (Art. 20 Abs. 3 GG) die Berücksichtigung der Gewährleistung der EMRK und der Entscheidungen des EGMR im Rahmen methodisch vertretbarer Gesetzesauslegung.[517] Die Berücksichtigung der vom EGMR aus Art. 8 EMRK abgeleitete Verpflichtung zur Bekämpfung des Klimawandels ist daher verfassungsrechtlich geboten.

Die Frage, ob der Klimaschutz in einer Nation hinreichend erfüllt ist, ist nach der vom EGMR geforderten anteiligen Verpflichtung zur Emissionsreduktion auch im Vergleich zum Agieren anderer Nationen zu sehen. Deshalb lohnt der Blick in die Judikatur anderer Staaten, um die nationalen Bemühungen besser einordnen zu können und daraus Rückschlüsse auf die Konformität des nationalen Handelns mit dem europäischen Recht zu schließen.

2. Teilweise Verfassungswidrigkeit des KSG

Die Verfassungsbeschwerden vor dem BVerfG setzten nun auch die deutschen Klimaschutzbemühungen auf den verfassungsrechtlichen Prüfstand. Hier stellte sich vor dem Hintergrund der aufgezeigten Mängel[518] am KSG die Frage der Verfassungsmäßigkeit des Vorgehens. Dass der deutsche Gesetzgeber dennoch keinerlei Hinweise auf einen Verstoß gegen Verfassungsrecht sah, wird aus der Gesetzesbegründung zum KSG deutlich. Hier stellt der Gesetzgeber im Rahmen der Vereinbarkeit mit nationalem Verfassungsrecht in lediglich einem Satz fest, dass die Änderungen mit dem Verfassungsrecht vereinbar seien.[519] Umso erstaunlicher war für viele der Beschluss im März 2021,[520] mit dem das BVerfG das KSG für in Teilen verfassungswidrig erklärte und sich

---

[516] Klimarechtlerin *Jahn* hält eine Klagewelle vor dem Hintergrund des erforderlichen Beschreiten des nationalen Instanzenzuges für möglich. Vgl. dazu MPG, Votum für eine messbare Klimapolitik v. 9.4.2024, abrufbar unter https://www.mpg.de/21796877/egmr-klimaklagen.

[517] BVerfGE 111, 307–332, Leitsatz 1.

[518] Dazu im Einzelnen Teil 3: A. III. 2.

[519] BT-Drs. 19/14337 S. 19.

[520] BVerfG Beschluss v. 24.3.2021 = BVerfG NJW 2021, 1723; veröffentlicht am 29.4.2021 auf der Homepage des BVerfG.

damit erstmals in dieser Deutlichkeit zum verfassungsrechtlichen Status des Klimaschutzes äußerte.[521]

a) Prozessualer Hintergrund

Der Beschluss setzt sich mit vier Verfassungsbeschwerden auseinander, welche im Zeitraum von 2018 bis 2020 beim BVerfG eingegangen sind. Beschwerdeführer waren dabei sowohl Einzelpersonen als auch Umweltverbände.[522] Inhaltlich richten sich die Beschwerden gegen das KSG des Bundes in der Version vom 12.12.2019 sowie das Unterlassen der Bundesregierung, weitere gesetzliche Maßnahmen einzuleiten, um das verbleibende Restbudget an CO_2-Emissionen einzuhalten. Die Beschwerdeführer sehen darin eine ernsthafte Gefahr für die Erreichung des 1,5 °C/2 °C-Ziels mit der Folge eines noch deutlicheren Temperaturanstiegs. Dies stelle eine Verletzung der staatlichen Schutzpflichten aus Art. 2 II 1 GG und aus Art. 14 I GG sowie eine Verletzung des Grundrechts auf eine menschenwürdige Zukunft und des Grundrechts auf ein ökologisches Existenzminimum dar, welches die Beschwerdeführer aus Art. 2 Abs. 1 GG in Verbindung mit Art. 20a GG und aus Art. 2 Abs. 1 GG in Verbindung mit Art. 1 Abs. 1 Satz 1 GG ableiten. Zudem sehen sie mit Blick auf die Emissionsminderungspflichten ab 2030 allgemein die Freiheitsrechte gefährdet.[523]

b) Tenor

Mit dem Beschluss hat das BVerfG zwar größtenteils die Verfassungsbeschwerden zurückgewiesen.[524] Gleichzeitig hat es jedoch § 3 Abs. 1 S. 2 KSG und § 4 Abs. 1 S. 3 KSG in Verbindung mit Anlage 2 für mit den Grundrechten unvereinbar erklärt, soweit eine den verfassungsrechtlichen Anforderungen genügende Regelung über die Fortschreibung der Minderungsziele für Zeiträume ab

---

[521] *Calliess* ZUR 2021 (355). Zur verfassungsrechtlichen Trendwende des BVerfG im Kontext der Klimaklagen.

[522] Zu den Beschwerdeführern zählen auch Minderjährige sowie in Bangladesch und Nepal lebende Personen. Zu deren Besonderheiten im Rahmen der Beschwerdebefugnis siehe BVerfG NJW 2021, 1723 Rn. 96 ff.

[523] BVerfG NJW 2021, 1723 Rn. 1.

[524] Die Verfassungsbeschwerde der Beschwerdeführer zu 12) und 13) im Verfahren 1 BvR 2656/18 wird verworfen, BVerfG NJW 2021, 1723 Leitsatz 1.

dem Jahr 2031 fehlt.[525] Damit wurde das KSG für in Teilen verfassungswidrig erklärt und der Gesetzgeber zu einer verfassungsgemäßen Fortschreibung der Minderungsziele verpflichtet.[526]

c) Zu den Entscheidungsgründen

AA) DER ZUSAMMENHANG ZWISCHEN DEN KLIMATOLOGISCHEN IMPLIKATIONEN UND DER JURISTISCHEN BEWERTUNG

In seiner Begründung schildert das BVerfG zunächst ausführlich die rechtlichen Grundlagen des nationalen und internationalen Klimaschutzes und ordnet diese in den tatsächlichen Stand des Klimawandels und die Bemühungen hiergegen ein. Begonnen wird dabei mit dem KSG als Rahmengesetz, welches wie beschrieben die zentrale Koordination und Überwachung der nationalen Klimaschutzmaßnahmen übernehmen soll und als Fortführung der nationalen Klimaschutzpläne erstmals konkrete Emissionsgrenzen vorschreibt.[527] Als Grundlage identifiziert der Beschluss das Ziel des Pariser Abkommens, die Erderwärmung auf bestenfalls 1,5 °C, jedenfalls deutlich unter 2,0 °C zu begrenzen und die hierfür erforderlichen Emissionsreduktionen vorzunehmen.[528] Vorgesehen ist die Erreichung der Treibhausgasneutralität bis 2050 und ein nationaler Plan, welcher das nötige Vorgehen für die verbleibende Zeit mittels konkreter Minderungsquoten sicherstellt. Während das ETS auf Gemeinschaftsebene bereits viele Emissionsquellen reguliert, sieht das Lastenteilungsverfahren für die übrigen Bereiche nationale Reduktionsquoten vor.[529] An dieser Stelle ist es der Zweck des KSG, die Einhaltung der nationalen und europäischen Ziele zu gewährleisten (§ 1 S. 1 KSG) und den dafür erforderlichen Rahmen zu setzen.

Weiter werden im Beschluss die klimatologischen Erkenntnisse auf Grundlage des IPCC dargestellt und dabei wird insbesondere auf die klimageschichtliche Abnormalität des jüngsten Temperaturanstiegs eingegangen.[530] Die Richter stellen aus naturwissenschaftlicher Sicht den anthropogenen

525 BVerfG NJW 2021, 1723 Leitsatz 2.
526 Gem. BVerfG NJW 2021, 1723 Leitsatz 3 bis zum 31.12.2022.
527 BVerfG NJW 2021, 1723 Rn. 2 ff. und siehe dazu im Einzelnen Teil 3: A. III. 1. a).
528 BVerfG NJW 2021, 1723 Rn. 7 ff. und auch Teil 2: A. V. 2. c).
529 BVerfG NJW 2021, 1723 Rn. 13.
530 BVerfG NJW 2021, 1723 Rn. 18 f. siehe dazu auch im Rahmen der klimatologischen Erkenntnisse Teil 1: B. II. 3.

Klimawandel und dessen Folgen für das Klimasystem – global, aber auch in Deutschland – dar und erörtern die Beschleunigungswirkung von Treibhausgasemissionen auf den Klimawandel.[531] Folgerichtig wird sodann der Ausstoß insbesondere von CO_2 als maßgeblicher Hebel zur Steuerung des Klimawandels identifiziert.[532] Dabei wird auch in Betracht gezogen, dass Technologien, welche der Atmosphäre Treibhausgase entziehen können, bislang nicht in verlässlichem Umfang gegeben sind und dass Anpassungsmaßnahmen zwar bei der Linderung der Folgen des Klimawandels relevant sind, diese die klimatologischen Veränderungen selbst jedoch nicht aufhalten können.[533]

Dabei wird deutlich, wie eng die Richter des BVerfG den Zusammenhang zwischen klimatologischen Erkenntnissen und juristischer Bewertung sehen. Nicht nur widmen sie etwa ein Drittel der Entscheidungsgründe den naturwissenschaftlichen Grundlagen. Auch setzen sie die juristische Prüfung in unmittelbaren Bezug zu den klimatologischen Entwicklungen. Aufgrund der Komplexität der Thematik und der Interdisziplinarität des Klimaschutzes ist es auch angemessen, diese naturwissenschaftlichen Implikationen bei der juristischen Beurteilung miteinzubeziehen, wie es die Richter im Folgenden vorgenommen haben.[534]

BB) DER ANSATZ EINES RESTBUDGETS

So fußt der vom BVerfG beanstandete Grundrechtsverstoß im Zeitraum nach 2030 auf der Annahme eines verbleibenden Restbudgets an CO_2-Emissionen. Das Gericht betont dabei die Notwendigkeit eines globalen Emissionsbudgets, welches ausgerichtet am jeweiligen Temperaturziel eine verbleibende Restmenge an Treibhausgasemissionen bestimmt. In einem weiteren Schritt müsste dann das globale Budget auf die Nationen aufgeteilt werden. Das BVerfG erkennt dabei den Einwand der Bundesregierung, dass es hierfür an einem einheitlichen internationalen Vorgehen fehle,

---

531 Hier werden bspw. die Probleme bei der Grundwasserneubildung in Deutschland durch die steigenden Temperaturen und die dadurch verstärkte Verdunstung aufgeführt. Vgl. BVerfG NJW 2021, 1723 Rn. 26.

532 BVerfG NJW 2021, 1723 Rn. 31. Siehe dazu auch im Rahmen der klimatologischen Erkenntnisse Teil 1: B. II. 3.

533 BVerfG NJW 2021, 1723 Rn. 32 ff.

534 Zustimmung zur Legitimität der intensiven Einbeziehung klimatologischer Erkenntnisse etwa bei *Calliess* ZUR 2021, 355 (355 f.); *Faßbender* NJW 2021, 2085 (2086).

was eine exakte globale Verteilung erschwert, an. Die Richter sehen darin jedoch kein Hindernis an der Bezifferung eines nationalen Restbudgets. Die nationalen Reduktionsziele müssten sich zumindest am globalen Budget orientieren, um eine konsistente Zielerreichung zu gewährleisten.[535] Der Sachverständigenrat hat auf Grundlage der Berechnungen des IPCC ein nationales Restbudget ermittelt. Danach stünden Deutschland ab dem Jahr 2020 noch 6,7 Gigatonnen an CO_2-Emissionen zu, um eine Erderwärmung auf 1,75 °C mit einer Wahrscheinlichkeit von 67 % nicht zu überschreiten.[536] Die Bundesregierung möchte das Verfahren der nationalen Verteilung eines CO_2-Budgets nicht direkt übernehmen, widerspricht jedoch auch nicht der prinzipiellen Aussagekraft des Budget-Ansatzes.

CC) INTERTEMPORALE FREIHEITSSICHERUNG

Das BVerfG sieht die Problematik nun darin, dass die im KSG von 2019 vorgesehenen Emissionsgrenzen bis 2030 bereits einen Ausstoß von 5,7 Gigatonnen zur Folge hätten. Unter Zugrundelegung des nationalen Restbudgets verblieben für die Zeit ab 2031 danach nurmehr eine Gigatonne an CO_2-Emissionen.[537] Je höher die Emissionen bis 2030 sind, umso intensiver gestaltet sich die Reduktion ab 2031, um das Restbudget nicht zu überschreiten. Dies hätte zur Folge, dass die Maßnahmen ab 2031 umso drastischer und weitreichender sein müssten. Da CO_2-Emissionen nahezu das komplette alltägliche Leben betreffen, sind auch Konsequenzen für die persönliche Freiheit zu erwarten.[538]

Diese Erwägung nimmt das BVerfG als Ausgangspunkt, um einen Grundrechtseingriff zu begründen. Denn die Richter stellen keine Verletzung objektiven Verfassungsrechts fest. Insbesondere liegt aktuell kein Verstoß gegen Art. 20a GG vor. Gleichwohl resultiert aus der Staatszielbestimmung eine Verpflichtung zum Klimaschutz und damit zur Einhaltung der verbleibenden Emissionen. Vor diesem Hintergrund ist der Gesetzgeber zu einem „freiheitsschonenden Übergang in die Klimaneutralität“[539] verpflichtet. Dafür

[535] Zu den Ausführungen des BVerfG zum Ansatz eines Restbudgets siehe BVerfG NJW 2021, 1723 Rn. 118 ff., 185, 208 ff., 215 ff., 233.
[536] BVerfG NJW 2021, 1723 Rn. 219.
[537] Erklärend dazu *Faßbender* NJW 2021, 2085 (2087).
[538] BVerfG NJW 2021, 1723 Rn. 182 ff.
[539] BVerfG NJW 2021, 1723 Rn. 183.

sind Vorkehrungen erforderlich, welche eine verhältnismäßige Verteilung des Restbudgets über die Jahre sicherstellen und letztlich die grundrechtlich geschützten Freiheitschancen über die Zeit und damit für künftige Generationen wahren. Diese intertemporale Freiheitssicherung ist jedoch durch die in § 3 Abs. 1 S. 2 und § 4 Abs. 1 S. 3 KSG in Verbindung mit Anlage 2 vorgenommene ungleiche Verteilung mit Blick auf die Zeit vor und nach 2030 nicht ausreichend gegeben. Vielmehr wurde die Minderungslast aus Sicht der Richter zu einseitig auf den Zeitraum ab 2031 verlagert.[540] Der Gesetzgeber hat es zudem verpasst, Regelungen für diese Periode festzusetzen, welche diese Minderungslast abmildern könnten.[541] Das Gericht weist zudem darauf hin, dass bei einem raschen Verbrauch des Restbudgets weniger Zeit für die Entwicklung neuer Technologien bleibt, welche möglicherweise in der Lage wären, die Freiheitsbetätigung auch unter Emissionssenkung zu sichern. Durch hohe Emissionsgrenzen bis 2030 wird daher auch die Zeit für eine freiheitsschonende Transformation gekürzt.[542] Insoweit hat der Gesetzgeber bereits mit Inkrafttreten des KSG eine eingriffsähnliche Vorwirkung in die grundrechtlich geschützten Freiheiten der Beschwerdeführer geschaffen, welche nach Auffassung des BVerfG bereits heute eine Grundrechtsverletzung begründet.[543] Das liegt zum einen daran, dass das Grundgesetz selbst eine konsequente Einhaltung des Emissionsbudgets gebietet. Die künftigen Freiheitseinschränkungen sind daher bereits als sicher anzusehen. Dazu trägt zum anderen auch die irreversible Wirkung der bereits emittierten Treibhausgase bei. Nach aktuellem Stand der Wissenschaft tragen diese unmittelbar zur Erderwärmung bei, weshalb die Vorwirkung in Summe nicht nur faktisch ist, sondern bereits heute eine eingriffsähnliche Vorwirkung rechtlich vermittelt.[544]

DD) ART. 20A GG ALS GRUNDRECHTSSCHRANKE

Von Relevanz für die weitere Betrachtung ist dabei auch das Vorgehen des Gerichts, Art. 20a GG als mögliche Grundrechtsschranke heranzuziehen. So stellen die Richter fest, dass eine mit Treibhausgasemissionen

---

540 BVerfG NJW 2021, 1723 Rn. 183.
541 Das BVerfG spricht in diesem Kontext von möglichen Anreizen zu klimaneutralen Techniken und Praktiken. Vgl. dazu BVerfG NJW 2021, 1723 Rn. 183.
542 BVerfG NJW 2021, 1723 Rn. 187.
543 BVerfG NJW 2021, 1723 Rn. 182 i.V.m. Rn. 184.
544 BVerfG NJW 2021, 1723 Rn. 187.

verbundene Ausübung der Freiheitsrechte aufgrund des Klimaschutzgebots des Art. 20a GG nicht grenzenlos gewährt werden kann. Dabei wird das Klimaschutzgebot dahingehend interpretiert, dass der Gesetzgeber mit der Verpflichtung zu dem 1,5 °C respektive 2 °C-Ziel eine Konkretisierung vorgenommen hat, welche einen höheren Ausstoß als das Restbudget verhindert. Daraus schließen die Richter auf eine hohe Hürde für Emissionen, welche das CO_2-Budget überschreiten. Diese dürften dann nur noch zugelassen werden, wenn sie im Einzelfall in der Abwägung mit dem Klimaschutz (Art. 20a GG) vorzugswürdig sind. Entscheidend ist dabei auch, dass die Gewichtung immer im Kontext der klimatologischen Entwicklungen zu sehen ist. Je weiter der Klimawandel voranschreitet, umso geringer ist das relative Gewicht der Freiheitsrechte zu bewerten.[545]

Im Ergebnis sieht das BVerfG aber keine Rechtfertigung für den zur Rede stehenden Grundrechtseingriff. Denn das relative Gewicht des Art. 20a GG nehme zwar mit dem zunehmenden Verbrauch des Restbudgets zu, das Klimaschutzgebot genießt jedoch auch dann keinen absoluten Vorrang, wenn wie vorgesehen ab 2031 nur noch ein Bruchteil der uns zustehenden Emissionen verbleibt. Zudem müsse im Rahmen der Verhältnismäßigkeitsprüfung beachtet werden, dass die maßgebliche Verletzungshandlung mit der Einführung des KSG nicht erst 2031 beginnt, sondern bereits jetzt andauert. Daher könne bei der Frage nach der Verhältnismäßigkeit von freiheitsbegrenzenden Maßnahmen zum Klimaschutz nicht isoliert die Ausgangslage der bis 2030 emittierten Treibhausgase betrachtet werden. Vielmehr müsse die aktuelle Verhältnismäßigkeit in Betracht gezogen werden, da die Emissionsgrenzen verändert und „die Weichen noch umgestellt werden können."[546] Genau diese liegt aber mit Blick auf das besprochene Erfordernis eines freiheitsschonenden Übergangs nicht vor.[547] Daher kann auch keine unter dem Gesichtspunkt des Art. 20a GG verhältnismäßige Grundrechtseinschränkung ab 2031 vorliegen, wenn der Gesetzgeber schon zum aktuellen Zeitpunkt der Verpflichtung zur Sicherstellung des freiheitsschonenden Wandels nicht hinreichend nachkommt.[548] Der Gesetzgeber muss daher zumindest einen entwicklungsför-

[545] BVerfG NJW 2021, 1723 Rn. 185. Vgl. dazu auch Rn. 120 und Rn. 198.
[546] BVerfG NJW 2021, 1723 Rn. 192.
[547] Dazu auch grundlegend *Ekkehard* NVwZ 2021, 1587.
[548] Kritik an der aus seiner Sicht zu ergebnisorientierten Herangehensweise an die Prüfung der Verhältnismäßigkeit übt *Faßbender* NJW 2021, 2085 (2087).

dernden Planungshorizont schaffen und den Reduktionspfad im Zeitraum ab 2031 konkreter ausgestalten, um die festgestellte Grundrechtsgefährdung zu verringern.[549] Daher liegt abschließend auch keine Rechtfertigung vor, sondern die Verpflichtung zur Fortschreibung der Minderungsziele unter Beachtung der o.g. Maßgaben.[550]

B. Veränderung des verfassungsrechtlichen Stellenwertes des Klimaschutzes

Mit Blick auf den verfassungsrechtlichen Stellenwert des Klimaschutzes ist damit eine Aufwertung des Art. 20a GG festzustellen. Nicht nur wurde mit dem Beschluss erstmals höchstrichterlich eine Konkretisierung vorgenommen – die Staatszielbestimmung hat auch dogmatisch an Bedeutung gewonnen.

Zunächst ist dabei festzuhalten, dass sich der Charakter des Art. 20a GG als Staatszielbestimmung durch den Beschluss nicht geändert hat. Weder verwendet das BVerfG in seiner Begründung eine anderslautende Formulierung, noch lässt sich aus dem beigemessenen Stellenwert eine solche Änderung erahnen.[551] Dies würde auch der Intention des verfassungsgebenden Gesetzgebers widersprechen[552] und damit vor dem Hintergrund der Gewaltenteilung ein Verstoß gegen Staatsstrukturprinzipien darstellen.[553]

I. Versubjektivierung des Klimaschutzes

Dennoch nehmen die Richter mit der Schaffung der intertemporalen Freiheitssicherung in Verbindung mit dem Klimaschutz aus Art. 20a GG eine weitreichende dogmatische Neuerung vor – mit konkreten Folgen für die Auswirkungen des Art. 20a GG auf andere Grundrechte. Bislang war eine der wesentlichen Kritikpunkte bei der Praxistauglichkeit der

---

549 BVerfG NJW 2021, 1723 Rn. 244.

550 BVerfG NJW 2021, 1723 Rn. 268.

551 Hierzu gleichlautend die gängigen Kommentare *Sommermann* in Münch/Kunig GG; *Jarass* in Jarass/Pieroth GG, Art. 20a GG, Rn. 2 ff.; *Murswiek* in Sachs GG, Art. 20a GG, Rn. 17 ff.

552 Vgl. dazu die Gesetzesbegründung BT-Drs. 12/6000 S. 66 ff.

553 Nähere Ausführungen zu einer möglichen Überkonstitutionalisierung in *Franzius* KlimR 2022, 102 (106 f.).

Staatszielbestimmung zum Klimaschutz, dass dieser allein von dem Willen des Gesetzgebers abhing.[554] Letzterer war zwar objektivrechtlich dazu verpflichtet, mit geeigneten einfachgesetzlichen Maßnahmen zum Klimaschutz beizutragen. In Ermangelung einer subjektiven Rechtsgewährung fehlte es jedoch an der Möglichkeit, sich als Bürger auf einen Eingriff in eigene Rechte zu berufen und den Gesetzgeber damit zu ambitionierteren Maßnahmen zu verpflichten.

Nun erfährt der weiterhin als Staatsauftrag ausgestaltete objektive Schutz des Klimas in Art. 20a GG jedoch eine Art Versubjektivierung. Hierzu ziehen die Richter die Freiheitssicherung als Individualgrundrecht aus Art. 2 Abs. 1 GG heran und knüpfen daran die Wertung des Art. 20a GG, wonach der Gesetzgeber mit Blick auf die künftigen Generationen zum Klimaschutz verpflichtet ist. De jure halten die Richter an der Objektivität des aus Art. 20a GG erwachsenen Schutzes fest. De facto wird dem Schutzgut jedoch eine subjektive Note auf Umwegen verliehen.

1. Die intertemporale Freiheitssicherung als Instrument eines subjektiven Rechts auf Klimaschutz

Richtigerweise bleibt festzuhalten, dass sich durch den Klimabeschluss des BVerfG an der Konzeption der Staatszielbestimmung Klimaschutz zunächst nichts geändert hat.[555] Eine unmittelbare Berufung Einzelner auf eine Verletzung der Schutzpflicht aus Art. 20a GG ist weiterhin nicht möglich. Der Grundsatz, dass das Verfehlen der Klimaziele des Art. 20a GG nur objektivrechtlich beanstandet werden kann, wird durch die Schaffung der intertemporalen Freiheitssicherung nun aufgeweicht. Soweit die derzeitigen Bemühungen um den Klimaschutz nicht ausreichen und damit die Schutzmaßnahmen auf die Zukunft verlagern, wird eine eingriffsähnliche Vorwirkung in die künftigen Freiheitsrechte erzeugt, wogegen bereits jetzt aufgrund eines vorwirkenden Eingriffs in subjektive Grundrechte vorgegangen werden kann.

Kritik an diesem Vorgehen wird reichlich angeführt.[556] So stellt sich die Frage, warum das BVerfG nicht den praxisnäheren Weg einer Schutzpflichtverletzung

---

554 *Voßkuhle* NVwZ 2013 (1).

555 So festhaltend das BVerfG NJW 2021, 1723 Rn. 112 und in der Literatur *Faßbender* NJW 2021, 2085 (2088).

556 Zu folgender siehe auch *Faßbender* NJW 2021, 2085 (2088).

eingeschlagen hat. Denn anders als bei einer Schutzpflichtverletzung, bei der grundsätzlich der Verstoß gegen das Untermaßverbot zu prüfen ist, kommt es bei der Prüfung einer Grundrechtsverletzung im Rahmen Verhältnismäßigkeit auf eine angemessene Heranziehung des Klimaschutzes als rechtfertigendes Rechtsgut an. Dann ist ein wie in der Urteilsbesprechung[557] dargestelltes Übermaßverbot bezüglich des Klimaschutzes zu prüfen. Dieses Vorgehen ist jedoch nicht nur dogmatisch fernliegender, sondern verkennt auch die praxisnähere Frage des Mindestmaßes an gebotenem Klimaschutz.

Letztlich kann es für die Frage der Feststellung des verfassungsrechtlichen Stellenwertes des Klimaschutzes jedoch dahinstehen, auf welchem Wege das BVerfG diese Verletzung von Verfassungsrechtsgütern angenommen hat. Ungeachtet der umstrittenen dogmatischen Herangehensweise steht nun fest, dass ein Unterbleiben der notwendigen Maßnahmen zum Klimaschutz (wenn auch auf Umwegen) eine Grundrechtsverletzung Einzelner darstellen kann, welche auf Veranlassung Einzelner gerichtlich überprüft und festgestellt werden kann. Diese Möglichkeit stellt in der Tat ein Novum hinsichtlich des verfassungsrechtlichen Klimaschutzes dar. Seit Einführung der Staatszielbestimmung des Art. 20a GG war die mangelnde subjektive Geltung und die daraus resultierende erschwerte gerichtliche Überprüfung ein wesentliches Problem.[558] Mit dem nun gegangenen Schritt hat das BVerfG bereits durch die Versubjektivierung dem Klimaschutz einen gewichtigeren Stellenwert eingeräumt.

2. Die Bedeutung des Klimaschutzes im Rahmen der Verhältnismäßigkeitsprüfung

Das BVerfG regt damit eine noch weitergehende Wirkung des Klimaschutzes im Rahmen der Grundrechtsprüfung an. Mit der Einbeziehung des Klimaschutzes in die intertemporale Freiheitssicherung geht auch eine Aufwertung des Verfassungsguts Klimaschutz bei Verhältnismäßigkeitsprüfungen einher. Diese bezieht sich zum einen auf künftige Entscheidungen mit unmittelbarem Bezug zur Verlagerung klimaschützender Maßnahmen in die Zukunft. Zudem betrifft diese Grundsatzentscheidung auch alle künftigen Kollisionen des Schutzguts Klima mit anderen Verfassungsgütern. Die

---

557 Siehe dazu Teil 3: A. IV. 2. c).
558 Siehe dazu näher Teil 2: B. III.

mögliche Einschränkung künftiger Freiheitsrechte durch die Verursachung von Emissionen muss dabei mitgedacht werden. Während das Klima in diesen Abwägungen als bloße Staatsaufgabe bisher stiefmütterlich behandelt und ihr kein hohes Gewicht beigemessen wurde, erzeugt die Beurteilung des BVerfG nun eine Aufwertung. Das relative Gewicht des Klimaschutzes im Rahmen der Verhältnismäßigkeitsprüfung nimmt mit Voranschreiten des Klimawandels weiter zu, während das Gewicht entgegenstehender Freiheitsrechte zunehmend geringer zu bewerten ist. Dies gilt abstrakt für die Gewichtung des Klimaschutzes bei Abwägungsfragen. Im Einzelfall muss anhand der jeweiligen Umstände das jeweilige Gewicht im konkreten Fall ermittelt werden.[559]

Auch in Bezug auf die Tragweite ist der veränderte Stellenwert des verfassungsrechtlichen Klimaschutzes von Bedeutung. Er ist nicht nur Maßstab für die Gerichte bei der künftigen gerichtlichen Überprüfung von Regularien auf deren Klimaverträglichkeit, sondern nimmt auch die Legislative und die Exekutive in die Pflicht. Dieser als Anwendungsbefehl zu bewertende Grundsatz ist bei emissionsbezogenen Einzelfallentscheidungen überall dort mitzuberücksichtigen, wo Abwägungs und Gestaltungsspielräume bestehen.[560] Vor dem Hintergrund des zunehmenden relativen Gewichts der Klimabelange ergibt sich eine Zweifelsregelung *in dubio pro natura*. Denn solange Treibhausgase auch künftig emittiert werden, nimmt die Dringlichkeit von Einsparungen und damit das abstrakte Gewicht der Klimabelange weiter zu. Demnach ist bei einer Gleichwertigkeit der entgegenstehenden Verfassungsgüter im Einzelfall im Zweifel den klimaschützenden Belangen Vorrang zu gewähren, da diese perspektivisch an Gewicht in der Abwägung gewinnen.

II. Konkretisierung

Das zweite Manko des Art. 20a GG war neben dem rein objektiven Geltungsanspruch der fehlende „selfexecuting-Charakter" der Norm. Um nicht nur den Gerichten einen Anhaltspunkt bei der Überprüfung der Staatsaufgabe zu geben, sondern auch dem intendierten Zweck eines

559 So etwa das BVerwG, Beschl. v. 22.06.2023, 7 VR 3.23, Rn. 40.

560 Dem zustimmend *Faßbender* NJW 2021, 2085 (2090 f.). *Scholz* in Dürig/Herzog/Scholz GG, Art. 20a GG, Rn. 210.

Leitmotivs für die Legislative und Exekutive beim Klimaschutz gerecht zu werden, bedarf es einer näheren Ausgestaltung des Art. 20a GG. Der „zahnlose Tiger“ des Art. 20a GG hatte bislang jedoch das Problem, mangels einer näheren Bestimmung, in welchem Rahmen dieser Schutz zu gewähren ist, keine umfassende Schlagkraft entfalten zu können. Zwar gab es, wie dargestellt, durch die Entwicklungen u.a. auf europäischer und völkerrechtlicher Ebene Indizien dafür, welche Zielvorgaben von Art. 20a GG erfasst sein könnten.[561] Eine explizite Konkretisierung durch den Gesetzgeber oder eine gerichtliche Bestimmung der exakten Vorgaben des Staatsziels blieben bislang aus.

Durch die Verpflichtung der Bundesregierung auf die Ziele des Pariser Abkommens wurde nun erstmals rechtsverbindlich ein konkretes Klimaziel auf Bundesebene bestimmt. Das BVerfG hat höchstrichterlich festgestellt, dass diese Zielsetzung auch das Staatsziel des Art. 20a GG konkretisiert und damit dem Klimaschutz mehr Kontur verschafft. Ergänzt wird das 1,5 °C/2 °C-Ziel durch die Heranziehung des Restbudget-Ansatzes. Dass die Konkretisierung nun durch die Kopplung der Ziele des Pariser Abkommens mit dem Staatsauftrag Klimaschutz aus Art. 20a GG gelingt, überrascht auf den ersten Blick. Bislang waltete das BVerfG mit Zurückhaltung bei Fragen der näheren Ausgestaltung der Staatszielbestimmung.[562] Dies erscheint unter dem Aspekt der Gewaltenteilung und des daraus resultierenden weiten Gestaltungsspielraums des Gesetzgebers bei der Handhabung des Art. 20a GG auch zunächst folgerichtig. Die Gerichte sind grundsätzlich nicht dazu befugt, Klimaschutz rechtlich durchzusetzen, ohne dafür überhaupt eine durch die Legislative legitimierte Grundlage zu haben.[563]

1. Konkretisierung durch Heranziehung der Ziele des Pariser Abkommens

Das BVerfG geht bei der Heranziehung der Zielvorgaben aus dem Pariser Abkommen jedoch anders vor. Es überlässt dem Gesetzgeber auch weiterhin einen weiten Gestaltungsspielraum bei der Wahl des Vorgehens, zieht mit der Konkretisierung der Zielvorgaben jedoch klare Grenzen hinsichtlich des Mindestmaßes. Das überzeugt in zweierlei Hinsicht.

---

[561] Siehe dazu näher die Erläuterungen in Teil 2: A. V. c).
[562] Siehe dazu exemplarisch bereits den Zeitraum in Teil 2: A. V.
[563] Vgl. hierzu die Erläuterungen in *Franzius* KlimR 2022, 102 (106 f.).

a) Das Mindestgebot aus klimatologischer Sicht

Einerseits überzeugt es vor dem Hintergrund des Mindestgebotes, welches den gesetzgeberischen Handlungsspielraum begrenzt. Dem Gesetzgeber wird die konkrete Ausgestaltung der Staatszielbestimmung selbst überlassen. Bei der Wahl des Mittels kann sich dieser jedoch nicht gänzlich der gerichtlichen Überprüfung entziehen. Vielmehr muss auch bei Staatszielbestimmungen die Grenze des Mindestgebotes eingehalten werden. Im Hinblick auf den Klimaschutz war diese Grenze der gerade noch zulässigen und nicht zu unterschreitenden Mindestanforderung bislang schwer zu definieren.[564] Weder hatte der Gesetzgeber diese ausdrücklich formuliert, noch hatten die Gerichte die Chance ergriffen, eine solche festzulegen. In der Theorie wird regelmäßig der Schutz des elementaren Kerns des Schutzobjektes herangezogen. Auch dieser ist beim Klima schwer zu bestimmen. Unter Berücksichtigung der eingangs dargestellten klimatologischen Erkenntnisse dürfte er aber jedenfalls dann betroffen sein, wenn aufgrund der Überschreitung entscheidender Kipppunkte Prozesse in Gang gesetzt werden, die aufgrund ihrer Verselbstständigung unumkehrbar sind und damit irreversible Schäden anrichten.

Die Unumkehrbarkeit ist zwar nicht zweifelsfrei bestimmbar. Zum einen ist die vom BVerfG an vielen Stellen herangezogene Unumkehrbarkeit[565] nicht genau definiert und wird auch vom Gericht selbst unter verschiedene Definitionen gestellt.[566] Zum anderen lassen sich mit Blick auf die Reversibilität der Treibhausgaskonzentration in der Atmosphäre künftige Technologien, die hierzu beitragen können, nicht gänzlich ausschließen. Fest steht aber auch, dass jedenfalls in klimatologischer Hinsicht künftige Technologien bei der Modellierung des Klimas nicht berücksichtigt werden können, solange diese nicht existieren oder wenigstens hinreichend weit erprobt sind, sodass eine Anwendung zeitlich absehbar ist.[567] Zudem

---

564 Siehe dazu die verschiedenen Berechnungsmöglichkeiten des IPCC dargestellt in Teil 1: C. II.

565 Vgl. Rn. 118, 119, 130, 133, 185 ff., 198.

566 So sieht das BVerfG an einer Stelle die Unumkehrbarkeit „jedenfalls dann, wenn der einmal in Gang gesetzte Verlauf nicht mehr korrigierbar ist“ (Rn. 108) und später, wenn „nach heutigem Stand“ keine Reversibilität besteht (Rn. 130, 185, 198). Vgl. dazu auch *Ruttloff/Freihoff* NVwZ 2021, 917 (918 f.).

567 Zur Berücksichtigung der Rolle des technischen Fortschritts bei der Kalkulierung der Zielerreichung siehe *Meyer* NJW 2020, 894 (898).

bilden die Berechnungen des IPCC wie eingangs beschrieben[568] eine fundierte naturwissenschaftliche Grundlage, welche feststellen, dass bei einer Überschreitung der entsprechenden Kipppunkte eine Eindämmung des Klimawandels mit an Sicherheit grenzenden Wahrscheinlichkeit durch die Reduktion der Treibhausgase nicht mehr erreicht werden kann.[569] Mithin besteht aus naturwissenschaftlicher Sicht die Notwendigkeit, die Abwendung dieses unumkehrbaren Ereignisses als Mindestgebot des Klimaschutzes heranzuziehen.

b) Die konstitutionelle Selbstbindung des Gesetzgebers

Zum anderen lässt sich auch die rechtliche Handhabung des Gesetzgebers für die Heranziehung der Klimaziele des Pariser Abkommens anführen. Denn es wäre rechtswidersprüchlich, wenn sich der Gesetzgeber zwar einfachgesetzlich und völkerrechtlich an die Klimaziele des Pariser Abkommens bindet, dem verfassungsrechtlichen Rechtsgut Klimaschutz dieses Ziel jedoch nicht zugesteht. Durch die Verpflichtung, diese Ziele einzuhalten und die Integration dieser in die nationalen Strategien,[570] hat der Gesetzgeber selbst diese Zielvorgabe ausgegeben, an welche er sich nun halten muss.[571] Zwar darf der Gesetzgeber nicht in seinem Gestaltungsspielraum eingeschränkt werden, indem er selbst einfachgesetzliche Vorgaben setzt.[572] Solange diese bestehen, sind sie jedoch bindend. Das hält den Gesetzgeber indes auch nicht davon ab, diese einfachgesetzlich zu verändern. Das BVerfG verlangt lediglich ein konsequentes Vorgehen des Gesetzgebers.[573] Dogmatische Bedenken hinsichtlich der Konkretisierung des Grundgesetzes durch internationales Recht[574] können mit Verweis auf das KSG ausgeräumt werden. Hier nimmt

---

568 Siehe dazu näher Teil 1: C.

569 Siehe dazu die naturwissenschaftlichen Erkenntnisse in Teil 1: C.

570 Siehe dazu Teil 3: A. I., II.

571 Zutreffend *Franzius* ZUR 2023, 199 (202); *Franzius* KlimR 2022, 102 (105); im Ergebnis zustimmend *Möllers/Weinberg* JZ 2021, 1069 (1075); in *Franzius* ZUR 2023, 199 (202) vermeidet der Autor den Begriff der konstitutionellen Selbstbindung und spricht stattdessen vom Konsequenzgebot durch den Klimabeschluss des BVerfG.

572 Siehe zur Problematik der Verrechtlichung der Politik allgemein *Papier*, Die Warnung, 2019, S. 236, der insgesamt dafür plädiert, Gestaltungsspielräume der Politik zu erhalten.

573 So auch *Franzius* ZUR 2023, 199 (202).

574 *Winter* ZUR 2022, 215 (218 f.).

der Gesetzgeber bei der Formulierung nationalen Rechts selbst Bezug auf die Pariser Klimaziele (§ 1 KSG).

Kritiker entgegnen, man müsse die Ziele des Pariser Abkommens ihrerseits an den Anforderungen des Art. 20a GG messen, bevor man sie als Konkretisierung der Staatszielbestimmung formuliere.[575] Dies überzeugt jedoch nicht. Klimaschutz kann nicht als Argument für eine Einschränkung desselben herangezogen werden, wie bereits das BVerfG in seiner Argumentation zu einer möglichen Grundrechtsschranke der intertemporalen Freiheitsrechte ausführt.[576] Art. 20a GG enthält zwar mit der Formulierung „nach Maßgabe von Gesetz und Recht" eine sprachliche Einschränkung. Diese beinhaltet jedoch bis auf den rein deklaratorischen Hinweis auf die allgemeine Schrankensystematik im Grundgesetz keinen darüberhinausgehenden Mehrwert. Art. 20a GG ist im Kollisionsfall mit Grundrechten nicht uneingeschränkt anwendbar, sondern lediglich im Rahmen der Verhältnismäßigkeit im Einzelfall vorzugswürdig. Bei der vom BVerfG vorgenommenen Konkretisierung handelt es sich aber um die Ebene des zu verfolgenden Ziels des Art. 20a GG, welches erst im Kollisionsfall auf Schrankenebene an den grundrechtlichen Schranken bemessen werden muss.

Zusammenfassend lässt sich festhalten, dass das BVerfG mit seiner Entscheidung den Staat an seinen eigenen Zielen misst. Durch die Konkretisierung des Art. 20a GG hat das BVerfG den Gestaltungsspielraum des Gesetzgebers dahingehend beschränkt, dass die vom Staat zu ergreifenden Klimaschutzmaßnahmen die Pariser Klimaziele als Mindestgebot nicht unterschreiten dürfen.

2. Der Restbudget-Ansatz

Zudem legt sich das BVerfG auf den Restbudget-Ansatz[577] fest, indem es diesen als Grundlage für die Urteilsbegründung heranzieht. Dies ist keineswegs unumstritten, da die nationale Vorgabe eines verbleibenden Budgets an Treibhausgasemissionen zwar als Ausgangslage für die Formulierung der Ziele des KSG verwendet wurde, bislang aber weder durch die europa und völkerrechtlichen Vorgaben noch durch eigene Gesetze bindend war.

---

575 *K. Kotulla/M. Kotulla* NuR 2022, 1 (10).
576 BVerfG NJW 2021, 1723 Rn. 268.
577 Siehe dazu im Einzelnen Teil 3: A. IV. 2. c) bb).

Das Fehlen einer verbindlichen Quote für die Verteilung der Emissionen liegt zum einen an den klimatologischen Unwägbarkeiten, welche eine genaue Berechnung des globalen Restbudgets in Form einer verlässlichen Formel unmöglich machen. Eine Folgenrechnung, wonach eine Zieltemperatur erreicht wird, wenn ein exakter Betrag an Treibhausgasen emittiert wird, gibt es schlichtweg nicht. Das IPCC spricht dagegen nur von Wahrscheinlichkeiten, sodass beispielsweise das 1,75 °C-Ziel zu 67 % erreicht werden kann, wenn ab dem maßgeblichen Berechnungszeitpunkt 2018 das globale Restbudget von 800 Gigatonnen nicht überschritten wird. Ferner wird es auch nicht möglich sein, einen exakten Verbrauch global wie national zu messen. Vielmehr unterliegen auch diese Werte Messungsabweichungen.

Auch gibt es verschiedene denkbare Möglichkeiten, den Verteilungsschlüssel der verbleibenden Emissionen zu bestimmen. Neben dem vom IPCC verwendeten Pro-Kopf-Budget, welches aufaddiert national der Summe der Einwohner entspricht, lassen sich auch Verteilungsmöglichkeiten gemessen an den aktuellen Emissionen in Betracht ziehen. Die derzeitigen nationalen Emissionen korrelieren in weiten Teilen mit dem Grad an Industrialisierung der jeweiligen Nation. Je mehr Wertschöpfung ein Land erwirtschaftet, umso höhere Emissionswerte fallen in der Regel an. Dies kann als Ansatzpunkt für eine Budgetverteilung in beide Richtungen gesehen werden, wonach entweder (1) den emissionsintensiven Nationen ein höheres Budget eingeräumt wird, um die anstehende Emissionsreduktion und deren wirtschaftliche Folgen abzufedern oder (2) den emissionsarmen Nationen höhere verbleibende Emissionen zugesprochen werden, damit diese noch die Chance haben, ihre industrielle Entwicklung voranzutreiben. Eng damit verbunden ist auch die Frage der möglichen Einbeziehung historischer Emissionen bei der Verteilung der zukünftigen verbleibenden Emissionen.

Im Ergebnis kann die Suche nach dem korrekten Wert des nationalen Restbudgets jedoch an dieser Stelle verkürzt werden, da sich das BVerfG bereits auf einen Wert festgelegt hat, der damit auch als verbindliche Konkretisierung der Erreichung der Klimaziele gesehen werden kann. Zwar bringt auch das BVerfG zum Ausdruck, dass aufgrund der Berechnungsschwierigkeiten eine zahlengenaue Schlussfolgerung nicht exakt möglich ist, die Orientierung daran jedoch ebenso hinreichend wie verbindlich ist.[578] Es überzeugt auch, dass die Karlsruher Richter nun den Weg zur Klimaneutralität mit dem

[578] BVerfG NJW 2021, 1723 Rn. 220 ff., 229.

beschriebenen Restbudget-Ansatz als Rahmen gewissermaßen geebnet haben. Denn für eine Verringerung des Temperaturanstiegs kommt es nicht allein auf die Erreichung der Klimaneutralität an. Vielmehr spielt es für die Frage der langfristigen Auswirkungen auf unser Klima eine erhebliche Rolle, wie viel Treibhausgas bis dahin emittiert wird. Es entspricht daher nicht nur den grundrechtlichen Interessen der Bürger, mit der schrittweisen Reduzierung der Emissionen einen freiheitsschonenden Übergang zur Klimaneutralität zu ermöglichen. Auch aus klimatologischer Sicht ist die Orientierung am Restbudget ein positiver Ansatz, um die sukzessive Senkung der Emissionen zu forcieren und damit die Gesamtmenge an Treibhausgasen in der Atmosphäre zum Zeitpunkt der Klimaneutralität geringer zu halten.

3. Fazit

Konkret bedeutet das eine Nachschärfung des weiterhin bestehenden weiten Gestaltungsspielraums des Gesetzgebers. Diesem wurden nun mittels der Zielbeschreibung klare Grenzen hinsichtlich des nicht zu verletzenden Zielkerns gesetzt. Die Erfüllung der Staatsaufgabe Klimaschutz liegt weiterhin in staatlicher Hand. Unterschreiten die Bemühungen allerdings die nun konkretisierten Zielvorgaben, so ist das Handeln mit Blick auf eine Verletzung des Zielkerns verfassungswidrig. Ebenso sind durch die Heranziehung des Restbudget-Ansatzes neben der Ziel*setzung* auch die Mindestanforderungen an die Ziel*erreichung*, also die Art und Weise der Umsetzung, konkretisiert worden. So muss sich der Staat bei der Erreichung der Klimaneutralität und des 1,5 °C/2 °C-Ziels am verbleibenden Restbudget orientieren. Die intertemporale Freiheitssicherung gebietet die freiheitsschonende Verteilung des Restbudgets über die Zeit.

In diesem Zusammenhang stellt sich auch die Frage, inwieweit der aktuelle Stellenwert des Klimaschutzes im Verfassungsrecht Anlass für eine Grundgesetzänderung gibt. Dies eröffnet den Raum für Überlegungen, inwieweit eine Erweiterung des Art. 20a GG zum Wohle des Klimaschutzes angezeigt ist. Für diese Erwägung können die Erkenntnisse dieser Arbeit als Grundlage dienen, sie führen jedoch über die hier anzustellende Beurteilung des verfassungsrechtlichen Stellenwertes hinaus, weshalb an dieser Stelle nur exemplarisch auf die Bestrebungen dahingehend verwiesen sei.[579]

---

[579] Zu den Überlegungen eines eigenen Umweltgrundrechts bereits vor Fassung des Art. 20a GG siehe *Rauschning* in *VVDStRL* (Hrsg.), Deutschland nach 30 Jahren Grundgesetz. Staatsaufgabe Umweltschutz, 1979, S. 168 (178) Zur Diskussion einer

C. Bedeutung für klimaschützende Maßnahmen in ausgewählten Rechtsbereichen

Die Neubewertung des verfassungsrechtlichen Stellenwertes des Klimaschutzes ist aufgrund der umfassenden Funktion des Verfassungsrechts[580] für sämtliche klimarelevanten Maßnahmen von Bedeutung. Die nachfolgenden ausgewählten Anwendungsbeispiele sind daher keinesfalls als abschließend anzusehen, sondern sollen einen Anstoß für verfassungsrechtlich gebotene Maßnahmen auch in anderen Rechtsbereichen darstellen.

I. Die Bedeutung des Art. 20a GG für klimaschützende Maßnahmen an Gebäuden

Ein Bereich, der zwar im Vergleich mit anderen Emissionsquellen nicht durch den Ausstoß an Treibhausgasen heraussticht, aber dennoch für die Reduzierung der Gesamtemissionen eine wichtige Rolle spielt, ist das Handeln Privater.[581]

Dies äußert sich konkret bei der Installation von sog. Balkonkraftwerken an Immobilien mit einer Wohnungseigentümermehrheit. Dabei handelt es sich um Photovoltaikmodule, die Strom erzeugen und über die Steckdose einspeisen.[582] Diese stellen grundsätzlich eine nicht unerhebliche Beeinträchtigung des optischen Eindrucks des Hauses dar und sind daher zustimmungspflichtig.[583] Installiert ein Mieter ein solches Balkonkraftwerk, bedarf es daher neben der Zustimmung durch den Wohnungseigentümer auch die Zustimmung der Eigentümerversammlung gem. § 20 Abs. 1 WEG. Da diese in der Regel an der Außenseite des Balkons angebracht werden und damit das

---

Erweiterung des Art. 20a GG in Form eines Art. 20b/c GG siehe dafür werbend *Calliess* ZUR 2019, 385. Sowie insgesamt zur Thematik Calliess ZUR 2021, 323 (329); *Steinberg* NVwZ 2023, 138.

580 Zur Funktion der Grundrechte als objektive Werteordnung siehe *Willoweit/Schlinker*, Deutsche Verfassungsgeschichte, 8. Aufl. 2019, S. 287 f. Das BVerfG formuliert es in seiner BVerfGE 7, 198 v. 15.1.1958 als ein „Wertesystem, das seinen Mittelpunkt in der innerhalb der sozialen Gemeinschaft sich frei entfaltenden menschlichen Persönlichkeit und ihrer Würde findet."

581 Hintergründe zur Relevanz privater Handlungen beim Erreichen der Klimaziele *Bach/Kieninger* JZ 2021, 1088 (1090); *Berkemann* DÖV 2021, 701 (715).

582 AG Konstanz, KlimR 2023, 151.

583 Zum Vorliegen einer baulichen Veränderung bei der Installation einer Photovoltaikanlage siehe OLG Köln NZM 2002, 1033.

Bild des Hauses prägen, verweigern Eigentümerversammlungen regelmäßig ihre Zustimmung zur Installation von Balkonkraftwerken. Dies führt in der Praxis oft dazu, dass gerade in Ballungszentren, wo eine anderweitige private Installation von Photovoltaikanlagen mangels Ausweichflächen nicht möglich ist, nur wenige solcher Anlagen in Betrieb genommen werden.

Gleichzeitig stellen Balkonkraftwerke aber eine geeignete Möglichkeit dar, die Klimabilanz des privaten Energieverbrauchs zu verbessern. Denn solange die nationale Stromerzeugung nicht vollständig durch erneuerbare Energieträger und damit weitestgehend[584] ohne den Ausstoß von CO_2 erfolgt, trägt jede (noch so geringe) private Stromerzeugung mittels erneuerbarer Energieträger, welche Stromverbrauch aus dem nationalen Netz einspart, zur Senkung von Emissionen bei.[585] Zudem ist die weitergehende Wirkung privater Projekte zur emissionsarmen Stromgewinnung hervorzuheben. Nicht nur wird damit das Bewusstsein privater Haushalte für den CO_2-Verbrauch auch in anderen Bereichen geschärft. Auch werden damit Anreize zum Stromsparen im Allgemeinen gesetzt, da die Balkonkraftwerke mangels geeigneter Speichertechnologien nur tagsüber und bei Sonneneinstrahlung zum Energiehaushalt beitragen, der darüberhinausgehende Bedarf jedoch vom öffentlichen Netz bezogen wird. Um die Quote des Verbrauchs an eigens gewonnener Energie im Verhältnis zum kostenpflichtig bezogenen Strom zu erhöhen und damit Geld zu sparen, ist davon auszugehen, dass die Betreiber der Balkonkraftwerke gewillt sind, ihren Stromverbrauch im Übrigen zu senken.

Das Zustimmungserfordernis für bauliche Veränderungen besteht ausweislich der neueren Rechtsprechung und bezieht sich grundsätzlich auch auf solche, die im Rahmen der Installation von Balkonkraftwerken anfallen.[586] Durch den veränderten Stellenwert des verfassungsrechtlichen Klimaschutzes ergibt sich jedoch ein Anspruch auf Zustimmung durch die Wohnungseigentümer.

---

[584] Jedenfalls für die Herstellung der erneuerbaren Energieträger werden weiterhin Emissionen anfallen.

[585] Um eine nachhaltige Reduzierung von Emissionen ohne die Verlagerung auf andere Emissionsquellen im Rahmen des Emissionshandelssystems zu erreichen, ist eine Löschung der durch die Stromerzeugung aus erneuerbaren Energien eingesparten Zertifikate erforderlich.

[586] BGH ZWE 2023, 211; AG Konstanz KlimR 2023, 151.

1. Kein Anspruch gegenüber der Eigentümerversammlung auf Gestattung der Installation gem. § 20 Abs. 2 S. 1 WEG

Soweit Gerichte ihre Begründung, der einzelne Eigentümer habe keinen Anspruch auf eine Gestattung durch die Eigentümerversammlung, auf § 20 Abs. 2 S. 1 WEG stützt, trifft dies zu. Darin werden vom Gesetzgeber Kriterien aufgeführt, unter denen die Zustimmung zu baulichen Veränderungen verlangt werden kann. Diese privilegierten Bereiche umfassen beispielsweise bauliche Veränderungen, die dem Laden elektrisch betriebener Fahrzeuge dienen. Da hiervon nicht nur das Anbringen der Ladesäule selbst erfasst ist, sondern sich diese Privilegierung auch auf alle dafür erforderlichen Zwischenschritte, wie den Einbau von Zählerschränken oder Steuereinrichtungen, bezieht,[587] stellt sich die Frage, ob bei weiter Auslegung auch die zur Stromerzeugung dienlichen Balkonkraftwerke erfasst sind. Auch der Gesetzgeber legt in seiner Gesetzesbegründung einen weiten Anwendungsbereich der Ladeinfrastrukturvorhaben zugrunde.[588]

Letztlich kann ein solcher Anspruch jedoch nicht aus § 20 Abs. 2 S. 1 WEG hergeleitet werden. Gegen einen grundsätzlichen Anspruch des Bauwilligen sprechen zweierlei Gründe. Zum einen liegt nicht in allen Fällen der Installation solcher Photovoltaikanlagen auch eine Lademöglichkeit von Elektrofahrzeugen vor. Oft fehlt diese schon am Vorhandensein eines elektrisch betriebenen Fahrzeugs. Zudem besteht der Anspruch auf bauliche Veränderung nur dann, wenn der einzelne Wohnungseigentümer (oder dessen Mieter) auch die tatsächliche und rechtliche Möglichkeit einer Aufladung auf dem Grundstück hat.[589] Dies scheitert gerade in Großstädten regelmäßig am Fehlen eines geeigneten Parkplatzes, der entweder im Eigentum des Wohnungseigentümers steht oder mietvertraglich zugesichert ist.

Zum anderen ist davon auszugehen, dass der Gesetzgeber diese Möglichkeit bewusst nicht in die privilegierten Vorhaben aufgenommen hat. Weder sind diese in der ansonsten sehr weitgehenden und anhand von Beispielen ausführlich beschriebenen Gesetzesbegründung aufgeführt, noch hat der Gesetzgeber die Neuerung des § 20 WEG im Jahr 2020 dazu genutzt, eine entsprechende Regelung aufzunehmen. Ferner liegt auch mangels planwidriger

---

[587] *Hügel* in Hau/Posek (Hrsg.), BeckOK WEG, 2024 (Rn. 15).
[588] BT-Drs. 19/18791 S. 63–64, BR-Drs. 168/20, S. 69–70.
[589] *Hügel* in Hau/Posek (Hrsg.), BeckOK WEG, 2024 (Rn. 17).

Regelungslücke kein zulässiger Analogieschluss vor.[590] Zwar kann mit Blick auf § 555b BGB eine vergleichbare Interessenslage mit den dort vorgesehenen Modernisierungsmaßnahmen gesehen werden.[591] Aufgrund der abschließenden gesetzlichen Privilegierungsregelung im § 20 Abs. 2 S. 1 WEG lassen sich jedoch keine Indizien für eine planwidrige Regelungslücke finden, weshalb vielmehr auch kein Raum für eine Analogie besteht.[592]

2. Anspruch gegenüber der Eigentümer auf Gestattung der Installation gem. § 20 Abs. 3 WEG

Gleichwohl ergibt sich ein Anspruch auf Gestattung aus § 20 Abs. 3 WEG. Denn hier finden die klimaschützenden Belange aus Art. 20a GG Berücksichtigung.[593] Insbesondere ist § 20 Abs. 3 WEG neben Abs. 2 für jene Fälle anwendbar, die nicht bereits unter die privilegierten Vorhaben des Abs. 2 S. 1 fallen.[594] Dies eröffnet den Raum für die im Folgenden darzustellende Einstrahlungswirkung der Grundrechte im Rahmen des Genehmigungsverfahrens.

a) Gesetzliche Ausgangslage

Grundsätzlich können die Eigentümer eine bauliche Veränderung verhindern, indem sie die Genehmigung verweigern. Der bauwillige Mieter oder Eigentümer kann aber die Genehmigung durch die Wohnungseigentümer gem. § 20 Abs. 3 WEG verlangen, wenn die *betroffenen* Eigentümer einverstanden sind. Der Gesetzeswortlaut sieht dabei mit folgendem unbestimmten Rechtsbegriff lediglich die Zustimmung jener Eigentümer voraus, welche *durch die bauliche Veränderung über das bei einem geordneten Zusammenleben unvermeidliche Maß hinaus beeinträchtigt werden.* Liegt schon keine Beeinträchtigung im Sinne des § 20 Abs. 3 WEG vor, so kommt es auf eine Zustimmung einzelner Eigentümer nicht an, sondern es bleibt bei dem Grundsatz, dass der Bauwillige die Gestattung verlangen kann.

---

590 AG Konstanz, KlimR 2023, 151 Rn. 25.

591 Siehe zu der Einordnung des § 555b BGB mit Blick auf den Klimaschutz *Gsell* NZM 2022, 481 (485).

592 Zutreffend AG Konstanz, KlimR 2023, 151 Rn. 25.

593 *Klimesch* ZMR 2023, 522 (524).

594 *Dötsch* in Bärmann WEG, Rn. 323.

b) *Einstrahlungswirkung des Art. 20a GG*

Dieser unbestimmte Rechtsbegriff ist Gegenstand der Auslegung im Einzelfall und bietet den Raum für die Einstrahlung der Wertung des Art. 20a GG. Denn hier ist nach der objektiven Verkehrsanschauung der Grad der konkreten Beeinträchtigung zu ermitteln,[595] um die Gewichtung des Eigentumsgrundrechts der Eigentümer aus Art. 14 Abs. 1 GG im Einzelfall zu bestimmen. Auf eine subjektive Einschätzung des Wohnungseigentümers kommt es nicht an.[596] Die Beeinträchtigung des Wohnungseigentümers ist dann mit den grundrechtlichen Interessen des Bauwilligen abzuwägen.[597]

AA) BELANGE DES EIGENTUMS

Im Falle der Balkonkraftwerke stellt die Installation eine bauliche Veränderung dar, welche zwar nicht unerheblich ist, jedoch das Eigentum auch nicht in großem Maße beeinträchtigt und keinesfalls grundlegend umgestaltet (§ 20 Abs. 4 WEG). Denn Photovoltaikplatten sind bei Anwendung an der Außenseite des Balkons weder von großem Ausmaß, noch sind die farblich schlicht gestalteten Platten geeignet, das Erscheinungsbild erheblich zu beeinträchtigen.

BB) RECHTSANWENDUNGSBEFEHL DES ART. 20A GG

Zudem stellt das Interesse des Bauwilligen, mit der Installation des Balkonkraftwerks erneuerbaren Strom zu erzeugen und damit zum Klimaschutz beizutragen, ein Gut von Verfassungsrang dar (Art. 20a GG). Dieses ist nach der in dieser Arbeit angestellten Erörterung auch nicht von niedrigerem Rang als andere Verfassungsgüter. Dies verkennt auch das AG Konstanz, wenn es insoweit auf die bloße Stellung als Staatszielbestimmung verweist.[598] Klimaschutz gem. Art. 20a GG genießt im Rahmen der Verfassungsgüter keinen absoluten Vorrang, ist jedoch, gemessen an der Rechtsprechung des BVerfG, als Rechtsanwendungsbefehl im Auslegungsfall zu sehen, weshalb die Belange des Klimaschutzes auch hier

---

595 BGH ZWE 2017, 224 Rn. 15; NZM 2014, 201; 2013, 193; NJW 1992, 978.

596 OLG Hamburg ZMR 2003, 524.

597 BGH ZWE 2017, 224 Rn. 15; BayObLG MietRB 2004, 76; vgl. auch *Hügel* in Hau/Posek (Hrsg.), BeckOK WEG, 2024 (Rn. 24).

598 AG Konstanz, KlimR 2023, 151.

bei der Auslegung des Rechtsbegriffs beachtet werden müssen und dadurch eine Einstrahlungswirkung entfalten.[599]

CC) BELANGE DES KLIMASCHUTZES IN DER ABWÄGUNG

Auch wenn die durch ein Balkonkraftwerk erzeugte Menge an erneuerbarer Energie gemessen an dem nationalen Gesamtverbrauch äußerst gering ist, stellt die Installation eine taugliche Maßnahme dar, die dem Klimaschutz dienlich ist.[600] Im Rahmen der Abwägung ist der Klimaschutz nach der vorangegangenen Erörterung des verfassungsrechtlichen Stellenwertes dem Eigentumsgrundrecht im Fall der Balkonkraftwerke vorzuziehen. Das hier vorliegende Überwiegen des Klimaschutzinteresses lässt sich aus mehreren Gesichtspunkten begründen.

(1) Der verfassungsrechtliche Aspekt

Das BVerfG hat mit dem Klimabeschluss einen Anwendungsbefehl in Auslegungsfällen begründet, dessen Gewichtung mit steigenden Emissionen von Treibhausgasen zunimmt. Dabei findet sich der Ansatz eines Restbudgets wieder. Insbesondere in den Sektoren, welche die Emissionsziele derzeit nicht erreichen, nimmt das relative Gewicht klimaschützender Maßnahmen zu. Hierzu gehören auch die Sektoren Energiewirtschaft und Gebäude,[601] womit den Balkonkraftwerken als Erzeuger erneuerbarer Energien und damit der Anwendung des Art. 20a GG ein hohes Gewicht beizumessen ist. Dies folgt auch daraus, dass erneuerbare Energieformen aufgrund ihrer langfristigen Wirkung für den künftigen Verbrauch von Treibhausgasen für den Klimaschutz bedeutsamer sind. Im Gegensatz zu Maßnahmen, die einmalig Emissionen verhindern, schafft die Implementierung von erneuerbaren Energien langfristige Einsparungen, deren Aufsummierung in den künftigen Jahren bereits jetzt bei der Bemessung des Gewichts berücksichtigt werden muss.

Damit lässt sich auch der Einwand des AG Konstanz, welcher ein Überwiegen des Art. 20a GG im Fall der Installation von Balkonkraftwerken

---

599 Vgl. zu der Argumentation auch *Gsell* NZM 2022, 481 (485) *Klimesch* ZMR 2023 (522).
600 Siehe dazu bereits eingangs Teil 3: C. I.
601 Wie jüngst durch das OVG Berlin-Brandenburg festgestellt. Vgl. dazu Urt. v. 16.05.2024, Az. OVG 11 A 22/21, OVG 11 A 31/22.

verneint, ausräumen. Dieses stützt seine Argumentation maßgeblich auf die Rechtsprechungspraxis aus den Jahren vor dem Klimabeschluss des BVerfG und damit auf eine veraltete Rechtsauffassung,[602] wonach der Staatszielbestimmung mangels Durchsetzungskraft ein nur nachrangig zu berücksichtigendes Gewicht beigemessen wurde.

(2) In dubio pro natura

Zu berücksichtigen ist an der Stelle auch der Grundsatz *in dubio pro natura* als Ausprägung des verfassungsrechtlichen Stellenwerts des Klimaschutzes. Danach hat die Exekutive und Judikative bei der Anwendung des Art. 20a GG in Abwägungs und Ermessensfragen zugunsten der natürlichen Lebensgrundlagen und damit auch zugunsten des Klimaschutzes zu entscheiden. Dieser in der Literatur bereits vor einigen Jahren vertretene Grundsatz[603] hat durch das BVerfG und dessen Ausführungen an Bedeutung gewonnen. Er ist Ausdruck des hohen verfassungsrechtlichen Stellenwertes der natürlichen Lebensgrundlagen und findet bei der gerichtlichen Überprüfung auch Eingang ins Zivilrecht. Denn hierbei ist gemäß dem Lüth-Urteil[604] die objektive Werteordnung in der Auslegung unbestimmter Rechtsbegriffe heranzuziehen. Die objektive Werteordnung wiederum wird durch die Grundrechte bestimmt, welche somit eine Ausstrahlungswirkung (auch in das Privatrecht) beinhalten.[605] Der Schutz des Klimas als hohes Verfassungsgut ist auch bei der Auslegung privatrechtlicher Normen zu beachten und vor dem Hintergrund der vom BVerfG beigemessenen bedeutsamen Stellung im Zweifelsfall einer konfligierenden Grundrechten folgenden Auslegung vorzuziehen.[606] Festzuhalten ist, dass damit kein absoluter Anwendungsvorrang der Belange des Klimaschutzes bei Auslegungsfragen gefordert wird. Vielmehr ist in Fällen, wie der vorliegenden Auslegung des unbestimmten Rechtsbegriffs

---

[602] AG Konstanz, KlimR 2023, 151 Rn. 26. Exemplarisch ist die im Urteil verwiesene Entscheidung aus dem Jahr 2005 herauszustellen OLG München, NZM 2005, 825.

[603] *Groß* ZUR 2009, 364 (367).

[604] BVerfGE 7, 198 = NJW 1958, 257.

[605] BVerfGE 7, 198 = NJW 1958, 257 (258), vgl. hierzu den Leitsatz b) „Im bürgerlichen Recht entfaltet sich der Rechtsgehalt der Grundrechte mittelbar durch die privatrechtlichen Vorschriften. Er ergreift vor allem Bestimmungen zwingenden Charakters und ist für den Richter besonders realisierbar durch die Generalklauseln".

[606] Zutreffend in der Argumentation *Gsell* NZM 2022, 481 (Rn. 485 f.); *Wischmeyer* NZM 2023, 406 (411 ff.).

des § 20 Abs. 3 WEG, bei welchen sowohl eine klimafreundliche als auch eine dem Eigentumsgrundrecht zugewandte Auslegung denkbar ist, ohne dass dabei der Kern des jeweiligen Rechts tangiert wird, im Zweifel die klimafreundliche Auslegung zu wählen. Dies führt im vorliegenden Fall dazu, dass der unbestimmte Rechtsbegriff des § 20 Abs. 3 WEG dahingehend auszulegen ist, dass die Installation von Photovoltaikanlagen an der Außenseite des Balkons keine Beeinträchtigung darstellt, die über das bei einem geordneten Zusammenleben unvermeidliche Maß hinausgeht.

(3) Die gesetzgeberische Intention

Auch hat der Gesetzgeber 2023 selbst für den Spannungsfall zwischen Eigentumsrechten und Klimaschutzbelangen im Rahmen unbestimmter Rechtsbegriffe eine Priorisierung der erneuerbaren Energien im GEG[607] festgelegt. In § 1 Abs. 3 GEG wird die Errichtung und der Betrieb von Anlagen zur Stromgewinnung aus erneuerbaren Energien als überragendes öffentliches Interesse dargestellt. Dabei wird auch auf die Dringlichkeit der Emissionseinsparungen im Gebäudebereich eingegangen, indem erneuerbare Energien und Effizienzmaßnahmen als vorrangige Belange in die jeweils durchzuführende Schutzgüterabwägung eingebracht werden, jedenfalls bis der Gebäudebetrieb im Bundesgebiet treibhausneutral ist (§ 1 Abs. 3 S. 2 GEG). Durch die in Satz 3 vorgenommene Einschränkung gegenüber Belangen der Landes und Bündnisverteidigung wird nochmals deutlich, dass die Priorisierung des Klimaschutzes gegenüber den übrigen Belangen vorbehaltlos gelten soll. Gemessen an der zuvor angestellten verfassungsrechtlich gebotenen Auslegung *in dubio pro natura* ist die Vorrangregelung des § 1 Abs. 3 GEG als einfachgesetzlicher Ausdruck des verfassungsrechtlichen Rahmens zu sehen.

(4) Fazit

Im Ergebnis ist die Abwägung aus verfassungsrechtlichen Gründen, gestützt durch die einfachgesetzliche Ausgestaltung des gesetzgeberischen Willens im Falle der Installation von Balkonkraftwerken, zugunsten der klimaschützenden Belange des Art. 20a GG zu entscheiden. Es liegt somit keine Beeinträchtigung der Rechte der Eigentümer über das bei einem geordneten Zusammenleben unvermeidliche Maß hinaus vor. Dies führt im Rahmen der Frage des

---

[607] BGBl. I 2023, 280.

Gestattungsanspruchs aus § 20 Abs. 3 WEG zu einer Ermessensreduktion auf null und damit zu einem gebundenen Anspruch des Bauwilligen.[608]

c) Bedeutung für den Bauwilligen in der Praxis

Ausweislich der Gesetzesbegründung ist aber auch im Falle einer zumutbaren Beeinträchtigung die (dann lediglich formelle) Genehmigung der Eigentümer vorgeschrieben. Dies soll dem Informationsinteresse der Eigentümer Rechnung tragen, die durch das Zustimmungserfordernis vorab informiert werden. Zudem ist es aus dem Gesichtspunkt der Rechtssicherheit auch für den Zustimmungsempfänger von Vorteil, wenn dieser einen legitimierenden Beschluss mit Bestandskraft erhält.[609] Mangels einer über das bei einem geordneten Zusammenleben unvermeidliche Maß hinausgehenden Beeinträchtigung hat der bauwillige Mieter oder Eigentümer der Wohnung jedoch einen Anspruch auf Genehmigung des zur Rede stehenden Balkonkraftwerkes. Diese kann im Verweigerungsfall auch im Wege der Beschlussersetzungsklage gem. § 44 Abs. 1 S. 2 WEG herbeigeführt werden. Die Beschlussersetzungsklage muss in einem solchen Fall auch erhoben und abgewartet werden, da die Eigentümer bei einem Baubeginn vor dem Beschluss einen Unterlassungsbeschluss gegen den Bauwilligen erwirken können (§ 9a Abs. 2 WEG). In einem solchen Fall könnte der bauwillige Mieter oder Eigentümer der Eigentümergemeinschaft allenfalls den *doloagit*-Einwand entgegenhalten (§ 242 BGB). Um die Informationsinteressen der Eigentümergemeinschaft nicht zu unterlaufen, greift dieser jedoch in diesem Fall nur dann, wenn der Bauwillige zuvor zumindest einen Antrag auf Zustimmung gestellt hat.

d) Anwendung dieser Schlussfolgerungen auf andere bauliche, klimaschützende Maßnahmen

Diese Grundsätze lassen sich im Übrigen auch auf ähnliche Fälle der baulichen Veränderung zum Zwecke des Klimaschutzes übertragen. Beispielsweise ist im Rahmen eines Gestattungsanspruchs aus § 20 Abs. 3 WEG an eine Fassadenbegrünung zu denken. Diese ist dazu geeignet, mittels Photosynthese CO_2 in Sauerstoff umzuwandeln und damit der Atmosphäre zu entziehen. Insbesondere in dicht besiedelten Städten, in welchen die CO_2-Konzentration höher ist, kann eine Begrünung der Häuserfassade dazu beitragen, das

---

608 Zutreffend *Klimesch* ZMR 2023, 522 (523) A.A. AG Konstanz, KlimR 2023, 151 Rn. 26.
609 BT-Drs. 19/18791, 62.

Mikroklima[610] zu verbessern. Damit gehen auch vom Klimaschutz umfasste Aspekte der Klimaanpassung einher. Bei voranschreitendem Klimawandel dienen Fassadenbegrünungen als Mittel, um die Temperaturen im und um das begrünte Gebäude zu senken, da sie die Erwärmung des besonders speicherfähigen Betons abmildern.[611] Die Anwendungsfälle sind aber keineswegs auf die Fassadengestaltung beschränkt. Auch kann ein Anspruch auf die klimaschützende Gestaltung von Vorgärten bestehen, soweit diese nicht ohnehin als genehmigungsfreie Maßnahme zu sehen sind.[612]

II. Die Bedeutung des Klimaschutzes für die Berücksichtigung bei öffentlicher Planung

Der verfassungsrechtliche Klimaschutzauftrag richtet sich an den Staat und mithin auch an die Kommunen und deren Verwaltung (Art. 20a GG). Explizit festgehalten ist diese Bindung der Kommunen in § 13 des als Konkretisierung der verfassungsrechtlichen Staatsaufgabe zu verstehenden KSG.[613] Darin führt der Gesetzgeber explizit auch die Gemeinden auf, welche bei ihren Planungen und Entscheidungen den Zweck des KSG und die zu seiner Erfüllung festgelegten Ziele zu berücksichtigen haben (§ 13 Abs. 1 S. 1 KSG). Damit intendiert der Gesetzgeber, den Zielen des KSG auch auf kommunaler Ebene bei Abwägungen und Beurteilungs und Ermessensspielräumen Geltung zu verschaffen.[614] Dabei bleiben die Kompetenzen der Kommunen unberührt, indem die Ausgestaltung des Berücksichtigungsgebotes innerhalb ihres Aufgabenbereichs ihnen selbst überlassen wird (§ 13 Abs. 1 S. 2 KSG).

1. Das Berücksichtigungsgebot öffentlicher Planung im internationalen Vergleich

Dass diese auch in der Praxis Anwendung finden kann, wird beim Blick auf eine Entscheidung des englischen *Court of Appeal* zum Flughafen Heathrow[615] deut-

---

610 Siehe zur Definition eingangs Teil 1: B. I. 3.

611 Siehe zu den Hintergründen und Rechtsfragen der Fassadenbegrünung im Allgemeinen *Chilla et al.* ZUR 2002, 249.

612 So argumentieren bspw. *Dötsch* in Bärmann WEG, Rn. 300 *Klimesch* IMR 2021 (133).

613 Siehe dazu auch bereits *Scharlau et al.* NVwZ 2020, 1 (Rn. 5).

614 BT-Drs. 19/14337 S. 36.

615 England and Wales Court of Appeal, Plan B Earth v Secretary of State for Transport, 27.2.2020, C1/2019/1053, C1/2019/1056, C1/2019/1145, abrufbar unter http://www.bailii.org/ew/cases/EWCA/Civ/2020/214.html.

lich, bei der das Gericht urteilte, dass bei treibhausgasrelevanten planerischen Vorhaben auch Klimaziele zu berücksichtigen sind.[616] Das Berufungsgericht untersagte damals die Genehmigung einer zusätzlichen Landebahn und begründete dies mit einem Verstoß der Berücksichtigung von Klimazielen. Diese Bindung der Genehmigungsbehörde entnimmt das Gericht dem Abschnitt 5 (8) des *Planning Act*[617] von 2008, welcher bei der Beurteilung von Planungen die Berücksichtigung der Regierungspolitik zur Abschwächung des Klimawandels vorsieht. Die Besonderheit der Gerichtsentscheidung lag nun darin, dass die Pariser Klimaziele als „Regierungspolitik" im Sinne des *Planning Act* herangezogen wurden. Das Gericht stützt diesen Griff auf die Ratifizierung des Pariser Abkommens durch das Vereinigte Königreich und Bekräftigungen der fachlich zuständigen Regierungsmitglieder.[618] Gleichzeitig macht das Gericht aber deutlich, dass es keine abschließende Entscheidung hinsichtlich der Genehmigung einer weiteren Startbahn trifft. Vielmehr geht es um die Pflicht der entscheidenden Behörde, dabei die Klimaziele zu berücksichtigen, welche durch die vorliegende Entscheidung konkretisiert wurden.[619]

2. Die Auswirkungen des Klimaschutzes auf Entscheidungen nationaler Behörden

Übertragen auf die nationale Handhabung des Berücksichtigungsgebotes kommunaler Entscheidungen lassen sich daher folgende Schlüsse ziehen:

a) Vorgaben aus dem KSG

Mit der Einführung des KSG 2019 hat der Gesetzgeber bereits den Willen kundgetan, Klimaschutz bei der Erfüllung öffentlicher Aufgaben zu berücksichtigen. Es ist als Konkretisierung der allgemeinen Vorbildfunktion zu

---

616 *Verheyen/Schayani* ZUR 2020, 412 (419).

617 Der Wortlaut: „The reasons must (in particular) include an explanation of how the policy set out in the statement takes account of Government policy relating to the mitigation of, and adaptation to, climate change".

618 *Verheyen/Schayani* ZUR 2020, 412 (413). Ferner stellte das Gericht Verletzungen des Abschnitt 10 des Planning Act und Artikel 5 Abs. 1 i.V.m. Anhang 1 der SUP-Richtlinie aufgrund der fehlenden Berücksichtigung der Pariser Klimaziele fest.

619 England and Wales High Court, Spurrier and Others v Secretary of State for Transport, 1.5.2019, Rn. 285.

sehen und soll die Behörden bei ihren Entscheidungen an die Ziele des KSG binden. Dass sich diese Bindung nicht auf einzelne Entscheidungen beschränkt, sondern einen universellen Ansatz verfolgt, trägt dem Konnex beider Sachbereiche Rechnung. Überall dort, wo Entscheidungen vom „öffentlichen Interesse“ oder vom „Wohl der Allgemeinheit“ abhängen, soll auch der Klimaschutz Berücksichtigung finden. Damit wird auch die Regelungslücke geschlossen, welche der Gesetzgeber durch die punktuelle Erwähnung des Klimaschutzes in einzelnen Gesetzen, wie dem § 1a Abs. 5 BauGB, mit Blick auf die übrigen Rechtsgebiete geschaffen hat.[620] Das KSG verpflichtet die Behörden nun, Entscheidungen in allen Rechtsbereichen bei entsprechenden Spielräumen unter dem Lichte des Klimaschutzes zu prüfen.

b) Bemessung an den Pariser Klimazielen

Die in dieser Arbeit beschriebenen Änderungen des Stellenwertes wirken sich hier konkretisierend auf das Berücksichtigungsgebot aus. Der zu berücksichtigende Klimaschutz wird nun anhand der Pariser Klimaziele und dem Ansatz eines nationalen Restbudgets zu bemessen sein. Dies folgt bereits aus dem KSG selbst, welches in § 1 S. 3 KSG das Pariser Abkommen als Grundlage des Gesetzes darstellt. Es wird aber durch den Klimabeschluss des BVerfG explizit als Ziel der Staatsaufgabe des Art. 20a GG verdeutlicht. Darin lässt sich mit Blick auf die Entscheidung aus dem Vereinigten Königreich auch ein Erst-Recht-Schluss ableiten. Dort haben die Richter im einfachgesetzlichen Planungsrecht die Pariser Klimaziele insbesondere auf Regierungsbekundungen gestützt.[621] Wenn aber hierzulande das Grundgesetz von der Staatsaufgabe Klimaschutz mit Ausprägung in Art. 20a GG spricht und deren Erreichung wie erörtert an den Pariser Klimazielen bemessen werden muss, muss der Klimaschutz im Rahmen behördlicher Entscheidungen erst recht als solcher verstanden werden, der mit den Pariser Klimazielen in Einklang ist.

Hinzu kommt durch die geschilderte Heranziehung des Restbudget-Ansatzes, dass die öffentliche Hand die Dynamik des Klimaschutzes berücksichtigen muss. Mit fortschreitendem Verbrauch des verbleibenden

---

620 Vgl. dazu die Gesetzesbegründung BT-Drs. 19/14337 S. 36.

621 Die Heranziehung auf diesem Wege scheiterte gerichtlich wie bereits dargestellt vor dem VG Berlin 2020 siehe dazu näher Teil 3: A. IV. 1. a).

Emissionsbudgets ändert sich auch die Gewichtung des Klimaschutzes. Dies führt dazu, dass nicht allein das bloße Ziel Gegenstand der Berücksichtigung sein muss, sondern auch die Frage, wie viel Treibhausgase bereits in dem konkreten Sektor emittiert wurden und was eine Genehmigung, welche dieses Restbudget schmälert, für künftige Planungen in diesem Bereich zur Folge hätte. In der Konsequenz folgt daraus ein Optimierungsgebot.

c) Ergebnis eines Optimierungsgebots

Bislang stand fest, dass die (nun konkretisierten) Ziele des Klimaschutzes berücksichtigt, aber nicht vorrangig gewahrt werden mussten. Es stand der Behörde im Rahmen der Ermessensausübung weiterhin zu, bei einem Überwiegen anderer Interessen den Klimaschutz hintanzustellen.[622] Denn durch die Durchführung einer Klimaverträglichkeitsprüfung gilt der Klimabelang auch dann als berücksichtigt, wenn im Ergebnis eine klimaschädliche Entscheidung gefällt wird.[623]

Dieses Berücksichtigungsgebot wandelt sich durch den Restbudget-Ansatz in Verbindung mit dem verfassungsrechtlichen Mindestgebot des Klimaschutzes mit fortschreitendem Verbrauch in ein Optimierungsgebot. Denn der Gestaltungsspielraum des Gesetzgebers wird wie dargestellt durch das Verbot, ein Mindestmaß an gebotenem Klimaschutz zu unterschreiten, in seiner Ausgestaltung beschränkt. Dies betrifft als Adressaten der Staatszielbestimmung Art. 20a GG auch die ausführende öffentliche Hand. Setzt man dieses Mindestmaß wie erörtert mit den vom BVerfG konkretisierten Klimazielen an, so ergibt sich auch für die Behörden ein dynamisches Mindestmaß. Dieses korreliert mit dem aktuellen Restwert der Emissionen. Durch den fortschreitenden Verbrauch verändert sich dieses nicht zu unterschreitende Mindestmaß an Klimaschutz also dahingehend, dass eine Abwägung jedenfalls nicht zu dem Ergebnis kommen darf, dass Emissionen über das Restbudget hinaus die Folge wären.

Damit bleibt es zwar weiterhin im Ermessen der Behörde, inwieweit der Klimaschutz in der Entscheidung Eingang findet. Insoweit die Entscheidung aber zu einem das Budget deutlich übersteigenden Ausstoß von Treibhausgasen

---

[622] Zum fehlenden Abwägungsvorrang des Klimaschutzgebotes vgl. *Kment* NVwZ 2020, 1537 (1544); *Schlacke* EurUP 2020, 338 (343); *Scharlau et al.* NVwZ 2020, 1 (6).

[623] *Schlacke* EurUP 2020, 338 (343).

führen würde, verhindert das verfassungsrechtliche Mindestgebot eine Genehmigung der Emissionen. Dies führt im Ergebnis dazu, dass bei solchen Vorgaben die Emissionen jedenfalls so weit *optimiert* werden müssen, bis sie in Einklang mit dem Restbudget und den Emissionshöchstgrenzen des KSG stehen.

III. Der nationale Kohleausstieg als wichtiger Schritt zur Klimaneutralität

1. Rechtliche Umsetzung

Dass Deutschland selbst die Kompetenz hat, den nationalen Kohleausstieg[624] zu beschließen und es dafür keiner europäischen Regelung bedarf, wird aus dem Vertrag von Lissabon[625] deutlich. Zum einen sieht Art. 193 AEUV die Möglichkeit eines national verstärkten Klimaschutzniveaus vor, indem explizit von verstärkten nationalen Schutzmaßnahmen gesprochen wird. Mit der Folge, dass Deutschland mit Blick auf den Klimaschutz nicht auf europäische Maßnahmen beschränkt ist, sondern vielmehr darüberhinausgehende Regelungen treffen darf. Zum anderen sprechen auch keine energiepolitischen Erwägungen auf europäischer Ebene dagegen. Art. 194 Abs. 1 AEUV enthält mit der Sicherstellung des Energiemarktes, der Gewährleistung der Energieversorgungssicherheit und der Förderung der Energieeffizienz sowie der Energienetze die Ziele der europäischen Energiepolitik. Es ist zudem die Aufgabe der EU, durch geeignete Maßnahmen auf das Erreichen dieser Ziele hinzuwirken (Abs. 2 UA 1). Die dadurch getroffenen Maßnahmen berühren jedoch nicht das Recht der Mitgliedstaaten, die Wahl der Energiequellen und die Struktur der Energieversorgung selbst zu bestimmen (Abs. 2 UA 2).[626]

Dabei ist zwischen dem Ende der Steinkohleförderung, welche bereits 2007 durch das Gesetz zur Finanzierung der Beendigung des subventionierten Steinkohlebergbaus[627] beschlossen wurde und mit der Schließung

---

[624] Zu den Hintergründen siehe *Overkamp*, Ökonomische Instrumente und Ordnungsrecht, 2020.

[625] ABlEU C 326/13.

[626] Zu dem Hintergrund und der vollumfänglichen Bedeutung von Art. 194 AEUV mit Blick auf das europäische Energierecht siehe *Kment* in Schmidt/Wollenschläger (Hrsg.), Kompendium Öffentliches Wirtschaftsrecht, 2019, S. 641 (§ 13 Rn. 6 ff.).

[627] BGBl. I 2007, 3086.

der letzten Steinkohlezeche 2018 ihr faktisches Ende fand,[628] und der Braunkohleförderung[629] zu unterscheiden. Um den Ausstieg aus letzterer zu forcieren, hat die Bundesregierung 2018 eine Kommission für Wachstum, Beschäftigung und Strukturwandel mit der Befassung der Modalitäten beauftragt.[630] In ihrem Abschlussbericht schlug die Kommission unter Einbeziehung der klima und energiepolitischen Ausgangslage einen kompletten Ausstieg aus der Kohleverstromung bis 2038 vor.[631] Die Bundesregierung folgte diesem Vorschlag und schaffte mit dem Kohleverstromungsbeendigungsgesetz (KVBG)[632] eine rechtliche Grundlage für einen Ausstieg bis 2038 (§ 2 Abs. 1, 2 KVBG). Darin ist eine stufenweise Reduzierung der elektrischen Nettonennleistung von Anlagen zur Energieerzeugung durch den Einsatz von Kohle vorgesehen.

2. Verfassungsrechtliche Würdigung

Noch vor Bekanntwerden des Gesetzes wurden verschiedene Ansätze zur rechtlichen Umsetzung des Kohleausstiegs mit Blick auf ihre Verfassungskonformität diskutiert.[633] Der Gesetzgeber entschied sich jedoch bewusst für eine ordnungspolitische Maßnahme mit der verbindlichen Festlegung eines

---

628 Seither wird die Verstromung von Steinkohle ausschließlich durch aus dem Ausland importierte Steinkohle bewerkstelligt. Siehe dazu *Michaels/Däuper* EnWZ 2020, 291 (297).

629 Für welche bis dato keine CO_2-relevanten Zulassungsanforderungen bestanden. Vgl. *Klinski*, Juristische und finanzielle Optionen der vorzeitigen Abschaltung von Kohlekraftwerken, 2015, 10 ff.

630 Der Kohleausstieg ist Thema des Koalitionsvertrags von CDU, CSU und SPD v. 12.3.2018, S. 142. Es geht dabei weniger um die grundsätzliche Haltung gegenüber der Kohleverstromung, sondern vielmehr um die Modalitäten und damit das *Wie* des Kohleausstiegs. Vgl. dazu auch *Franzius* NVwZ 2018, 1585 (1385).

631 *Kommission „Wachstum, Strukturwandel und Beschäftigung"*, Abschlussbericht, 2019, S. 36.

632 BGBl. 2020 I 1818.

633 *Franzius* NVwZ 2018, 1585 (1591); *Klinski*, Juristische und finanzielle Optionen der vorzeitigen Abschaltung von Kohlekraftwerken, 2015. Diskutiert werden bspw. die Möglichkeiten der Abschaffung des Genehmigungsanspruchs § 6 BImSchG, die Einführung von Steuern und Abgaben zur Marktregulierung oder die Verschiebung der Kraftwerke in die Sicherheitsbereitschaft, welche ebenfalls eine Reduzierung der Kohleverstromung zur Folge gehabt hätten. Insbesondere mit Blick auf die Effektivität der zur Rede stehenden weiteren Maßnahmen überzeugt aber bereits aus Gründen der Geeignetheit eine ordnungspolitische Strategie.

Ausstiegsdatums und folgte damit dem Beispiel des Atomausstiegs.[634] Auch hier liegt mit Blick auf kürzlich getätigte Investitionen und die aufgrund des verpflichtenden Ausstiegs fehlende Amortisierungsmöglichkeit ein Eingriff in den Schutzbereich des Art. 14 I GG des Kraftwerkbetreibers vor. Wieder stellt sich die Frage der Rechtfertigung durch verfassungsrechtliche Güter, welche der Gesetzgeber mit dem Ausstieg bezwecken wollte. Anders als beim Ausstieg aus der Kernenergie lässt sich hier jedoch der Sicherheitsaspekt und damit eine unmittelbare Gesundheitsgefährdung infolge einer möglichen Reaktorkatastrophe nicht mehr als Argument anführen, da ein Kohlekraftwerk keine Hochrisikotechnologie darstellt.[635] Legt man das Urteil des BVerfG zum Atomausstieg[636] zugrunde, so muss der Klimaschutz nach Art. 20a GG folglich umso deutlicher ins Gewicht fallen, um den Grundrechtseingriff zu rechtfertigen.[637]

Dabei ist wie schon bei der Bewertung des Atomausstiegs auf die Einschränkungsmöglichkeit des Art. 14 GG durch die Sozialbindung des Eigentums einzugehen. Denn je weiter das Eigentum über die Sphäre des Eigentümers selbst reicht und damit auch die Belange anderer betrifft, umso weitgehender kann dieses auch eingeschränkt werden.[638] Zwar besteht bei Kohlekraftwerken keine Gefährdung für die Bevölkerung aufgrund von Sicherheitsaspekten. Jedoch ist der CO_2-Ausstoß und damit die Belastung für die Umwelt und das Klima ungleich höher als bei Atomkraftwerken. Damit werden verfassungsrechtliche Belange (Art. 20a GG und mittelbar auch Art. 2 Abs. 2 GG) tangiert, was bedeutet, dass auch der Betrieb eines Kohlekraftwerkes der Sozialbindung unterworfen und damit einschränkbar ist.[639] Da der Klimaschutz aus Art. 20a GG, wie vom BVerfG bereits bei der Beurteilung des Atomausstiegs bestätigt,[640] von hoher Bedeutung ist, kann er auch hier als legitimer Zweck herangezogen werden, um den Ausstieg aus

---

634 Siehe dazu im Einzelnen Teil 2: A. V. 2. b).

635 *Franzius* NVwZ 2018, 1585 (1586).

636 Siehe dazu im Einzelnen Teil 2: A. V. 2. b) bb).

637 *Spieth/Hellermann* in Hofmann (Hrsg.), Die Zukunft der Energiewende, 2018, S. 83 (85). Weist die rechtlichen Parallelen zwischen dem Atomausstieg und dem Kohleausstieg auf.

638 BVerfG, 1 BvR 532/77 = NJW 1979, 699 (703).

639 *Michaels/Däuper* EnWZ 2020, 291 (294).

640 Siehe hierzu bereits Teil 2: A. V. 2. b).

der Kohleverstromung gesetzlich zu regeln („Ob“). Für die Beurteilung der Angemessenheit der Art und Weise („Wie“) des geplanten Ausstiegs kommt es auf die Bestimmungen im Einzelfall an. Die Umsetzung darf jedenfalls nicht übergangs und ersatzlos erfolgen, unterliegt im Übrigen aber einem weiten Gestaltungsspielraum des Gesetzgebers.[641] Mit den Bestimmungen zum Ausstieg aus der Kohleverstromung hat der Gesetzgeber einen Übergangsplan vorgelegt.[642]

3. Bewertung

Die Gewinnung von Energie durch Kohleverstromung ist mit einem hohen CO_2-Ausstoß verbunden. Der Verzicht auf Kohleverstromung kann daher einen wesentlichen Beitrag zur Senkung der CO_2-Emissionen im Energiesektor beitragen.[643] Dies wirkt sich jedoch nur dann positiv auf die tatsächliche CO_2-Bilanz aus, wenn die Einsparungen nicht durch anderweitige Emissionen nivelliert werden. Diese Gefahr besteht insbesondere mit Blick auf die Form der übrigen Energiegewinnung. Denn aktuell stellt der durch Kohle gewonnene Strom etwa ein Drittel des insgesamt in das nationale Stromnetz eingespeisten Stroms dar.[644] Dieser muss dem Ausstiegsplan

---

641 *Michaels/Däuper* EnWZ 2020, 291 (294 f.); *Overkamp*, Ökonomische Instrumente und Ordnungsrecht, 2020, S. 67.

642 Die Verfassungsmäßigkeit des Gesetzes wurde vom BVerfG bislang nicht beanstandet. Mit Beschl. v. 18.8.2020 – 1 BvQ 82/20 (= NVwZ 2020, 1500) wies die 1. Kammer des Ersten Senats einen entsprechenden Eilantrag verschiedener Betreibergesellschaften aufgrund fehlender Grundrechtsfähigkeit gemischtwirtschaftlicher Unternehmen als unzulässig ab. Die Verfassungsbeschwerde gegen die gesetzliche Feststellung der energiepolitischen und energiewirtschaftlichen Notwendigkeit des Tagebaus wurde ebenfalls als unzulässig abgelehnt. Siehe BVerfG Nichtannahmebeschluss vom 20.10.2020 – 1 BvR 2126/20.

643 Vgl. dazu die Studie Analyseinstitut Energy Brainpool im Auftrag der Energiegenossenschaft Greenpeace Energy aus dem Jahr 2021, wonach von dem nationalen Restbudget bis zum Erreichen der Klimaneutralität etwa 45 % allein durch die Energiegewinnung durch Kohle aufgebraucht würden. Die Studie legt dabei den Ausstiegsplan zugrunde, legt jedoch auch dar, dass bei einer Verzögerung dieser Anteil auf bis zu 74 % steigen könnte. Abrufbar unter https://green-planet-energy.de/fileadmin/docs/pressematerial/210604_Energy_Brainpool_Kurzanalyse_BK-Ausstieg_GPE_final_deutsch.pdf.

644 Im dritten Quartal 2022 lag der Anteil der Kohleverstromung bei 36,3 % und damit sogar deutlich über dem Vorjahresniveau von 31,9 % (Q3/2021). Vgl. dazu die Pressemitteilung des Statistischen Bundesamtes Nr. 518 vom 7. Dezember 2022, abrufbar unter https://www.destatis.de/DE/Presse/Pressemitteilungen/2022/12/PD22_518_433.html.

zufolge bis 2038 gänzlich kompensiert werden. Vor dem Hintergrund, dass selbst der Kommissionsbericht zum Kohleausstieg lediglich von einer 65 %-igen Netzabdeckung durch erneuerbare Energien bis 2030 ausgeht,[645] ist zu erwarten, dass auch künftig emissionsintensive konventionelle Energieträger herangezogen werden müssen.[646] Dabei ist nicht nur an im Inland produzierte konventionelle Strommengen, wie die Gewinnung aus Erdgas zu denken, sondern auch an Stromimporte aus dem Ausland. So stieg die nach Deutschland importierte Strommenge im ersten Halbjahr 2023 um 20,8 % im Vergleich zum Vorjahreszeitraum. Dies lässt den deutschen Exportüberschuss von 16,5 Milliarden auf 2,0 Milliarden Kilowattstunden drastisch sinken. Zugleich gibt es laut Statistischem Bundesamt keine verlässlichen Daten über den Anteil der durch erneuerbare Energien gewonnenen Stromimporte.[647]

a) Implementierung des nationalen Kohleausstiegs in das ETS

Umso wichtiger erscheint es daher, das Einsparpotenzial durch den Ausstieg aus der Kohleverstromung in das Europäische Emissionshandelssystem zu implementieren. Deshalb wurde bereits in der Diskussion zu den Ausstiegsmodalitäten eine entsprechende Stilllegung der CO_2-Zertifikate gefordert, um eine anderweitige Emission zu verhindern.[648] Denn ansonsten bestehe die Gefahr, dass die eingesparten Emissionsmengen mittels der Zertifikate weiterverkauft und somit dennoch emittiert werden. Dieser

---

[645] *Kommission „Wachstum, Strukturwandel und Beschäftigung“*, Abschlussbericht, 2019, S. 65.

[646] Derzeit liegt der Anteil der erneuerbaren Energien bei 44,4 % (Q3/2022), was ein nur leichte Steigerung im Vergleich zum Vorjahr darstellt, als der Anteil bei 43,0 % lag (Q3/2021). Vgl. dazu die Pressemitteilung des Statistischen Bundesamtes Nr. 518 vom 7. Dezember 2022, abrufbar unter https://www.destatis.de/DE/Presse/Pressemitteilungen/2022/12/PD22_518_433.html.

[647] Vgl. dazu Pressemitteilung des Statistischen Bundesamtes Nr. 351 vom 6. September 2023, abrufbar unter https://www.destatis.de/DE/Presse/Pressemitteilungen/2023/09/PD23_351_43312.html#:~:text=Die%20nach%20Deutschland%20importierte%20Strommenge,Kilowattstunden%20(%2D18%2C1%20%25). Die Länder mit dem größten Exportvolumen nach Deutschland sind demnach Frankreich, Niederlande und Österreich. In jedem der Länder setzt sich die Stromgewinnung aus einem Mix von erneuerbaren und konventionellen Energieformen zusammen.

[648] *Kommission „Wachstum, Strukturwandel und Beschäftigung“*, Abschlussbericht, 2019, S. 65.

sog. Verlagerungseffekt könnte zudem verstärkt werden, da mit dem Freiwerden einer Vielzahl an Zertifikaten das Angebot steigt und der im Marktmechanismus gebildete Preis sinkt.[649] Dies könnte für inländische und ausländische Unternehmen sogar Anreize zur emissionsintensiven Tätigkeit setzen.[650] Um dem entgegenzuwirken, wurde auf europäischer Ebene mit der Neufassung des Art. 12 Abs. 4 der Emissionshandelsrichtlinie ab 2021 eine solche Möglichkeit geschaffen.[651] Damit soll eine bessere Verzahnung nationaler und europäischer Maßnahmen gewährleistet werden.[652] Auch der nationale Gesetzgeber hat diese Notwendigkeit erkannt[653] und mit der Änderung des Treibhausgas-Emissionshandelsgesetzes (TEHG) eine Verpflichtung der Bundesregierung zur Löschung dieser freigewordenen Zertifikate eingeführt (§ 8 Abs. 1 S. 2 TEHG).[654]

b) Mangelnde nationale Umsetzung

Die Bundesregierung hat es hierzulande jedoch bisher versäumt, eine entsprechende Löschung in Gang zu setzen. Für eine solche bedarf es einer Mitteilung an die Europäische Kommission hinsichtlich der genauen Menge der vom Markt zu nehmenden Zertifikate. Für die 2021 abgeschalteten Kohlekraftwerke und die dadurch eingesparten Emissionen ist diese Frist bereits abgelaufen – die Zertifikate somit weiterhin am Markt.[655] Dies ist nicht nur aus klimatologischer Sicht fragwürdig, da somit das durch die

---

649 Zu den Verlagerungseffekten im Allgemeinen *Spieth/Hellermann* in Hofmann (Hrsg.), Die Zukunft der Energiewende, 2018, S. 83 (91 f.); *Edenhofer/Jakob*, Klimapolitik, 2019, S. 95 ff.

650 *Overkamp*, Ökonomische Instrumente und Ordnungsrecht, 2020, S. 24. spricht sogar von einem drohenden Konterkarieren des nationalen Einsparerfolgs.

651 Siehe dazu näher Teil 2: A. V. 2. a).

652 *Overkamp*, Ökonomische Instrumente und Ordnungsrecht, 2020, S. 26.

653 Vgl. BT-Drs. 19/17342 S. 151. In der Begründung spricht der Gesetzgeber explizit davon, die „Auswirkungen der Kraftwerksstilllegung im Rahmen des EU-Emissionshandels auszugleichen." Allein beim Umfang der zu löschenden Zertifikate wird der Bundesregierung ein Spielraum eingeräumt. Hier sollen mindestens zwei unabhängige Gutachten mit Blick auf die Marktstabilitätsreserve den genauen Umfang der Löschung bestimmen. Beschlossen werden soll dann im Einvernehmen mit dem Wirtschafts- und Finanzministerium. Siehe dazu auch *Kühn* EnK-Aktuell 2023.

654 Die Europäische Emissionshandelsrichtlinie sieht dagegen nur die Möglichkeit der Löschung, jedoch keine explizite Verpflichtung vor.

655 *Kühn* EnK-Aktuell 2023.

Abschaltung eingesparte CO_2 an anderer Stelle emittiert werden kann und in der Bilanz vorerst kein nennenswerter Beitrag zum Klimaschutz geleistet wird. Es wirft auch neue verfassungsrechtliche Fragen auf.

c) Folgen für die Bewertung der Verfassungsmäßigkeit des Ausstiegs

Hinsichtlich der verfassungsrechtlichen Rechtfertigung des Eingriffs in Art. 14 GG der Kraftwerksbetreiber wirkt sich die fehlende Löschung auf die Verhältnismäßigkeit des Kohleausstiegs aus. Zwar stellt Art. 20a GG nach wie vor den legitimen Zweck dar. Auf Ebene der Geeignetheit muss nun jedoch die Überlegung angestellt werden, ob die Abschaltung der Kohleverstromung überhaupt noch geeignet ist, das Klima und die natürlichen Lebensgrundlagen zu schützen, wenn das eingesparte CO_2 in gleicher Menge anderweitig emittiert werden kann. Dagegen spricht, dass Klimaschutz als supranationale Aufgabe zu verstehen ist und die politischen und rechtlichen Bemühungen zur Reduktion von Treibhausgasen grundsätzlich auf eine Stabilisierung des Globalklimas[656] abzielen. Hierfür kommt es aber nicht auf die nationalen Emissionen, sondern die globale Emissionsbilanz an. Wenn nun Deutschland auf nationaler Ebene Emissionen einspart, es aber gleichzeitig unterlässt, eine europäische Verlagerung zu verhindern, könnte dies die Ungeeignetheit der Maßnahme und damit – zumindest in Teilen – die Verfassungswidrigkeit[657] des Kohleausstiegs begründen.[658]

Andererseits muss jedoch auch zugunsten der Geeignetheit festgehalten werden, dass die Verlagerungseffekte wohl nicht zum gänzlichen Konterkarieren der Einsparungen führen.[659] Die Kohleverstromung stellt eine emissionsintensive Form der Energiegewinnung dar, deren Abschaltung langfristig zu einer nationalen Reduzierung von Treibhausgasen führt. Dabei ist nicht nur die akute Umsetzung und mögliche Verlagerung der Einsparung

656 Zu den Begrifflichkeiten siehe Teil 1: B. I.

657 In diese Richtung argumentieren *Kühn* EnK-Aktuell 2023; *Kreuter-Kirchhof* KlimR 2022, 70 (71 f.).

658 Siehe dazu im Allgemeinen die Ansicht *Thiele*, Der konstituierte Staat, 2021, S. 379, wonach der demokratische Verfassungsstaat den Klimawandel als staatenübergreifende Aufgabe nicht allein lösen kann.

659 *Agora Energiewende*, Elf Eckpunkte für einen Kohlekonsens, 2019, S. 27 ff. Hier wird mit dem geringen Einfluss der frei werdenden Zertifikate auf die Preisbildung argumentiert. Danach ist nur ein geringer Preisanstieg zu erwarten, von welchem keine tatsächliche Anreizwirkung zu einer emissionsintensiven Wirtschaft ausgehe.

in den Blick zu nehmen, sondern auch das künftige Einsparpotenzial.[660] Zudem ist auch das Argument der Vorreiterrolle nicht von der Hand zu weisen. Deutschland hat als eines der führenden Industrieländer einen gewissen Einfluss auf andere europäische Länder. Gelingt die Energiewende hierzulande, dann könnte das auch ein Vorbild für andere Nationen darstellen, die diesem möglicherweise folgen.[661] Zuletzt ist auch anzuführen, dass abseits der eben diskutierten CO_2-Einsparung im Rahmen des Klimaschutzes weitere Gründe für die Abschaltung der Kohlekraftwerke existieren. Dabei ist vor allem der Schutz der Luft vor sonstigen Emissionen und ein verringerter Ressourcenverbrauch mit Blick auf den Kohleabbau[662] anzuführen, welche ebenso dem Schutz der natürlichen Lebensgrundlagen (Art. 20a GG) zugutekommen.[663]

d) Fazit

Letztlich ist es daher richtig, den Kohleausstieg im Grundsatz als geeignetes Mittel zum Klimaschutz und zum Erhalt der natürlichen Lebensgrundlagen (Art. 20a GG) zu bewerten. Die Ausstiegsmodalitäten sind jedoch im Einzelnen eine Frage der Angemessenheit. Hier darf die Tatsache der fehlenden Löschung nicht unberücksichtigt bleiben.[664] So könnten Verfassungsbeschwerden von Kraftwerkbetreibern zumindest mit Blick auf das individuelle Enddatum insoweit erfolgreich sein, als dass das konkrete Enddatum nur bei einer

---

660 Öko-Institut e.V./Frauenhofer, Klimaschutzszenario 2050, 2015, S. 437.

661 *Lange/Nitsch/Becker* ZNER 2017, 459 (463); *Gärditz* ZUR 2018, 663 (667) Argumentiert in die Richtung, dass Prognosen über die tatsächliche Auswirkung von klimaschützenden Maßnahmen auf das Globalklima aufgrund der unterschiedlichen und teils schwer zu durchblickenden Regelungsebenen ohnehin schwer zu treffen sind. Vielmehr kommt es daher auf die Umsetzung einzelner Maßnahmen an, die zumindest potenziell geeignet sind, eine solche Reduktion herbeizuführen.

662 An dieser Stelle ließe sich freilich wieder eine Diskussion anbringen, ob durch den Umstieg auf erneuerbare Energien in der Bilanz tatsächlich Ressourcen eingespart werden. Mit Blick auf die ressourcenintensive Herstellung von Mitteln zur Gewinnung erneuerbarer Energien, wie bspw. PV-Anlagen kann dies durchaus bezweifelt werden. Eine tiefergehende Debatte darüber ist nicht zuletzt aufgrund der schwierigen Vergleichbarkeit der einzelnen Rohstoffe an dieser Stelle nicht angebracht.

663 Siehe dazu *Overkamp*, Ökonomische Instrumente und Ordnungsrecht, 2020, S. 24 f.

664 *Kühn* EnK-Aktuell 2023; *Kreuter-Kirchhof* KlimR 2022, 70; *Overkamp*, Ökonomische Instrumente und Ordnungsrecht, 2020.

gleichzeitigen Implementierung in das Europäische Emissionshandelssystem angemessen und damit verfassungsmäßig ist.[665]

IV. Pflicht zur Schaffung eines geeigneten Klimaschutzkonzeptes

Zuletzt ist noch das rechts und gesellschaftspolitisch bedeutsame Klimaschutzkonzept im Lichte des verfassungsrechtlichen Stellenwertes des Klimaschutzes zu bewerten. Die juristische und politische Relevanz besteht darin, dass das nun in Form des KSG ausgestaltete Konzept die Schnittstelle zwischen der genuin verfassungsrechtlichen Betrachtung und der tatsächlichen Ausgestaltung des Klimaschutzes durch Exekutive, Judikative und Legislative bildet. Es ist daher als Ausgestaltung des verfassungsrechtlichen Auftrags aus Art. 20a GG zu verstehen und dient der staatlichen Gewalt als Leitlinie.[666] Es stellt für die Legislative eine Orientierung bei der einfachgesetzlichen Umsetzung des Klimaschutzes dar, für die Exekutive eine Vorgabe bei der Anwendung und Durchsetzung des Rechts und bietet der Judikative Anhaltspunkte für eine gerichtliche Überprüfung. Aufgrund dieser zentralen Bedeutung ist es zwingend erforderlich, dass das Konzept selbst mit den verfassungsrechtlichen Anforderungen übereinstimmt.

1. Anforderungen an ein geeignetes Klimaschutzkonzept

Spätestens seit der Fassung der Staatszielbestimmung des Art. 20a GG hatte der Gesetzgeber als Adressat dieser Staatsaufgabe die Pflicht, ein geeignetes Schutzkonzept hinsichtlich des Klimaschutzes zu entwickeln. Wie dargestellt hat der Staat hinsichtlich der Ausgestaltung einen weiten Spielraum, was den Gesetzgeber jedoch nicht von der Pflicht entbindet, Vorkehrungen zum Schutz des Verfassungsgutes zu treffen, die geeignet sind, diese Aufgabe auch umzusetzen.[667]

Hinsichtlich der Frage, welche konkreten Anforderungen an ein hinreichendes Klimaschutzkonzept zu stellen sind, kann bereits einiges aus der vorangegangenen Erörterung geschlossen werden. Die Rechtsprechungspraxis, wonach vom BVerfG im nun 30-jährigen Bestehen des Art. 20a GG kein

---

[665] *Kühn* EnK-Aktuell 2023. Betont jedoch zurecht, dass Verfassungsbeschwerden von Kraftwerkbetreibern aufgrund der Vereinbarungen mit der Bundesregierung eher unwahrscheinlich sind.

[666] *Calliess*, Rechtsstaat und Umweltstaat, 2001, S. 125 ff.

[667] BVerfGE 77, 170 = NJW 1988, 1651.

einziger Verstoß gegen die objektive Staatsaufgabe festgestellt wurde, zeigt, dass messbare Anforderungen schwer zu definieren sind. Zudem hat sich der Stellenwert des Klimaschutzes wie dargelegt im Laufe der Jahrzehnte geändert und erst schrittweise durch die fortschreitende Konkretisierung der Klimaschutzziele Kontur erhalten. Letztlich sind auch die völker und europarechtlichen Vorgaben zu beachten.[668]

Grundlegend muss das Konzept dazu geeignet sein, den Schutz des Klimas sicherzustellen und einen klaren Rahmen für die staatliche Gewalt zu bilden, innerhalb dessen sie normative und tatsächliche Maßnahmen zum Klimaschutz ergreifen kann. Wann das Klima juristisch als hinreichend geschützt anzusehen ist, bemisst sich am Kern des Schutzguts Klima. Wie ausgeführt sind hierfür die Pariser Klimaziele als Zielvorgabe bindend. Weiter kommt es auf eine schlüssige Umsetzungsstrategie, einen Fahrplan, an, der sich an den klimatologischen Erkenntnissen orientiert.

2. Gesetzgeberische Schritte zu einem nationalen Klimaschutzkonzept

a) Von den Fachgesetzen zum Steuerungsgesetz (KSG)

Der Gesetzgeber hat die Fassung eines umfassenden und richtungsweisenden Gesetzes erst 2019 mit dem KSG vorgenommen. Zuvor waren klimaschützende Gesetze Gegenstand der jeweiligen Fachbereiche. Wie dargestellt, gab es in den einzelnen Themenfeldern einfachgesetzliche Vorgaben,[669] die jedoch keinen übergreifenden Plan zur nationalen Klimaschutzstrategie beinhalteten. Vielmehr fehlte es in Ermangelung eines zentralen Steuerungsgesetzes an einer langfristigen Zielsetzung und einer koordinierten Umsetzung zur Erreichung solcher Ziele.[670] Dies führte nicht nur dazu, dass die Einzelgesetze ohne Bezug zu einer nationalen Klimastrategie gefasst wurden, sondern auch die gerichtliche Durchsetzung eines ambitionierteren Vorgehens gestaltete sich kompliziert. Denn zur Überprüfung stand mit der grundrechtlichen Staatszielbestimmung zum einen eine Regelung, welche ohne Konkretisierung

---

668 Siehe dazu erstmals Teil 2: A. IV. c), d) bb) sowie Teil 2: A. 2. C).

669 Siehe dazu bspw. die Gesetzgebung zu den Bereichen Emissionshandel, erneuerbare Energien und Energieeffizienz, näher beschrieben in *Groß* ZUR 2011, 171 (173); *Ziehm* ZUR 2010, 411 (411 f.).

670 Siehe zur frühen Kritik am Fehlen eines einheitlichen Klimaschutzgesetzes auf nationaler Ebene *Groß* ZUR 2011, 171.

nahezu nicht justiziabel war und einfachgesetzliche Regelungen in den verschiedenen Bereichen zum anderen, welche zwar für sich gesehen der gerichtlichen Kontrolle zugänglich sind, aber als Ziel schon gar keine nationale Schutzstrategie verfolgen und daher bei der rechtlichen Durchsetzung der nationalen Treibhausgasemission nur bedingt zielführend waren.

Mit dem dargestellten Klimaschutzplan 2050[671] wurde 2016 erstmals die europarechtlich vorgesehene Unterteilung der Emissionen in Sektoren[672] vorgenommen und damit ein erster Schritt zu einem einheitlichen Schutzkonzept beschritten. Dieser stellte jedoch ebenso wie das darauffolgende Klimaschutzprogramm 2030[673] lediglich einen Exekutivakt und kein formelles Gesetz dar. Erst das im Zuge des Klimaschutzprogramms beschlossene KSG[674] als Parlamentsgesetz stellte ein solches nationales Klimaschutzkonzept dar, welches nicht nur nationale Reduktionsziele festschreibt, sondern durch die Emissionshöchstgrenzen in den jeweiligen Sektoren eine Strategie zur Umsetzung vorgibt.[675]

b) Erste Novelle des KSG 2022

Den Kern des KSG in dessen ursprünglicher Form bildeten zwei Säulen. Die Zielsetzung der Treibhausgasneutralität 2050 mit der schrittweise vorgegebenen jährlichen Reduktion der nationalen Gesamtemissionen einerseits[676] und der Reduktionslastenverteilung auf die verschiedenen Sektoren zum anderen. Für jeden Sektor war die Erreichung der festgeschriebenen Höchstgrenzen verbindlich. Die Umsetzung konnte bei Nichteinhaltung mittels Sofortprogrammen bei einer drohenden Überschreitung herbeigeführt werden (§ 8 KSG a.F.).[677]

Nach dem Beschluss des BVerfG im März 2021, welcher das KSG für in Teilen verfassungswidrig erklärt hat, insoweit es Reduktionspflichten

671 Siehe dazu näher Teil 3: A. I.

672 Art. 10 VO (EU) 2021/1119 zur Schaffung des Rahmens für die Verwirklichung der Klimaneutralität (Europäisches Klimagesetz).

673 Siehe dazu näher Teil 3: A. II.

674 In der ursprünglichen Fassung BGBl. 2019 I, 2513.

675 Zu den Einzelheiten des KSG wird auf die Ausführungen in Teil 3: A. III. verwiesen.

676 Zur Beanstandung des BVerfG der Verlagerung von Reduktionslasten in die Zeit nach 2030 und die Anpassung durch den Gesetzgeber wird auf die Ausführungen in Teil 3: A. IV. 2. c) verwiesen.

677 Siehe zu den Hintergründen der a.F. zudem *Scharlau et al.* NVwZ 2020, 1 (2 ff.).

zulasten künftiger Freiheitsrechte in die Zeit nach 2030 verlagert, hat die Bundesregierung bereits im selben Jahr eine erste Novellierung vorgenommen. Im KSG-Änderungsgesetz wurde die Netto-Treibhausgasneutralität auf 2045 vorverlegt, das Reduktionsziel bis 2030 auf 65 % erhöht (bis 2040 auf 88 %) und eine Neuregelung der sektorspezifischen Jahresemissionsmengen vorgenommen.[678] Diese Nachschärfung hatte den Zweck, die vom BVerfG beanstandeten Punkte auszuräumen.

c) Zweite Novelle des KSG 2024

Mit der zweiten Novellierung des KSG 2024[679] hat der Gesetzgeber nun die Sektorenziele weitestgehend aufgegeben. Der Hintergrund war, dass die Sektoren Gebäude und Verkehr ihre zulässigen Jahresemissionshöchstgrenzen überschritten und dies bei konsequenter Anwendung des gesetzlichen Nachsteuerungsmechanismus eine Umsetzung von Sofortmaßnahmen zur Folge gehabt hätte.[680] Um einen politischen Streit der für die Sektoren zuständigen Fachminister über konkrete Maßnahmen[681] zu befrieden, hat sich das Bundeskabinett auf eine Kompensationsmöglichkeit durch andere Sektoren geeinigt. In der Folge können nun zu viel emittierte CO_2-Äquivalente in einem Sektor durch nicht verbrauchte Äquivalente anderer Sektoren kompensiert werden, sodass keine Sofortmaßnahmen notwendig sind. Vor dem Hintergrund der Europarechtlichen Vorgaben aus Art. 10 VO (EU) 2021/1119 zur Schaffung des Rahmens für die Verwirklichung der Klimaneutralität (Europäisches Klimagesetz), welcher ein sektorspezifisches Vorgehen bei der Emissionsreduktion verlangt, behalten die festgeschriebenen Sektorenziele weiterhin Bestand. Maßgeblich für die Auslösung einer Nachsteuerung und damit für Einhaltung der Klimaziele ist nunmehr aber das Erreichen der zulässigen sektorübergreifenden Jahresgesamtmenge.[682]

---

678 *Jope* EWeRK 2021, 145 (146).

679 Siehe dazu den am 26.04.2024 verabschiedeten Gesetzesentwurf BT-Drs. 20/8290.

680 *Schlotka/Baumgart* EnK-Aktuell 2024, 10344.

681 Exemplarisch an dieser Stelle die Androhung des für den Sektor Verkehr zuständigen Bundesministers für Digitales und Verkehr, Volker Wissing, zweitägige Fahrverbote einzuführen. Siehe dazu die *Scheer*, Diskussion um Fahrverbote ist absurd – worauf Wissing sich konzentrieren sollte, Handelsblatt v. 16.04.2024, abrufbar unter https://www.handelsblatt.com/meinung/kolumnen/verkehrsminister-wissing-droht-mit-fahrverboten/100032494.html.

682 Vgl. dazu die Begründung des Gesetzesentwurfs BT-Drs. 20/8290, S. 14 f.

Für künftige Nachsteuerungsmaßnahmen ist nun das Monitoring der Jahresemissionsgesamtmengen im Zeitraum der Jahre 2021 bis einschließlich 2030 entscheidend. Auch Maßnahmen, die eine erst in den darauffolgenden Jahren emissionssenkende Wirkung entfalten, sollen aufgrund der Gesamtbetrachtung des Monitoring-Zeitraums (2021–2030) geeignet sein, ein derzeitiges Überschreiten der Jahresemissionsgrenze zu rechtfertigen.[683]

3. Bewertung im Lichte der verfassungsrechtlichen Bedeutung des KSG

Fachverbände sehen in der jüngsten Novellierung eine Entkernung des Klimaschutzgesetzes und bemängeln die Schwächung der Governance-Mechanismen.[684] Auch politisch hatte das Regierungsvorhaben Gegenwind aus der Opposition erfahren. Abgeordnete des Bundestages versuchten mittels eines Eilantrags die Verabschiedung des Gesetzes vor dem BVerfG zu stoppen, welcher jedoch durch das Gericht als unzulässig abgelehnt wurde.[685] Aus juristischer Perspektive ist die Novelle aus mehreren Gründen zu kritisieren – nicht zuletzt vor dem Hintergrund des verfassungsrechtlichen Schutzauftrags.

a) Vereinbarkeit mit EU-Recht

Die EU sieht ausweislich des Art. 10 des Europäischen Klimagesetzes einen sektorspezifischen Fahrplan zur Erreichung der Klimaziele vor. Ob dieser auf nationaler Ebene nach der jüngsten Novelle noch hinreichend vorhanden ist, ist zweifelhaft. Zwar sieht das KSG auch weiterhin Jahresemissionshöchstgrenzen in den unterschiedlichen Sektoren vor. Da bei einer Überschreitung dieser Grenzen aber keinerlei Sanktionen oder unmittelbare Handlungsverpflichtungen der zuständigen Bundesministerien existieren, sind diese faktisch nicht mehr bindend. Auch wenn solche Sanktionen europarechtlich nicht explizit gefordert sind, sind sie ein

683 In der Gesetzesbegründung heißt es dazu auf BT-Drs. 20/8290, S. 15: „Wenn die Bundesregierung in demselben oder im vorangehenden Jahr einen Beschluss gefasst hat, der die Einhaltung der Summe der Jahresemissionsgesamtmengen für die Jahre 2021 bis einschließlich 2030 sicherstellt, findet eine Nachsteuerung nach § 8 Absatz 1 Satz 1 nicht statt".

684 So bspw. *Deutsche Umwelthilfe*, Bewertung der Einigung der Fraktionsspitzen zur Novelle des Klimaschutzgesetzes, 2024.

685 BVerfG (Zweiter Senat), Beschluss vom 25.04.2024 – 2 BvE 3/24.

Instrument, die Verbindlichkeit des Reduktionsplans zu erhöhen. Dies erkennt auch der Gesetzgeber, indem er in der Gesetzesbegründung von einer Orientierungsgrundlage für das Monitoring spricht.[686] Inwieweit dann überhaupt noch von einem Fahrplan und damit der Konformität mit EU-Recht auszugehen ist, wenn es bereits an der Verbindlichkeit der Sektorenziele fehlt, ist fraglich. Dies bietet Raum für die Frage der Vereinbarkeit mit EU-Recht[687] und birgt die Gefahr, dass das KSG schon bald wieder novelliert werden muss.

b) Unklare Zuständigkeiten beim Nachsteuerungsmechanismus

Nicht abschließend geklärt ist zudem die Lastenverteilung im Falle des Überschreitens. Soweit die addierten Emissionen der einzelnen Sektoren die zulässige Jahresgesamthöchstmenge an Emissionen in Summe nicht überschreiten, bleibt die Nichteinhaltung einzelner *Sektorenziele* folgenlos. Führt die Nichteinhaltung jedoch dazu, dass in Summe mehr CO_2-Äquivalente emittiert werden, als Anlage 2 (zu § 4 Absatz 1 Satz 2 und 3 KSG) in dem entsprechenden Jahr vorsieht, stellt sich die Frage der Nachsteuerung. Bislang musste das für den betroffenen Sektor zuständige Bundesministerium im Falle der Nichteinhaltung innerhalb von drei Monaten ein Sofortprogramm vorlegen, das Maßnahmen zur weiteren Emissionsreduktion vorsieht (§ 8 Abs. 1 KSG a.F.). Die Bundesregierung konnte dann über die vorgelegten Maßnahmen beraten und schnellstmöglich entscheiden (§ 8 Abs. 2 KSG a.F.).

Mit der Novelle wird diese Verpflichtung aufgehoben. Maßgeblicher Akteur ist nun nicht mehr das zuständige Fachministerium, sondern die Bundesregierung in Gänze, was aus dem nun in § 8 Abs. 1 KSG festgehaltenen Grundsatz „*[...] so beschließt die Bundesregierung Maßnahmen, die die Einhaltung der Summe der Jahresemissionsgesamtmengen für diese Jahre sicherstellen.*" deutlich wird. Zwar sollen zur Vorbereitung des Beschlusses der Bundesregierung alle zuständigen Bundesministerien, insbesondere diejenigen Bundesministerien, in deren Zuständigkeitsbereich die Sektoren liegen, die zur Überschreitung beitragen, Vorschläge vorlegen. Dies geht aus § 8 Abs. 2 KSG hervor. Damit einher geht jedoch auch eine Verlagerung der

---

[686] BT-Drs. 20/8290, S. 15.

[687] Siehe zu den an dieser Stelle nicht weiter auszuführenden Implikationen des EU-Rechts *Schlacke/Köster/Thierjung* EuZW 2021, 620.

Verantwortung von den Fachministerien zum Kabinett.[688] Es existiert keine explizite und alleinige Verpflichtung des betroffenen Sektors mehr. Dies birgt die Gefahr, dass im Konfliktfall das zuständige Bundesministerium seine Mitwirkung auf ein Minimum beschränkt. Das Kabinett stünde dann vor der Problematik, in Ermangelung einer gesetzlichen Grundlage keine ambitionierteren Maßnahmen in einem einzelnen Sektor erzwingen zu können. Die Folge könnten langwierige Streitigkeiten unter den Fachministerien über Einsparverpflichtungen sein, welche das eigentliche Ziel des Nachsteuerungsmechanismus, eine zügige und zielgerichtete Reduktion der Emissionen durchzusetzen, behinderten.

c) *Klimaschutzprogramm 2023 der Bundesregierung*

Neben[689] den Sofortprogrammen verpflichtet § 9 Abs. 1 KSG die Bundesregierung zur regelmäßigen Fassung von Klimaschutzprogrammen, welche gem. Abs. 2 Maßnahmenvorschläge samt wissenschaftlicher Abschätzung zu der voraussichtlichen Treibhausgasminderungswirkung enthalten müssen. Der Zweck ist die programmatische Verwirklichung der Klimaschutzziele durch konkrete Maßnahmen.[690] Insbesondere hat es die Aufgabe, die Maßnahmen zu konkretisieren und zu operationalisieren, um eine mittel bis langfristige Planung zu ermöglichen.[691] Auf dieser Grundlage hat die Bundesregierung im vergangenen Jahr das Klimaschutzprogramm 2023[692] beschlossen, welches eine detaillierte Übersicht über die bereits vollzogenen und noch umzusetzenden Maßnahmen in den einzelnen Sektoren enthält.[693] Inwiefern diese vor dem Hintergrund des Loslösens von Sektorenzielen durch die zweite KSG-Novelle noch der gerichtlichen Überprüfung unterliegen, ist unklar.

---

688 Das geht auch aus der Gesetzesbegründung hervor: „dass […] die Verantwortlichkeit für den Klimaschutz stärker als bisher als kollegiale Gemeinschaftsaufgabe der Bundesregierung begriffen wird“ BT-Drs. 20/8290, S. 15.

689 Klimaschutzprogramme können den Erlass von Sofortprogrammen nicht kompensieren, wie das OVG Berlin-Brandenburg Urt. v. 30.11.2023 – OVG 11 A 1/23 = EnWZ 2024, 85 festgestellt hat. Siehe dazu *Schlacke* NVwZ 2024 (564).

690 *Franzius* ZUR 2023, 199 (201).

691 OVG Berlin-Brandenburg Urt. v. 30.11.2023 – OVG 11 A 1/23 = EnWZ 2024, 85, Leitsatz.

692 Klimaschutzprogramm 2023 der Bundesregierung, beschlossen am 14.10.2023, abrufbar unter https://www.bmwk.de/Redaktion/DE/Downloads/klimaschutz/20231004-klimaschutzprogramm-der-bundesregierung.pdf?__blob=publicationFile&v=10.

693 Klimaschutzprogramm 2023, S. 4 ff.

Zwar verurteilte das OVG Berlin-Brandenburg erst jüngst die Bundesregierung aufgrund der Verfehlung einzelner Sektorenziele zur Nachschärfung der Maßnahmen.[694] Ungeachtet dessen könne das zukunftsgerichtete Klimaschutzprogramm auch keine unterlassenen Sofortprogramme kompensieren, urteilte das OVG Berlin-Brandenburg bereits 2023.[695] Wenn aber nach dem neuen KSG für die Frage der Nachsteuerung allein auf die Jahresgesamtemissionen abgestellt wird und Sofortprogramme nicht mehr vorgesehen sind, sind auch die Urteile obsolet.[696]

d) Missachtung des Restbudget-Ansatzes des BVerfG beim Nachsteuerungsmechanismus

Durch die Implementierung des neuen Monitoring-Verfahrens missachtet der Gesetzgeber die Verteilung der verbleibenden Emissionen und damit den Restbudget-Ansatz des BVerfG. Denn auch die Anforderungen für das Auslösen von Nachsteuerungsmechanismen wurden geändert. Die Nichteinhaltung der Emissionsgrenzen wird nicht mehr wie bislang anhand vergangener Emissionen festgestellt, sondern mittels Projektionsdaten (§ 5a KSG) gewissermaßen „für die Zukunft" prognostiziert (§ 12 Abs. 1 KSG). Dabei wird der gesamte Betrachtungszeitraum herangezogen und Nachsteuerungsmaßnahmen erst dann ausgelöst, wenn absehbar ist, dass die Summe der bis 2030 emittierten Mengen die Summe der zulässigen Jahreshöchstmengen übersteigt. Jedoch auch nur dann, wenn die Projektionsdaten in zwei aufeinanderfolgenden Jahren ein Übersteigen aufweisen (§ 8 Abs. 1 S. 1 KSG).

Die Begründung des Gesetzgebers, dass dies zu einer planvolleren und effizienteren Reaktion führe,[697] überzeugt nicht. Ohne Not nimmt der Gesetzgeber von dem verfassungskonformen Prinzip der einzuhaltenden Jahreshöchstgrenzen Abstand. Im Ergebnis schafft der Gesetzgeber die Jahreshöchstmengen faktisch ab. Denn wenn für die Beurteilung des Einhaltens der Emissionsgrenzen allein die Prognose mit Blick auf den gesamten Beurteilungszeitraum 2021–2030 relevant ist, so kommt es auf die einzelnen Jahreshöchstmengen nicht mehr an. Die Jahreshöchstmengen

694 OVG Berlin-Brandenburg Urt. v. 16.05.2024, Az. OVG 11 A 22/21, OVG 11 A 31/22.
695 Urteile v. 30.11.2023 – 11 A 11/22; 11 A 27/22; 11 A 1/23. Die Revision beim BVerwG ist derzeit anhängig.
696 Zutreffend *Schlacke* NVwZ 2024, 564 (569).
697 BT-Drs. 20/8290, S. 15.

haben jedoch den Zweck, einen gemäßigten und freiheitsschonenden Übergang in die Klimaneutralität zu ermöglichen.[698] Diese Erwägung des BVerfG findet sich nur noch bedingt[699] in der Novelle wieder. Ob die Emissionsgrenzen in gesetzesmäßiger Weise eingehalten werden, beurteilt sich allein an der Prognose bis 2030 und nicht an den erforderlichen jährlichen Zwischenschritten. Exemplarisch dargestellt könnte es nun rechtlich zulässig sein, bis 2029 die jährlichen Grenzen jedes Jahr zu überschreiten, wenn der Expertenrat für Klimafragen auf Grundlage der künftigen Emissionsentwicklung von einer enormen Reduktion im Jahr 2030 – mit sämtlichen freiheitsverletzenden Begleiterscheinungen – ausgeht. Gerade vor dem Hintergrund der Rechtsprechung des BVerfG,[700] welche eine freiheitsverletzende Verlagerung der Reduktion in die Zukunft als verfassungswidrig ansieht, ist die Vereinbarkeit der Novelle mit dem Grundgesetz mehr als fraglich.

Hinzu kommt, dass sich der Staat durch das Erfordernis der doppelten Feststellung in zwei aufeinanderfolgenden Jahren eine Karenzzeit von einem Jahr einräumt, welches zulasten des Klimaschutzes gehen kann. Gerade vor Neuwahlen bietet diese Regelung ein „Schlupfloch“, höhere Emissionen hinzunehmen, ohne Sanktionen vor der Wahl erwarten zu müssen.

e) Fehlende Anreizwirkung zur Einsparung von Emissionen

Unter Berücksichtigung der eingangs erläuterten Bedeutung des Schnittstelleninstruments ist zuletzt auch der fehlende Anreiz zu weitergehenden CO_2-Einsparungen zu kritisieren. Der Schutzauftrag des Art. 20a GG sieht zwar keinen bestmöglichen Klimaschutz vor, weshalb die folgende Kritik auch nicht als Verfassungswidrigkeit zu verstehen ist. Aus der Staatszielbestimmung erwächst jedoch das Interesse, ein Schutzniveau zu erreichen, welches über dem Mindestgebot zu verorten ist.[701] Dem kann durch die Schaffung von Anreizen zur Einsparung von Emissionen

---

698 BVerfG NJW 2021, 1723 Rn. 183.

699 Gemeint ist, dass zumindest ein „Zwischenschritt“ 2030 vorgesehen ist und der Betrachtungszeitraum damit „nur“ bis dahin reicht.

700 BVerfG NJW 2021, 1723 Rn. 183.

701 Dies wird auch aus § 1 KSG deutlich in dem es heißt: „Zweck dieses Gesetzes ist es, zum Schutz vor den Auswirkungen des weltweiten Klimawandels die Erfüllung der nationalen Klimaschutzziele sowie die Einhaltung der europäischen Zielvorgaben

beigepflichtet werden. Anreize können jedoch nur dann Wirkung entfalten, wenn die Erreichung überhaupt in der Verantwortung der jeweiligen Akteure steht. Mit der in der Novelle vorgenommenen Durchbrechung des Verantwortungsprinzips verwässert diese Anreizwirkung. Weder müssen die Sektoren in horizontaler Sicht zu hohe Emissionen verantworten, wenn diese durch andere Sektoren ausgeglichen werden, noch muss eine amtierende Bundesregierung ein akutes Überschreiten beheben, wenn es künftigen gelingen kann, das zu kompensieren. Dieses Vorgehen nimmt den Akteuren den Anreiz zu weitergehenden Einsparungen. Insoweit wird das KSG seiner Rolle als Steuerungsinstrument nicht gerecht.

f) Verfassungskonforme Gestaltungsempfehlung

Im Ergebnis ist daher festzuhalten, dass die Initiative des Gesetzgebers, mit dem KSG ein geeignetes Klimaschutzkonzept zu entwickeln, zielführend sein kann. Es ist grundsätzlich dazu geeignet, den aus dem verfassungsrechtlichen Stellenwert des Klimaschutzes erwachsenden Auftrag zielführend zu vermitteln und zu steuern. Hinsichtlich der Zielsetzung deckt sich die Orientierung des KSG an den Pariser Klimazielen mit dem Mindestgebot des Art. 20a GG und ist daher verfassungsrechtlich nicht zu beanstanden. Zu der Funktion als Rahmengesetz gehört jedoch auch die Verteilung der Reduktionslasten in sachlicher und zeitlicher Hinsicht. Um hier nicht hinter den verfassungsrechtlichen Vorgaben zurückzubleiben, ist ein Festhalten an den verpflichtenden jährlichen Emissionsgrenzen sowie die Verantwortungsverteilung auf die Sektoren dringend empfohlen.

V. Ausblick auf den Bereich der Adaption

Ein Bereich, dem künftig mehr Bedeutung zuteilwerden muss, ist der Bereich der Klimaanpassung. Wie eingangs erörtert, ist die Adaption ebenso maßgeblich für die Frage eines guten Klimaschutzes wie die Mitigation. Trotz des in der Klimatologie schon lange feststehenden Zusammenhangs des Klimaschutzes und der Klimaanpassung[702] lag der gesetzgeberische Fokus klar auf der Eindämmung der Klimaerwärmung.

---

zu gewährleisten [und] die Auswirkungen des weltweiten Klimawandels *so gering wie möglich* zu halten."

[702] Siehe dazu Teil 1: B. III. 3.

1. Klimaanpassung im Mehrebenensystem

a) Völkerrechtliche Grundlage

Wie schon im Bereich der Mitigation ist auch hinsichtlich der Adaption kurz auf die Vorgaben im Mehrebenensystem zu blicken. Bereits die Klimarahmenkonvention 1992[703] sah die Anpassung an die Folgen des Klimawandels als wesentliche Verpflichtung der Vertragsstaaten zur Stabilisierung des Klimasystems an.[704] Völkerrechtlich bindend wurde die Klimaanpassung spätestens mit dem Pariser Abkommen 2015. Dieses sieht in Art. 2 Abs. 1b vor, dass die Anpassungsfähigkeit an die nachteiligen Auswirkungen von Klimaänderungen erhöht wird und dabei insbesondere die Nahrungsmittelerzeugung geschützt wird. Die Vertragsparteien stellen die Adaption damit auf eine Ebene mit der in Art. 1 Abs. 1a des Pariser Abkommens beschriebenen Mitigation. Zudem ist Art. 7 Abs. 4 des Pariser Abkommens Ausdruck der eingangs erörterten Formel zum Klimaschutz.[705] Darin wird festgehalten, dass ein höheres Minderungsniveau die Notwendigkeit zusätzlicher Anpassungsbemühungen verringern kann – der Klimaschutz somit vom Zusammenspiel der beiden Faktoren abhängt.

b) Europarechtliche Verpflichtung

Auch auf europäischer Ebene verpflichtet das Europäische Klimagesetz[706] die Mitgliedsstaaten zu kontinuierlichen Fortschritten bei der Verbesserung der Anpassungsfähigkeit (Art. 5). Darin wird zum einen auf Art. 7 des Pariser

---

[703] United Nations Framework Convention on Climate Change (UNFCCC) v. 9.5.1992 abgedruckt mit Zustimmungsgesetz v. 13.9.1993 BGBl. II 1784.

[704] In Art. 3 Abs. 3 UNFCCC werden Mitigation und Adaption als Grundsätze des Klimaschutzes beschrieben: „Die Vertragsparteien sollen Vorsorgemaßnahmen treffen, um den Ursachen der Klimaänderungen vorzubeugen, sie zu verhindern oder so gering wie möglich zu halten und die nachteiligen Auswirkungen der Klimaänderungen abzuschwächen." Eine nähere Beschreibung wird in Art. 4 Abs. 1 e) UNFCCC vorgenommen: „[Die Vertragsparteien werden] bei der Vorbereitung auf die Anpassung an die Auswirkungen der Klimaänderungen zusammenarbeiten; angemessene integrierte Pläne für die Bewirtschaftung von Küstengebieten, für Wasservorräte und die Landwirtschaft sowie für den Schutz und die Wiederherstellung von Gebieten, die von Dürre und Wüstenbildung – vor allem in Afrika – sowie von Überschwemmungen betroffen sind, entwickeln und ausarbeiten."

[705] Gemeint ist: Klimaschaden = Klimaanfälligkeit × Klimaänderung.

[706] VO 2021/1119/EU.

Abkommens Bezug genommen, dessen Mitglied die EU ist (Abs. 1). Zudem sieht Abs. 4 die Annahme und Umsetzung nationaler Anpassungsstrategien und Anpassungspläne vor. Diese müssen mit den EU-Anpassungsplänen abgestimmt werden und unterliegen ihrerseits der Kontrolle der Europäischen Kommission (Art. 7 Abs. 1b Europäisches Klimagesetz). Auch gibt Art. 5 Abs. 3 S. 2 Europäisches Klimagesetz einen Rahmen zur Vorgehensweise der Anpassungsmaßnahmen vor, indem darin ein besonderer Schwerpunkt auf die schutzbedürftigsten und am stärksten betroffenen Bevölkerungsgruppen gesetzt wird. Diese sind in Konsultation mit der Zivilbevölkerung zu ermitteln.[707]

c) Bundesrechtliche Klimaanpassung

Bislang stellte die Klimaanpassungsstrategie von 2008[708] das maßgebliche Vorgehen auf Bundesebene im Bereich der Adaption dar. Ein bundeseinheitliches Gesetz zur Klimaanpassung existierte nicht.[709] Vielmehr handelte es sich bei der Klimaanpassungsstrategie um einen einfachen Beschluss der Bundesregierung. Sie kann als Startpunkt für die Identifizierung von Handlungsmöglichkeiten und Bedarfen in den einzelnen Bereichen gesehen werden, bildete jedoch kein umfassendes Vorgehen zur Erreichung konkreter Ziele.[710] Ebenso wie der 2011 beschlossene „Aktionsplan Anpassung der deutschen Anpassungsstrategie an den Klimawandel"[711] ist die Strategie als Entwicklungsprozess zu begreifen, aus welchem mittelfristig Maßnahmen hervorgehen sollen.[712] Nichtsdestotrotz stellte die

---

[707] Siehe zu den Hintergründen der Klimaanpassung im Mehrebenensystem im Übrigen *Saurer* NuR 2022, 513 (514 f.); *Schlößer* KlimR 2024, 2 (2f.); *Hilbert* ZUR 2023, 259 (261 ff.).

[708] Deutsche Anpassungsstrategie an den Klimawandel, Beschluss des Bundeskabinetts v. 17.12.2008, abrufbar unter https://www.bmuv.de/fileadmin/Daten_BMU/Download_PDF/Klimaanpassung/das_gesamt_bf.pdf.

[709] Zum KAnG sogleich in Teil 3: C. V. 2. b).

[710] Zu den Hintergründen *Kment* JZ 2010, 62.

[711] Aktionsplan Anpassung der deutschen Anpassungsstrategie an den Klimawandel, Beschluss des Bundeskabinetts v. 31.8.2011, abrufbar unter https://www.bmuv.de/fileadmin/Daten_BMU/Download_PDF/Klimaanpassung/aktionsplan_anpassung_klimawandel_bf.pdf.

[712] Vgl. dazu das Ziel der Klimaanpassungsstrategie 2008, S. 4: „Sie legt den Grundstein für einen mittelfristigen Prozess, in dem schrittweise mit den Ländern und den gesellschaftlichen Gruppen die Risiken identifiziert, der mögliche Handlungsbedarf benannt, die entsprechenden Ziele definiert sowie mögliche Anpassungsmaßnahmen entwickelt und umgesetzt werden."

Anpassungsstrategie den Ausgangspunkt für eine Reihe an einfachgesetzlichen Maßnahmen in den Fachgesetzen dar. So finden sich Belange der Klimaanpassung nunmehr beispielsweise in der Raumordnung § 2 Abs. 2 Nr. 6 ROG, dem Städtebau § 136 Abs. 2 S. 2 Nr. 1 BauGB, bei der Ordnung des Wasserhaushalts § 6 Abs. 1 WHG sowie der Umweltverträglichkeitsprüfung § 7 Abs. 1 i.V.m. Anl. 3 Nr. 1.6 UVPG.[713]

d) Landesrechtliche Bestrebungen

Auch die Bundesländer haben gesetzliche Vorgaben für Klimaanpassungsmaßnahmen geschaffen, welche in ihrer Dimension zwischen den Ländern variieren. Einige haben die Gleichstellung von Mitigation und Adaption bereits im Gesetzestitel erfasst. Hier ist beispielsweise das Thüringer Gesetz zum Klimaschutz und zur Anpassung an die Folgen des Klimawandels[714] sowie das Klimaschutz und Klimawandelungsgesetz[715] in Baden-Württemberg zu nennen. In Nordrhein-Westfalen existiert seit 2021 sogar ein eigenes Klimaanpassungsgesetz.[716] In weiteren Ländern wurde die Klimaanpassung zumindest als Belang des Klimaschutzrechts in die entsprechenden Ländergesetze aufgenommen. So beispielsweise Art. 5 des Bayerischen Klimaschutzgesetzes,[717] § 10 des Energiewende und Klimaschutzgesetzes in Schleswig-Holstein[718] und § 15 des Berliner Klimaschutz und Energiewendegesetzes.[719] Insbesondere hinsichtlich der Anpassungsziele und der erforderlichen Maßnahmen der jeweiligen Landesregierung unterscheiden sich die landesrechtlichen Vorgaben jedoch.[720] So ist festzuhalten, dass Klimaanpassung auf landesrechtlicher Ebene zumeist Erwähnung findet,[721] diese Regelungen jedoch nicht mit einer

---

713 Siehe zu den weiteren Beispielen *Saurer* NuR 2022, 513 (514).

714 Thüringer Gesetz zum Klimaschutz und zur Anpassung an die Folgen des Klimawandels v. 18.12.2018, GVBl. 2018, 816.

715 Klimagesetz B-W, B-W GBl. 2023, 26.

716 Klimaanpassungsgesetz Nordrhein-Westfalen v. 8.7.2021, GV. NRW S. 893.

717 Bayerisches Klimaschutzgesetz (BayKlimaG) v. 23.11.2020, GVBl. S. 598, 656.

718 Energiewende- und Klimaschutzgesetz Schleswig-Holstein (EWKG SH) v. 7.3.2017, GVOBl. S. 124, i.d.F. des G. v. 2.12.2021, GVOBl. S. 1339.

719 Berliner Klimaschutz- und Energiewendegesetz (EWG Bln) v. 22.3.2016, GVBI. S. 122 i.d.F. des G. v. 27.8.2021, GVBI. S. 989.

720 Zu den Einzelbeispielen siehe *Saurer* NuR 2022, 513 (518).

721 Siehe daran anknüpfend auch *Beye,* Die Klimaschutzgesetze der Bundesländer, 2021.

einheitlichen Maßgabe gefasst wurden und daher einen Flickenteppich an unterschiedlichen Regelungen darstellen.

2. Das neue Klimaanpassungsgesetz als Ausgestaltung des verfassungsrechtlichen Stellenwertes

Mit dem neuen Bundes-Klimaanpassungsgesetz hat der Gesetzgeber ein neues Koordinierungs und Steuerungsgesetz auf Bundesebene geschaffen, das sich ausschließlich der Adaption widmet.

a) Verfassungsrechtlicher Rahmen

AA) ANPASSUNGSMASSNAHMEN ALS TEIL DER VERFASSUNGSRECHTLICHEN SCHUTZPFLICHT

Aus verfassungsrechtlicher Sicht lassen sich dabei die erörterten Darstellungen zur Mitigation im Wesentlichen auch auf die Adaption übertragen. Zu dem von Art. 20a GG umfassten Schutz der natürlichen Lebensgrundlagen gehört auch die Umwelt.[722] Da jedoch nicht alle von der Adaption erfassten Maßnahmen (nur) die Umwelt als solche schützen, sondern insbesondere mit den Clustern Infrastruktur und Wirtschaft auch Schutzgüter betroffen sind, welche über die Umwelt hinausgehen, ist es wichtig, den Bezug zum Klimaschutz zu verdeutlichen. Der Schutzauftrag hinsichtlich des Verfassungsguts Klima umfasst wie eingangs dargestellt nicht nur die Abmilderung des anthropogenen Klimawandels, sondern auch die Anpassung an die veränderten klimatischen Gegebenheiten.[723] Anpassungsmaßnahmen sind damit auch Teil der Staatsaufgabe Klimaschutz aus Art. 20a GG.

Je nach betroffenem Rechtsgut kann sich im Einzelfall auch eine verfassungsrechtliche Schutzpflicht aus Art. 2 Abs. 2 S. 1 GG zum Schutz von Leben und Gesundheit sowie Art. 14 GG zum Schutz von Eigentum ergeben. Deshalb hat das BVerfG in seinem Klimabeschluss neben der Begrenzung des Klimawandels zutreffend auch eine ergänzende Umsetzung von Anpassungsmaßnahmen als Ausprägung der staatlichen Schutzpflicht gefordert, um die Folgen des Klimawandels zu lindern.[724]

---

[722] *Epiney* in Huber/Voßkuhle GG, Art. 20a GG, Rn. 59.

[723] Siehe dazu näher Teil 1: B. III. 3.

[724] BVerfG Beschluss v. 24.3.2021 = BVerfG NJW 2021, 1723, Rn. 144.

BB) WEITER GESTALTUNGSSPIELRAUM DES GESETZGEBERS

Auch im Bereich der Adaption steht dem Gesetzgeber nach Schutzpflichtenrechtsprechung grundsätzlich ein weiter Gestaltungsspielraum zu. Ein Verstoß liegt erst dann vor, wenn die getroffenen Maßnahmen offensichtlich ungeeignet sind, das Ziel zu erreichen oder sie erheblich hinter dem Schutzziel zurückbleiben.[725] Anders als bei der Mitigation ist die Grenze des Untermaßes bislang verfassungsrechtlich nicht neu zu bewerten. Das liegt an zweierlei Gründen. Zum einen ergibt sich aus naturwissenschaftlicher Sicht keine vergleichbare Dringlichkeit. Verpasste Anpassungsmaßnahmen könnten bei entsprechender künftiger Bemühung noch nachgeholt werden. Das derzeitige Verhalten ist daher, anders als bereits emittierte Treibhausgase in der Atmosphäre, noch reversibel. Jedenfalls ergibt sich kein klimatologischer Zusammenhang, wonach sich einzelne unterlassene Anpassungsmaßnahmen auf die Folgen des Klimawandels in Gänze auswirken würden.

Zum anderen ist auch rechtlich keine Begrenzung des Gestaltungsspielraums festzustellen. Weder ist eine in diesem Maße vergleichbare Freiheitseinschränkung durch die Verlagerung wesentlicher Anpassungsmaßnahmen auf künftige Generationen zu erwarten, noch hat der Gesetzgeber bislang überhaupt eine Konkretisierung durch die Nennung konkreter Ziele vorgenommen. Anders als im Rahmen der Emissionsreduktion existieren gerade keine verbindlichen gesetzlichen Ziele, an denen sich der Staat messen lassen muss. Auch vor diesem Hintergrund hat es der Gesetzgeber trotz vereinzelter politischer Bestrebungen bislang unterlassen, Klimaanpassung im Rahmen des KSG gesetzlich zu verankern.[726]

CC) PFLICHT ZUR SCHAFFUNG EINES STEUERUNGSMECHANISMUS

Zusammenfassend existiert daher aus vielerlei Hinsicht eine verfassungsrechtliche Schutzpflicht des Staates zum Ergreifen von Klimaanpassungsmaßnahmen. Art. 20a, Art. 2 Abs. 2 S. 1 und Art. 14 GG verpflichten den Staat zumindest solche Maßnahmen umzusetzen, die nicht hinter dem Schutzziel zurückbleiben. Dabei hat der Gesetzgeber einen weiten Gestaltungsspielraum, innerhalb dessen sich die Umsetzung der verfassungsrechtlichen Kontrolle

---

[725] BVerfGE 142, 313 337 f. Rn. 70.

[726] Ein entsprechender Vorschlag des Bundesrates wurde bei der Novelle des KSG 2021 nicht weiterverfolgt. Vgl. BT-Drs. 19/30230, Anl. 3, S. 31 und 37.

entzieht. Zutreffend stellt das BVerfG fest, dass der Gestaltungsspielraum jedenfalls dann nicht überschritten ist, wenn das Schutzniveau durch Anpassungsmaßnahmen gewahrt wird.[727] Um dieses Schutzniveau als Ziel und damit auch das Untermaß bestimmen und bewerten zu können, ist es aber erforderlich, dass der Gesetzgeber ein solches Ziel formuliert. Insoweit besteht dennoch die verfassungsrechtliche Pflicht zur Schaffung eines geeigneten Schutzkonzepts, welches die Zielsetzung und die Vornahme von Maßnahmen sicherstellt. Dabei geht es nicht um konkrete Anforderungen an die Maßnahmen im Einzelnen, sondern um den Steuerungsmechanismus an sich. Verfassungsgemäß ist der gesetzliche Mechanismus dann, wenn er dazu geeignet ist, das aus der Schutzpflicht erwachsende Mindestgebot zu erreichen.

b) Das Bundes-Klimaanpassungsgesetz (KAnG)

Als ein solches Steuerungsgesetz ist das nun beschlossene KAnG zu verstehen. Anders als beim KSG unterlässt es der Gesetzgeber, im KAnG konkrete Anpassungsziele zu formulieren, sondern überlässt die Fassung solcher Ziele der Bundesregierung. Diese ist gem. § 3 Abs. 1 S. 1 KAnG dazu verpflichtet, eine vorsorgende Klimaanpassungsstrategie zu beschließen, welche hinreichend ambitionierte und messbare Ziele umfassen muss (Abs. 3 S. 1 Nr. 1). Zudem ist die Nennung konkreter Maßnahmen (Abs. 3 S. 1 Nr. 3) in den einzelnen Bereichen erforderlich, sog. Clustern (Abs. 2), und die verpflichtende Bestimmung von Indikatoren zur Messbarkeit der Zielerreichung (Abs. 3 S. 1 Nr. 2). Damit orientiert sich das KAnG an der deutschen Anpassungsstrategie, welche bereits eine Unterteilung in diese Bereiche vorsah.[728] In einem Monitoringbericht informiert die Bundesregierung über den Stand der Zielerreichung auf Basis wissenschaftlicher Grundlagen (§ 5

---

[727] BVerfG NJW 2021, 1723, Rn. 165.

[728]
1. Art. 3 Abs. 2 KAnG sieht die Unterteilung in folgende Cluster vor:das Cluster Wasser mit folgenden Handlungsfeldern: a) Wasserhaushalt und Wasserwirtschaft, b) Küsten- und Meeresschutz und c) Fischerei,
2. das Cluster Infrastruktur mit folgenden Handlungsfeldern: a) Gebäude, b) Energieinfrastruktur und c) Verkehr und Verkehrsinfrastruktur,
3. das Cluster Land und Landnutzung mit folgenden Handlungsfeldern: a) Boden, b) biologische Vielfalt, c) Landwirtschaft und d) Wald und Forstwirtschaft,
4. das Cluster Gesundheit mit dem Handlungsfeld menschliche Gesundheit,
5. das Cluster Wirtschaft mit folgenden Handlungsfeldern: a) Industrie und Gewerbe und b) Finanzwirtschaft,

Abs. 1 KAnG).[729] Dieser bildet dann gem. § 5 Abs. 2 KAnG die Grundlage für eine Bewertung und ggf. Nachsteuerung der Zielerreichung aus § 3 Abs. 3 S. 1 Nr. 1 KAnG.

c) Verfassungsrechtliche Würdigung und Ausblick

Mit dem KAnG vermeidet der Gesetzgeber bewusst eine verbindliche Zielsetzung innerhalb des Gesetzes und verlagert die Formulierung von Zielen, Maßnahmen und Messgrößen auf die Ausgestaltung der Anpassungsstrategie durch die Bundesregierung. Er beschränkt das KAnG auf ein „Politikplanungs und Governance-Regime",[730] das selbst keine materiellrechtlichen Anpassungsziele oder Maßnahmen formuliert. An der zu beschließenden Anpassungsstrategie wird sich entscheiden, wie ambitioniert der Staat künftig im Bereich der Adaption vorgehen wird. Da das erste Monitoring erst vier Jahre nach Beschluss der Anpassungsstrategie erfolgt, wird viel von der Zielsetzung abhängen. Diese muss bis zum Ende der laufenden Legislaturperiode (30.9.2025) vorgelegt werden (§ 3 Abs. 3 S. 1 KAnG). Aus der Gesetzesbegründung geht der Plan hervor, die Strategie noch im Jahr 2024 zu beschließen.[731] Mit dem KAnG wird sichergestellt, dass eine Zielsetzung, Zielerreichung durch konkrete Maßnahmen sowie ein Nachsteuerungsmechanismus – wenn auch Ebene der Exekutive – erfolgen. Insoweit wird den verfassungsrechtlichen Anforderungen Rechnung getragen.[732] Auch die Tatsache, dass das Nachsteuerungssystem durch die Streichung der Nachbesserungsverpflichtung abgeschwächt wurde,[733] ist für

---

6. das Cluster Stadtentwicklung, Raumplanung und Bevölkerungsschutz mit folgenden Handlungsfeldern: a) Stadt- und Siedlungsentwicklung, b) Raumplanung und c) Bevölkerungsschutz sowie
7. ein Cluster mit übergreifenden Handlungsfeldern.

[729] Dieser ist vier Jahre nach Fassung der ersten Klimaanpassungsstrategie auf Basis des KAnG von der Bundesregierung vorzulegen.

[730] *Köck* ZUR 2024 (53).

[731] BT-Drs. 20/8764, 23.

[732] Verfassungsrechtliche Bedenken hinsichtlich der Vereinbarkeit des § 12 KAnG mit dem in Art. 84 Abs. 1 S. 7 GG verankerten gemeindlichen Aufgabenübertragungsverbot bleiben hier mit Blick auf den Fokus der Arbeit außen vor. Siehe dazu *Köck* ZUR 2024, 53 (54).

[733] Im Referentenentwurf war noch eine Nachbesserungspflicht innerhalb eines Jahres bei absehbarer Zielverfehlung vorgesehen. Vgl. zu dieser Kritik *Schlößer* KlimR 2024, 2 (5).

die Frage der Verfassungsmäßigkeit unbeachtlich, da mit der verpflichtenden Fortschreibung der Klimaanpassungsstrategie (§ 5 Abs. 3 S. 3 KAnG) eine Nachsteuerung gegeben ist.

Dennoch werden sich mit Blick auf die Zukunft und den fortschreitenden Klimawandel verfassungsrechtliche Fragen hinsichtlich des erforderlichen Schutzniveaus stellen. Dies zeigt auch die Diskussion um eine Einführung einer neuen Gemeinschaftsaufgabe „Anpassung an den Klimawandel“ in das Grundgesetz.[734] Dabei gilt es zu beachten, dass dem nationalen Vorgehen im Bereich der Adaption eine höhere Bedeutung beizumessen ist als bei der Mitigation. Zum einen sind die vorzunehmenden Anpassungsmaßnahmen vor Ort und damit auch von der betreffenden Nation durchzuführen und können nicht durch auswärtige Maßnahmen ersetzt werden. Zum anderen ist der Kausalitätszusammenhang zwischen unterlassenen Schutzmaßnahmen und eingetretenem Schadensereignis unmittelbarer. Dies liegt an den naturwissenschaftlichen Gegebenheiten. Während es im Rahmen der Mitigation trotz nationaler Klimaneutralität aufgrund globaler Emissionen und des Globalklimas zu nationalen Auswirkungen des Klimawandels kommen kann, wirken Anpassungsmaßnahmen unmittelbar vor Ort. Kurz gesagt: Unterlässt es der Nationalstaat, die Emissionen zu senken, so trifft diese Nation (nur) eine Mitschuld an nationalen Klimaschäden. Unterlässt es der Staat dagegen, lokale Anpassungsmaßnahmen wie die Errichtung von Dämmen vorzunehmen, sind die Schäden unmittelbar kausal auf die unterlassene Maßnahme zurückzuführen. Diese Erwägung muss bei den grundrechtlichen Schutzpflichten des Staates mitgedacht werden. Deshalb wird es bei fortschreitendem Klimawandel und der Dringlichkeit von Anpassungsmaßnahmen früher möglich sein, einen Verstoß gegen die verfassungsrechtlichen Schutzpflichten festzustellen, als dies im Bereich der Mitigation möglich ist. Diese Erwägungen hat der Staat als Adressat der Staatsaufgabe Klimaschutz mitzudenken.

---

[734] Hier mit Blick auf die Fragen der Finanzierung und den politischen Handlungsdruck. Vgl. dazu *UBA*, Klimaanpassung jetzt gesetzlich verankern – Vorschlage für eine wirksame Vorsorge vor Klimarisiken, abrufbar unter https://www.umweltbundesamt.de/sites/default/files/medien/2546/dokumente/uba_vorschlaege_zur_klimaanpassung.pdf.

VIERTER TEIL

Zusammenfassung in Thesen

A. Erster Teil

Die naturwissenschaftlichen Grundlagen des Klimaschutzes sind im Bereich der Klimatologie zu finden. Danach definiert sich das *Klima* als eine statistische Beschreibung relevanter Klimaelemente, welche die Gegebenheiten und Variationen der Erdatmosphäre für eine bestimmte Region ausführlich charakterisiert. Als Klimaelemente werden meteorologische oder physikalische Größen bezeichnet, welche das Klima kennzeichnen und durch Klimafaktoren beeinflusst werden.[735]

Die *Abgrenzung des Klimas vom Wetter* bzw. der Witterung liegt in der unterschiedlichen zeitlichen Betrachtung begründet. Während Wetter charakteristisch lediglich Klimaelemente in einem Zeitraum von Stunden und Tagen beschreibt und Witterung diese über Wochen und Monate beobachtet, steht das Klima für einen darüberhinausgehenden Langzeitvorgang.[736]

Für den in dieser Arbeit beleuchteten Klimaschutz bildet der anthropogene Klimawandel sowohl die Grundlage als auch die Grenze der menschlichen Handlungsmöglichkeiten. *Klimaänderung* steht dabei als Oberbegriff für Änderungen der Klimaelemente jeglicher Art und Ursache, welche sich auf die Klimafaktoren – und gleichsam das Klima als solches – auswirken. Mit dem Begriff Klimawandel wird jene Klimaänderung erfasst, welche sich seit dem vorindustriellen Klimaniveau feststellen lässt. Diese ist dadurch gekennzeichnet, dass sie sich in ihrer Intensität und Dauer deutlich von bisherigen Klimaänderungen unterscheidet und deren Ursache maßgeblich in menschlichen Handlungen liegt, weshalb auch vom anthropogenen Klimawandel gesprochen wird.[737]

Durch menschliche Aktivitäten verursachte Treibhausgasemissionen sind in statistisch relevantem Maße seit etwa 1750 zu beobachten und haben hauptsächlich seit der zweiten Hälfte des 20. Jahrhunderts in rasanter Weise zugenommen. Insbesondere der für die Erderwärmung maßgeblich verantwortliche Ausstoß der globalen CO_2-Mengen ist von 1,96 Milliarden Tonnen (1900) zu Beginn des 20. Jahrhunderts auf 23,44 Milliarden Tonnen bei der Jahrtausendwende angestiegen. Im Jahr 2022 war der globale CO_2-Ausstoß mit 40,6 Milliarden Tonnen so hoch wie noch nie. Der jahrzehntelange Ausstoß

---

735 Siehe hierzu Teil 1: B. I. 1.

736 Siehe hierzu Teil 1: B. I. 2.

737 Siehe hierzu Teil 1: B. II. 2.

von CO_2 führt zu einer Erhöhung der CO_2-Konzentration in der Atmosphäre und damit zu einer anthropogenen Verstärkung des *Treibhauseffekts.* Dies führt neben wenigen anderen systeminternen und externen Ursachen maßgeblich zu einer Beeinflussung des Weltklimas und damit gleichzeitig zu einem Anstieg der mittleren Oberflächentemperatur. So waren die vergangenen vier Jahrzehnte allesamt wärmer als jedes Jahrzehnt zuvor. Allein in den Jahren 2001–2020 war die globale Oberflächentemperatur um 0,99 °C höher als im vorindustriellen Niveau. In der Klimatologie herrscht Einigkeit darüber, dass der Klimawandel mit an Sicherheit grenzender Wahrscheinlichkeit durch menschliche Emissionen verstärkt wird. Den Experten des IPCC zufolge beträgt die wahrscheinliche Bandbreite des *anthropogen verstärkten Anstiegs* von 1850–1900 bis 2010–2019 0,8 °C bis 1,3 °C.[738]

Dies wirft die Frage nach dem Umfang des naturwissenschaftlich *gebotenen Klimaschutzes* auf. Hierfür kommt es sowohl auf die Begrenzung des Klimawandels (Mitigation) als auch auf die Klimaanpassung (Adaption) an. Während der Mitigation durch die Verringerung von Treibhausgasemissionen Rechnung getragen werden kann, meint die Adaption das Treffen von Vorkehrungen zum Schutz der Umwelt und der Menschheit vor den Folgen des fortschreitenden Klimawandels. Da keine der beiden Herangehensweisen in der Realität vollends umgesetzt werden kann, ist für die Verringerung von Klimaschäden und damit für einen gebotenen Klimaschutz ein Tätigsein in beiden Bereichen unerlässlich.[739]

Aus klimatologischer Sicht ergibt sich daraus ein *Handlungsdruck* mit Blick auf die Zukunft. Berechnungen des IPCC zeigen, dass bei allen untersuchten Szenarien die Temperatur in den nächsten Jahrzehnten zunächst ansteigen wird. Wie sich die Oberflächentemperatur langfristig entwickelt, hängt jedoch maßgeblich von den künftigen Emissionen ab. Dabei ist die mögliche Bandbreite von einem langfristigen Absinken unter 1,5 °C Erderwärmung im Optimalfall bis zu einem mittleren Temperaturanstieg von bis zu 5,7 °C bei weiterhin sehr hohen Emissionen sehr weit. Vor dem Hintergrund klimatologischer Kipppunkte, bei deren Überschreiten sich die Erderwärmung zunehmend verselbstständigt, sowie deren drastischen Folgen für unser Klimasystem und mithin für die natürlichen

---

[738] Siehe hierzu Teil 1: B. II. 3.
[739] Siehe hierzu Teil 1: B. III.

Lebensgrundlagen des Menschen, kommt dem künftigen Klimaschutz eine enorme Bedeutung zu.[740]

B. Zweiter Teil

Die Beantwortung der juristischen Forschungsfrage nach dem verfassungsrechtlichen Stellenwert des Klimaschutzes beginnt mit der Zeit der *Entstehung des Grundgesetzes 1945–1949.* Umwelt oder gar Klimaschutz fand in der ersten Fassung des Grundgesetzes 1948/1949 keine Beachtung. Zusammenfassend lassen sich jedoch keinerlei Anhaltspunkte finden, die auf eine bewusste Ausgrenzung der Klimabelange hindeuten. Vielmehr lassen die Begleitumstände bei der Entstehung des Grundgesetzes darauf schließen, dass in Anbetracht der komplexen juristischen Aufgabe und des politischen Umfeldes der Fokus schlichtweg auf anderen Themen lag und der Klimaschutz somit gar nicht erst in die Überlegungen miteinbezogen wurde. Hinzu kommt die Tatsache, dass das Grundgesetz in seiner ursprünglichen Form lediglich als zeitliches Provisorium angedacht war, sodass Zukunftsthemen wie das Klima nicht im Fokus standen.[741]

Daran änderte auch die darauffolgende *Phase des wirtschaftlichen Aufschwungs 1950–1973* nichts. Ob dies allein auf bewusstes Negieren der ökologischen Zusammenhänge zurückzuführen ist und man damals die unbegrenzte „Beherrschung und Unterwerfung der Umwelt" zum Zwecke des menschlichen Fortschritts tatsächlich als Modus Operandi ansah oder ob man sich der Tragweite von Umweltveränderungen schlicht nicht bewusst war, kann abschließend nicht mit Sicherheit gesagt werden. Ein Gedanke, der damit einhergeht, ist zudem die vom schnellen Fortschritt ausgehende Überzeugung, man könne mit solider menschlicher Arbeit in Verbindung mit technischer Entwicklung neben sozialen und strukturellen auch ökologische Probleme lösen.[742]

Erst in der *Phase des Umdenkens 1973–1990* begann mit dem Aufkommen von Klima und Umweltbelangen im gesellschaftlichen Diskurs auch eine ernsthafte juristische und dabei auch verfassungsrechtliche Behandlung mit

[740] Siehe hierzu Teil 1: C.
[741] Siehe hierzu Teil 2: A. I.
[742] Siehe hierzu Teil 2: A. II.

dem Klimaschutz. Erste Bestrebungen, aus den bestehenden Grundrechten einen verfassungsrechtlichen Klimaschutz abzuleiten, wurden jedoch 1977 höchstrichterlich verworfen. Ein umfassendes „Umweltgrundrecht“ war schlichtweg nicht existent und Einzelnen stand über die in Art. 2 ff. GG genannten Schutzgüter hinaus kein subjektivrechtlicher Schutz zu. Es löste jedoch eine juristische und politische Debatte über die verfassungsrechtliche Verankerung von Umwelt und Klimaschutz aus.[743]

Erst in der darauffolgenden Dekade ist eine merkliche *Aufwertung des Klimaschutzes (1990–2005)* festzustellen. Dies ist allen voran an der Fassung der *Staatszielbestimmung des Art. 20a GG* festzumachen, womit dem Rechtsgut Klimaschutz Verfassungsrang eingeräumt wurde. Durch die bewusste Entscheidung seitens des verfassungsändernden Gesetzgebers, der Umwelt kein eigenes Grundrecht zukommen zu lassen und sie auch nicht auf eine Ebene mit den Staatsprinzipien des Art. 20 GG zu stellen, sondern lediglich als Staatszielbestimmung aufzunehmen, wurde jedoch bereits eine verfassungsrechtliche Einordnung vorgenommen. Eine weitestgehend anthropozentrische Grundhaltung, das Fehlen subjektiver Rechte und die notwendige Ausgestaltung durch den einfachen Gesetzgeber ließen dem Art. 20a GG anfangs einen geringen verfassungsrechtlichen Stellenwert zukommen.[744]

Umso bedeutender ist für die Frage der Veränderung des verfassungsrechtlichen Stellenwertes der Blick auf die Gestaltung der Konkretisierung des Art. 20a GG im Rahmen des Mehrebenensystems. Dabei trugen auf völkerrechtlicher Ebene insbesondere die Klimarahmenkonvention 1992 und das Kyoto-Protokoll 1997 zur Schaffung einer Leitlinie für die nationale Klimapolitik bei. Diese sind in Ermangelung einer nationalen verfassungsrechtlichen Umsetzung zwar lediglich als Orientierung der verfassungsrechtlichen Staatsaufgabe des Art. 20a GG zu sehen. Mit der Formulierung von Emissionsreduktionszielen und der Unterteilung der Emissionen in verschiedene Sektoren wurde aber bereits der Grundstein für ein späteres Schutzkonzept entwickelt.[745]

Die anschließende Phase ist mit Blick auf den verfassungsrechtlichen Klimaschutz als *retardierendes Moment (2005–2021)* zu bezeichnen. Zwar trugen

---

[743] Siehe hierzu Teil 2: A. III.

[744] Siehe hierzu Teil 2: A. IV.

[745] Siehe hierzu Teil 2: A. IV. 2. c).

der Nachhaltigkeitsgrundsatz und die regelmäßigen Vertragsstaatenkonferenzen zum gesetzgeberischen Tätigwerden bei, die nationale und internationale Klimapolitik war jedoch in dieser Phase von einer Bottomup-Strategie geprägt, wonach viele Einzelmaßnahmen auf unterschiedlichsten Ebenen den Klimaschutz in Gänze prägten. Exemplarisch dafür steht das *Europäische Emissionshandelssystem*, welches zwar einen Großteil der EUweiten Emissionen umfasst, die Regulierung gerade in den Anfangsjahren jedoch äußerst lückenhaft umgesetzt wurde. Zudem macht es insgesamt nur einen Teil des Konglomerates an Rechtsakten aus. Dies erschwerte auch die verfassungsrechtliche Überprüfung des nach Art. 20a GG gebotenen Klimaschutzes.[746]

Das zeigte sich auch in der Befassung des BVerfG mit Art. 20a GG. So stellte das Gericht bei der Auseinandersetzung mit dem *nationalen Atomausstieg* zwar eine hohe Gewichtung des Schutzes der Ziele des Art. 20a GG im Spannungsfeld mit anderen Verfassungsgütern fest. Diese wichtigen Gemeinwohlinteressen können auch dem Eigentumsgrundrecht aus Art. 14 GG im Einzelfall überwiegen, womit den Belangen des Art. 20a GG ein hoher Stellenwert beigemessen wird. Gleichzeitig führt das Fehlen konkreter Ziele im Rahmen des Klimaschutzes zu einer verminderten Schlagkraft des Art. 20a GG bei der Durchsetzung von Klimaschutzmaßnahmen. Art. 20a GG wurde vom BVerfG vorrangig in seiner umweltschützenden Dimension und nicht klimaschützend angesehen. Zudem konnte vom BVerfG bislang kein objektivrechtlicher Verstoß gegen die Schutzpflicht aus Art. 20a GG festgestellt werden. In Ermangelung justiziabler Klimaziele kann auch kein Verfehlen derselben festgestellt werden, weshalb dem BVerfG zu dieser Zeit keine andere Möglichkeit blieb, als auf den weiten Gestaltungsspielraum des Gesetzgebers zu verweisen.[747]

Dies änderte sich erst mit der Formulierung der *Pariser Klimaziele* 2015, wonach der Temperaturanstieg auf 1,5 °C bzw. jedenfalls deutlich unter 2 °C im Vergleich zum vorindustriellen Niveau zu begrenzen ist und sich die Vertragsstaaten auf eine Klimaneutralität bis 2050 einigten. Zwar wurde mit Blick auf die Umsetzung auch hier nicht von einem konsequenten TopdownAnsatz Gebrauch gemacht, weshalb der nationale Reduktionszeitplan und die konkreten Maßnahmen zur Zielerreichung weiterhin in der

---

[746] Siehe hierzu Teil 2: A. V. 2. a).
[747] Siehe hierzu Teil 2: A. V. 2. b).

Gestaltungsfreiheit der einzelnen Staaten liegen. Die Vertragsstaaten wurden jedoch zur Schaffung verbindlicher Reduktionsstrategien verpflichtet, worauf der nationale Gesetzgeber 2019 mit der Einführung des KSG reagierte und damit erstmals ein einheitliches nationales Klimaschutzkonzept als Steuerungsinstrument entwickelte.[748]

C. Dritter Teil

Das *KSG* war 2021 auch Gegenstand des „Klimabeschlusses" des BVerfG, welcher die Ausgangslage für die verfassungsrechtliche Neubewertung des Klimaschutzes darstellt. Inhaltlich befasst sich das BVerfG darin mit der Frage der Verfassungsmäßigkeit des KSG. Dieses war vom Gesetzgeber als Steuerungsinstrument intendiert, indem es konkrete Reduktionsziele anhand jährlich sinkender Jahresemissionsgrenzen pro Sektor formulierte sowie einen Überwachungs und Nachsteuerungsmechanismus bei Verfehlen der jährlichen Reduktionsziele vorsah. Im Wesentlichen orientierte sich der Gesetzgeber dabei am Klimaschutzplan 2050, welcher als Exekutivakt bereits eine ähnliche Herangehensweise vorsah, und fasste die Zielvorgaben in ein rechtsverbindliches Gesetz.[749]

Das BVerfG erklärte das KSG im *„Klimabeschluss"* für in Teilen verfassungswidrig, insoweit es durch die nur geringfügige Verringerung der Jahresemissionsgrenzen bis 2030 zu einer einseitigen Verlagerung der Minderungslast in den Zeitraum ab 2031 kommt. Denn diese Verlagerung erfordert umso drastischere Klimaschutzmaßnahmen ab 2031, welche mit einer Verletzung von Freiheitsrechten Einzelner verbunden sind. Insoweit hat der Gesetzgeber bereits mit Inkrafttreten des KSG eine eingriffsähnliche Vorwirkung in die grundrechtlich geschützten Freiheiten der Beschwerdeführer geschaffen, welche nach Auffassung des BVerfG bereits heute eine Grundrechtsverletzung begründet.[750]

Aus den Entscheidungsgründen ergeben sich Anstöße für eine *Neubewertung des verfassungsrechtlichen Stellenwerts* des Klimaschutzes. Der Aufwertung trägt das Aufbrechen des strikten objektivrechtlichen Schutzes bei. Zunächst ist

748 Siehe hierzu Teil 2: A. V. 2. c).
749 Siehe hierzu Teil 3: A. III.
750 Siehe hierzu Teil 3: A. IV.

festzuhalten, dass sich der Charakter des Art. 20a GG als Staatszielbestimmung durch den Beschluss nicht geändert hat. Eine unmittelbare Berufung Einzelner auf eine Verletzung der Schutzpflicht aus Art. 20a GG ist weiterhin nicht möglich. Der Grundsatz, dass ein Verfehlen von Staatszielbestimmungen nur objektivrechtlich oder im Wege einer Schutzpflichtverletzung gerichtlich beanstandet werden kann, wird durch die Schaffung der intertemporalen Freiheitssicherung nun aufgeweicht. Soweit die derzeitigen Bemühungen um den Klimaschutz nicht ausreichen und damit die Schutzmaßnahmen auf die Zukunft verlagern, wird eine eingriffsähnliche Vorwirkung in die künftigen Freiheitsrechte erzeugt, wogegen bereits jetzt aufgrund eines vorwirkenden Eingriffs in subjektive Grundrechte vorgegangen werden kann. Diese *Versubjektivierung* „auf Umwegen" verleiht dem verfassungsrechtlichen Klimaschutz nicht nur eine subjektive Note, sondern erleichtert auch die gerichtliche Überprüfung des Klimaschutzes.[751]

Zudem ist auch im Rahmen der gerichtlichen Feststellung des verfassungskonformen Schutzniveaus durch die *Konkretisierung* eine Aufwertung zu verzeichnen. Durch die Verpflichtung der Bundesregierung zur Einhaltung der Ziele des Pariser Abkommens wurde erstmals rechtsverbindlich ein konkretes Klimaziel auf Bundesebene bestimmt. Das BVerfG hat höchstrichterlich festgestellt, dass diese Zielsetzung auch das Staatsziel des Art. 20a GG konkretisiert und damit dem Klimaschutz mehr Kontur verschafft. Dies folgt zum einen aus dem verfassungsrechtlich zu beachtenden Zielkern des Klimaschutzes. Aus klimatologischer Sicht wird der jedenfalls dann verletzt, wenn durch das Erreichen von Kipppunkten Prozesse in Gang gesetzt werden, die aufgrund ihrer Verselbstständigung unumkehrbar sind und damit irreversible Schäden anrichten. Zum anderen spricht hierfür auch die konstitutionelle Selbstbindung des Gesetzgebers durch die Formulierung der Zielvorgaben im KSG. Ergänzt wird das 1,5 °C/2 °C-Ziel durch die Heranziehung des Restbudget-Ansatzes, wonach es nicht nur auf die Erreichung der Klimaneutralität ankommt. Vielmehr darf auf dem Weg dorthin das nationale Restbudget nicht überschritten werden. Das trägt den klimatologischen Erkenntnissen Rechnung, wonach es für die Verstärkung des Treibhauseffekts maßgeblich auf die Menge an Emissionen bis zur Erreichung der Klimaneutralität ankommt. Die Einhaltung des aus

[751] Siehe hierzu Teil 3: B. I. 1.

Art. 20a GG verbindlichen Schutzniveaus kann demnach anhand konkreter Zielwerte bemessen werden.[752]

Insgesamt wird dem Verfassungsgut Klimaschutz ein höheres Gewicht beigemessen, was sich nicht zuletzt in Abwägungsfragen im Kollisionsfall mit anderen Verfassungsgütern äußert. Das relative *Gewicht des Klimaschutzes im Rahmen der Verhältnismäßigkeitsprüfung* nimmt mit Voranschreiten des Klimawandels weiter zu, während das Gewicht entgegenstehender Freiheitsrechte zunehmend geringer zu bewerten ist. Daraus ergibt sich neben dem Rechtsanwendungsbefehl des Art. 20a GG in Abwägungsfragen auch ein in dubio pro natura-Grundsatz mit Einstrahlungswirkung ins Privatrecht. Damit hat der verfassungsrechtliche Klimaschutz im Gesamten eine Aufwertung erfahren.[753]

Die Bedeutung des veränderten verfassungsrechtlichen Stellenwerts ist auch für die klimaschützenden Maßnahmen in den verschiedenen Rechtsbereichen von Relevanz. Die Tragweite dessen wird exemplarisch anhand unterschiedlicher Beispiele zum Klimaschutz verdeutlicht. Im Bereich der *klimaschützenden Maßnahmen an Gebäuden* sind insbesondere die rechtlichen Voraussetzungen der Installation von klimafreundlichen Photovoltaikanlagen an der Fassade des Balkons, sog. Balkonkraftwerke, neu zu bewerten. In der Praxis scheiterte die Installation an Immobilien mit mehreren Wohnungseigentümern oftmals an der nach § 20 Abs. 1 WEG erforderlichen Zustimmung der Eigentümerversammlung. Vor dem Hintergrund des veränderten verfassungsrechtlichen Stellenwertes von Klimabelangen ergibt sich nun ein Anspruch auf Gestattung aus § 20 Abs. 3 WEG. Anknüpfungspunkt der juristischen Neubewertung ist dabei der unbestimmte Rechtsbegriff in § 20 Abs. 3 WEG, wonach lediglich die Zustimmung jener Eigentümer vorausgesetzt ist, welche durch die bauliche Veränderung über das bei einem geordneten Zusammenleben unvermeidliche Maß hinaus beeinträchtigt werden. Dieser bietet den Raum für die Einstrahlung der Wertung des Art. 20a GG. Das BVerfG hat mit dem Klimabeschluss einen Anwendungsbefehl in Auslegungsfällen begründet, dessen Gewichtung mit steigendem Verbrauch an Treibhausgasen zunimmt. Somit ist den Balkonkraftwerken als Erzeuger erneuerbarer Energien und

[752] Siehe hierzu Teil 3: B. II.
[753] Siehe hierzu Teil 3: B. I. 2.

damit der Anwendung des Art. 20a GG ein hohes Gewicht beizumessen, welches im konkreten Fall die Belange des Art. 14 GG überwiegt. Hierfür spricht auch der aus dem hohen verfassungsrechtlichen Stellenwert des Klimaschutzes abzuleitende Grundsatz in dubio pro natura, welcher als Ausdruck der objektiven Werteordnung auch bei der Auslegung privatrechtlicher Normen heranzuziehen ist. Der verfassungsrechtlichen Wertung folgend, ist im Rahmen des § 20 Abs. 3 WEG bei der Installation von Balkonkraftwerken keine solche Beeinträchtigung anzunehmen, weshalb bereits das Zustimmungserfordernis der Eigentümer entfällt und dem Bauwilligen damit ein Anspruch zuzusprechen ist. Diese Grundsätze lassen sich im Übrigen auch auf ähnliche Fälle der baulichen Veränderung zum Zwecke des Klimaschutzes, wie bspw. die Fassadenbegrünung, übertragen.[754]

Die Bedeutung erstreckt sich auch auf die *Berücksichtigung von Klimabelangen bei der öffentlichen Planung*. Die bislang lediglich punktuell in Einzelgesetzen festgehaltene Pflicht zur Berücksichtigung klimaschützender Aspekte bei staatlichen Aufgaben wurde bereits mit der Einführung des KSG generalisiert und damit in einen Topdown-Ansatz gewandelt (Art. 13 Abs. 1 S. 1 KSG). Das nun grundsätzliche Berücksichtigungsgebot ist ausgehend von der verfassungsrechtlichen Neubewertung mit Blick auf die Klimaziele zu konkretisieren. Da die Pariser Klimaziele und der Restbudget-Ansatz nun als Ausgestaltung der Staatsaufgabe des Art. 20a GG zu verstehen sind, ist auch das Berücksichtigungsgebot daran zu bemessen. Hinzu kommt, dass die öffentliche Hand die Dynamik des Klimaschutzes berücksichtigen muss. Mit fortschreitendem Verbrauch des verbleibenden Emissionsbudgets ändert sich auch die Gewichtung des Klimaschutzes. Dies führt dazu, dass nicht allein das bloße Ziel Gegenstand der Berücksichtigung sein muss, sondern auch die Frage, wie viel Treibhausgase bereits in dem konkreten Sektor emittiert wurden und was eine Genehmigung, welche dieses Restbudget schmälert, für künftige Planungen in diesem Bereich zur Folge hätte.

In der Konsequenz folgt daraus ein Optimierungsgebot. Der Ermessensspielraum wird durch das Verbot, ein Mindestmaß an gebotenem Klimaschutz zu unterschreiten, beschränkt. Dieses Mindestmaß korreliert mit dem aktuellen Restwert an Emissionen. Durch den fortschreitenden Verbrauch verändert sich dieses nicht zu unterschreitende Mindestmaß an Klimaschutz

---

[754] Siehe hierzu Teil 3: C. I.

also dahingehend, dass eine Abwägung jedenfalls nicht zu dem Ergebnis kommen darf, dass Emissionen über das Restbudget hinaus die Folge wären. Damit bleibt es zwar weiterhin im Ermessen der Behörde, inwieweit der Klimaschutz in der Entscheidung Eingang findet. Insoweit die Entscheidung aber zu einem das Budget deutlich übersteigenden Ausstoß von Treibhausgasen führen würde, verhindert das verfassungsrechtliche Mindestgebot eine Genehmigung der Emissionen. Dies führt im Ergebnis dazu, dass bei solchen Vorgaben die Emissionen jedenfalls so weit optimiert werden müssen, bis sie in Einklang mit dem Restbudget und den Emissionshöchstgrenzen des KSG stehen.[755]

Auch bei der Umsetzung des *nationalen Kohleausstiegs* ist die verfassungsrechtliche Würdigung des Klimaschutzes von Bedeutung. Die Bundesregierung folgte dem Vorschlag der dafür eingesetzten Expertenkommission und schaffte mit dem Kohleverstromungsbeendigungsgesetz eine rechtliche Grundlage für einen vorzeitigen Ausstieg bis 2038. Mit Blick auf kürzlich getätigte Investitionen und die aufgrund des verpflichtenden Ausstiegs fehlende Amortisierungsmöglichkeit liegt ein Eingriff in den Schutzbereich des Art. 14 I GG der Kraftwerkbetreiber vor. Der Klimaschutz aus Art. 20a GG kann hier als legitimer Zweck herangezogen werden, um den Ausstieg aus der klimaschädlichen Kohleverstromung gesetzlich zu regeln. Um der Verhältnismäßigkeitsprüfung standzuhalten, ist es jedoch erforderlich, dass das eingesparte CO_2 durch den Rückgriff auf alternative Energieformen nicht in gleicher Menge anderweitig emittiert wird. Kurzfristig bestehen erhebliche Zweifel am Umfang der Einsparungen, da es die Bundesregierung bisher versäumte, eine entsprechende Löschung der freigewordenen CO_2-Zertifikate zu veranlassen. Vor dem Hintergrund des europäischen Strommarkts kann es zu Verlagerungseffekten kommen. Für die Auswirkungen auf das Globalklima kommt es jedoch nicht darauf an, in welchem Land die Emissionen anfallen. Im Ergebnis ist mit Blick auf das künftige Einsparpotenzial und auf die Vorreiterrolle Deutschlands als führende Industrienation dennoch eine verhältnismäßige Einschränkung und damit die Verfassungsmäßigkeit des Kohleverstromungsbeendigungsgesetz festzustellen – wenngleich der Staat gerade hinsichtlich der Ausstiegsmodalitäten nachjustieren sollte.[756]

---

[755] Siehe hierzu Teil 3: C. II.

[756] Siehe hierzu Teil 3: C. III.

Zuletzt ist das *nationale Klimaschutzkonzept* auf den verfassungsrechtlichen Prüfstand zu stellen. Die besondere juristische und politische Relevanz besteht darin, dass das nun in Form des KSG ausgestaltete Konzept die Schnittstelle zwischen der genuin verfassungsrechtlichen Betrachtung und der tatsächlichen Ausgestaltung des Klimaschutzes durch Exekutive, Judikative und Legislative bildet. Es ist daher als Ausgestaltung des verfassungsrechtlichen Auftrags aus Art. 20a GG zu verstehen und dient der staatlichen Gewalt als Leitlinie. Mit der zweiten Novellierung des KSG 2024 hat der Gesetzgeber die Sektorenziele weitestgehend aufgegeben und in eine sektorübergreifende Jahresgesamtmenge gewandelt. Für das Auslösen von Nachsteuerungsmaßnahmen ist zudem künftig nicht mehr die jährliche Betrachtung maßgeblich, sondern das Monitoring der Jahresemissionsgesamtmengen im Zeitraum der Jahre 2021 bis einschließlich 2030. Damit läuft der Gesetzgeber Gefahr, die Minderungslast auf einzelne Jahre zu verlagern, womit ein gemäßigter und freiheitsschonender Übergang in die Klimaneutralität nicht mehr gewährleistet wäre. Um hier nicht hinter den verfassungsrechtlichen Vorgaben zurückzubleiben, wird ein Festhalten an den verpflichtenden jährlichen Emissionsgrenzen sowie die Verantwortungsverteilung auf die Sektoren dringend empfohlen.[757]

Mit dem neuen *Bundes-Klimaanpassungsgesetz* hat der Gesetzgeber ein neues Koordinierungs und Steuerungsgesetz auf Bundesebene geschaffen, das sich ausschließlich der Adaption widmet. Dieses kann bereits als Ausblick auf künftige Maßnahmen zum Klimaschutz gesehen werden. Der Gesetzgeber trägt damit zur Erfüllung des verfassungsrechtlichen Schutzauftrags bei, welcher nicht nur die Abmilderung des anthropogenen Klimawandels, sondern auch die Anpassung an die veränderten klimatischen Gegebenheiten umfasst. Mit der Verlagerung konkreter Zielvorgaben und Nachsteuerungsverpflichtungen auf die exekutive Ausgestaltung bleibt das KAnG in der Steuerungswirkung hinter dem strukturähnlichen KSG zurück. Mit Blick auf die künftige Einhaltung der verfassungsrechtlichen Vorgaben wird insbesondere die Dynamik des Klimas von Bedeutung sein. Klimaanpassungsmaßnahmen sind zwar anders als Emissionen weitestgehend reversibel und damit weniger dringlich. Sie sind mit Blick auf das Eintreten von Klimaschäden jedoch auch unmittelbar für deren Abwendung verantwortlich und daher nicht zuletzt

[757] Siehe hierzu Teil 3: C. IV.

wegen der verfassungsrechtlichen Nähe zu Art. 2 Abs. 2 S. 1 und Art. 14 GG umso zwingender.[758]

D. Fazit

Abschließend ist der Blick auf die künftige Entwicklung des verfassungsrechtlichen Klimaschutzes und dessen Bedeutung zu richten. Die Historie des Klimaschutzes zeigt, dass die Entwicklung keineswegs linear verlaufen ist. Vielmehr gleicht die Veränderung einer Stufenform, wobei die vertikalen Abschnitte Meilensteine in der Weiterentwicklung des verfassungsrechtlichen Stellenwertes darstellen. Hier sind beispielsweise die Fassung des Art. 20a GG, das Kyoto-Protokoll, die Formulierung der Klimaziele im Rahmen des Abkommens von Paris oder auch das jüngst beschlossene Klimaanpassungsgesetz auf Bundesebene zu nennen, welche sich unmittelbar oder mittelbar auf die verfassungsrechtliche Bedeutung auswirken. All diese Entwicklungen führten zu einem sprunghaften Anstieg der Bedeutung von Klimabelangen und bildeten den Ausgangspunkt für eine Weiterentwicklung des Klimaschutzes auch in anderen Bereichen des Mehrebenensystems. Um in dem Bild der Stufen zu bleiben, folgten hierauf horizontale Abschnitte, in welchen die Fortschritte implementiert wurden. Darunter ist nicht nur die gesetzliche Ausgestaltung oder der Erlass von Exekutivakten, sondern auch der juristische Umgang damit zu verstehen. Ebenso bildet die politische und gesellschaftliche Auseinandersetzung mit der Thematik einen natürlichen Teil des Entwicklungsprozesses.

Der Klimabeschluss des Bundesverfassungsgerichts stellt zweifellos einen vertikalen Abschnitt in diesem Bild dar. Dem verfassungsrechtlichen Klimaschutz verhalf er mit der Konkretisierung zu einer höheren gerichtlichen Durchschlagskraft und hob ihn endgültig auf eine Ebene mit den bedeutendsten Verfassungsgütern. Es folgt eine Zeit, in der auf den verschiedenen Ebenen die Bedeutung analysiert wird, um die richtigen Schlüsse daraus zu ziehen. Dabei steht die Erlangung des Verständnisses über die Tragweite der verfassungsrechtlichen Neubewertung, zu der auch die vorliegende Arbeit ihren Beitrag zu leisten versucht, an erster Stelle. Die Umsetzung des verfassungsrechtlich gebotenen Klimaschutzes sowie die

---

[758] Siehe hierzu Teil 3: C. V.

Identifizierung von Verbesserungspotenzialen bilden dann die Grundlage für künftige Entwicklungen.

Unstrittig ist aber auch, dass die klimatologischen Erkenntnisse der verfassungsrechtlichen Abbildung des Schutzniveaus vorangehen. Dies ist mit Blick auf das Spannungsfeld der Verfassungsgüter und die damit einhergehenden Implikationen bei der praktischen Umsetzung zunächst Ausdruck des demokratischen Rechtsstaats. Die Aufgabe des Staates besteht darin, diesen Abstand mittels geeigneter Maßnahmen möglichst gering zu halten. Diese umfassen nicht nur die Schaffung neuer Meilensteine, sondern auch die aktive Begleitung der Implementierung in Recht, Politik und Gesellschaft.

Abschließend lässt die Betrachtung den Autor in Zuversicht zurück – wohl wissend, dass die Stufen nach oben führen. Nur beschreiten müssen wir sie selbst.

Literaturverzeichnis

Adler, Michael, Klimaschutz ist Menschenschutz, Warum wir über die Klimakrise anders sprechen müssen, 2022.

Agora Energiewende, Elf Eckpunkte für einen Kohlekonsens, Konzept zur schrittweisen Dekarbonisierung des deutschen Stromsektors, 2019.

Albrecht, Juliane, Das Klimaschutzgesetz des Bundes – Hintergrund, Regelungsstruktur und wesentliche Inhalte, NuR 2020, 370.

Appel, Ivo, Der Eigenwert der Verfassung im Umweltrecht, in Vesting, Thomas/Korioth, Stefan (Hrsg.), Der Eigenwert des Verfassungsrechts, 2011.

Arrhenius, Svante, On the Influence of Carbonic Acid in the Air upon the Temperature of the Ground, The London, Edinburgh, and Dublin Philosophical Magazine and Journal of Science 1896.

Bach, Ivo/Kieninger, Eva-Maria, Ökologische Analyse des Zivilrechts, JZ 2021, 1088.

Bärmann, Johannes (Hrsg.), WEG Kommentar, 15. Aufl., 2023 (zit. als *Bearbeiter* in Bärmann WEG).

Barth, Steffen/Siegel, David, Epochenwandel 1989, Revolution und Wiedervereinigung, 2021.

Bayerisches Hauptstaatsarchiv, Dokumente zur künftigen politischen Entwicklung Deutschlands [„Frankfurter Dokumente"], 1. Juli 1948, 2006.

Bayerisches Landesamt für Umwelt, Bayerns Klima im Wandel, Heute und in der Zukunft, 2. Aufl. 2022.

Berkemann, Jörg, „Freiheitschancen über die Generationen" (Art. 20a GG) – Intertemporaler Klimaschutz im Paradigmenwechsel, DÖV 2021, 701.

Beye, Constantin, Die Klimaschutzgesetze der Bundesländer, Eine rechtliche Analyse und Bewertung der Landesklimaschutzgesetze unter besonderer Berücksichtigung des völker, europa und bundesrechtlichen Rahmens, 2021.

Blasberg, Daniela, Inhalts und Schrankenbestimmungen des Grundeigentums zum Schutz der natürlichen Lebensgrundlagen, Das Verhältnis von Art. 14 Abs. 1 und 2 GG zu Art. 20a GG, 2008.

Bodansky, Daniel, The Legal Character of the Paris Agreement, RECIEL 2016, 142.

Bodansky, Daniel, The United Nations Framework Convention on Climate Change: A Commentary, Yale Journal of International Law 1993, 453.

Brauch, Hans Günther, Klimapolitik, 1996.

Breuer, Marten, Die Freiheit der Anderen, Verfassungsblog 2021 (abrufbar unter: https://verfassungsblog.de/die-freiheit-der-anderen/).

Britz, Gabriele, Grundrechtliche Schutzpflichten in bald 50 Jahren Rechtsprechung des BVerfG, NVwZ 2023, 1449.

Brockhaus, Die Enzyklopädie in vierundzwanzig Bänden, 20. Aufl. 1997.

Brovkin, Victor/Brook, Edward/Williams, John/Bathiany, Sebastian, Past abrupt changes, tipping points and cascading impacts in the Earth system, in Nature 2021, 550.

Bundesminister des Innern/Bundesminister der Justiz, Staatszielbestimmungen, Gesetzgebungsaufträge, Bericht der Sachverständigenkommission, 1983.

Bundesministerium für Umwelt, Naturschutz und Reaktorsicherheit, Auf dem Weg zu einer nachhaltigen Entwicklung in Deutschland, 1997.

Bundesministerium für Umwelt, Naturschutz und Reaktorsicherheit, Die Reform des EU-Emissionshandels für die 4. Handelsperiode (2021–2030), Überblick über Verhandlungsergebnisse, 2018.

Bundesregierung, Fortschrittsbericht 2008 zur nationalen Nachhaltigkeitsstrategie, 2008.

Buser, Andreas, Die Freiheit der Zukunft – Zum Klima-Beschluss des BVerfG, in Verfassungsblog 2021 (abrufbar unter: https://verfassungsblog.de/die-freiheit-der-zukunft/).

Calliess, Christian, Abstand halten: Rechtspflichten der Klimaschutzpolitik aus planetaren Grenzen, ZUR 2019, 385.

Calliess, Christian, Das „Klimaurteil" des Bundesverfassungsgerichts: „Versubjektivierung" des Art. 20 a GG?, ZUR 2021, 355.

Calliess, Christian, Die neue Querschnittsklausel des Art. 6 ex 3c EGV als Instrument zur Umsetzung des Grundsatzes der nachhaltigen Entwicklung, DVBl. 1998, 559.

Calliess, Christian, Rechtsstaat und Umweltstaat, 2001.

Chilla, Tobias/Röger, Ralf/Stephan, Alexander/Radtke, Ulrich, Fassadenbegrünung als Instrument einer nachhaltigen Stadtentwicklung – Rechtsfragen und Perspektiven, ZUR 2002, 249.

Chou, Hsin-I, Die Energiewende, Verfassungsrechtliche Determinanten und verwaltungsrechtliche Umsetzung, Am Beispiel der Förderung erneuerbarer Energien in Deutschland und Taiwan, 2022.

Cubasch, Ulrich/Kasang, Dieter, Anthropogener Klimawandel, 2000.

Decressin, Jörg, Germany's Post-Wirtschaftswunder Struggle, in Business Economics 2007, 21.

Deutsche Gesellschaft für die Vereinten Nationen e.V., Rahmenübereinkommen der Vereinten Nationen über Klimaänderungen, in Zeitschrift Vereinte Nationen 1992, 140.

Deutsche Umwelthilfe, Bewertung der Einigung der Fraktionsspitzen zur Novelle des Klimaschutzgesetzes, 2024.

Di Fabio, Udo, Das Kooperationsprinzip – ein allgemeiner Rechtsgrundsatz des Umweltrechts, NVwZ 1999, 1153.

Doderer, Hannes/Metz, Jonathan, Rechtlicher Überblick: Was hat sich 2019 im Energiewenderecht geändert?, EnWZ 2020, 216.

Dürig, Günther/Herzog, Roman/Scholz, Rupert (Hrsg.), Grundgesetz Kommentar, 103. Aufl., 2024 (zit. als *Bearbeiter* in Dürig/Herzog/Scholz GG).

Edenhofer, Ottmar/Jakob, Michael, Klimapolitik, Ziele, Konflikte, Lösungen, 2019.

Eifert, Martin, Verfassungsauftrag zum freiheitsschonenden Klimaschutz: Der Klimaschutz-Beschluss des BVerfG, JURA 2021, 1085.

Ekkehard, Hofmann, Der Klimaschutzbeschluss des BVerfG, NVwZ 2021, 1587.

Erbguth, Wilfried, Konsequenzen der neueren Rechtsentwicklung im Zeichen nachhaltiger Raumentwicklung, DVBl. 1999, 1082.

Ewer, Wolfgang, Der neuerliche Ausstieg aus der Kernenergie – verfassungskonform und entschädigungsfrei?, NVwZ 2011, 1035.

Faßbender, Kurt, Der Klima-Beschluss des BVerfG – Inhalte, Folgen und offene Fragen, in NJW 2021, 2085.

Felbermayr, Gabriel, Industriestandort Deutschland: Zukunftsperspektiven für den Mittelstand, in Stiftung Familienunternehmen (Hrsg.), Industiepolitik in Deutschland und der EU, Jahresheft des Wissenschaftlichen Beirats der Stiftung Familienunternehmen, 2020.

Flaskühler, Christina Agnetha, Föderale Klimaschutzgesetzgebung in Deutschland im Lichte des wohlgeordneten Rechts, 2018.

Frank, Will, Anmerkungen zum Pariser Klimavertrag aus rechtlicher Sicht – insbesondere zu den „(I)NDCs", der 2°/1,5° Celsius-Schwelle und „loss and damage" im Kontext völkerrechtlicher Klimaverantwortung, ZUR 2016, 352.

Frank, Will, Störerhaftung für Klimaschäden?, NVwZ 2017, 664.

Franzius, Claudio, Auf dem Weg zum Klimaschutzgesetz – Instrumente zur Einhaltung der Klimaschutzziele, EnWZ 2019, 435.

Franzius, Claudio, Das Paris-Abkommen zum Klimaschutz, Auf dem Weg zum transnationalen Klimaschutzrecht?, ZUR 2017, 515.

Franzius, Claudio, Der Klimabeschluss des BVerfG – Eine verfassungsrechtliche Einordnung, KlimR 2022, 102.

Franzius, Claudio, Rechtsprobleme des Kohleausstiegs, NVwZ 2018, 1585.

Franzius, Claudio, Verfassungsfragen der Planung politischer Transformationsentscheidungen am Beispiel der Klimaschutzplanung, ZUR 2023, 199.

Frenz, Walter, Klimagrundrecht, DÖV 2021, 715.

Fromme, Friedrich Karl, Von der Weimarer Verfassung zum Bonner Grundgesetz, 3. Aufl. 1999.

Frotscher, Werner/Pieroth, Bodo, Verfassungsgeschichte, 20. Aufl. 2022.

Gärditz, Klaus Ferdinand, Atomausstieg ins Grundgesetz?, Zur politischen Grammatik von Verfassungsänderungen, 2016.

Gärditz, Klaus Ferdinand, Die Entwicklung des Umweltrechts in den Jahren 2016–2018: Rechtsschutz, Klimaschutz und Diesel in Zeiten politischer Polarisierung, ZfU 2019, 369.

Gärditz, Klaus Ferdinand, Zum transnationalen Mehrwert eines nationalen Kohleausstiegs im Klimaschutzrecht, ZUR 2018, 663.

Gloe, Markus, Von Aussitzern, Basta-Kanzlern und Politikmaschinen, Die Regierungsstile von Helmut Kohl, Gerhard Schröder und Angela Merkel im Vergleich, in Kempf, Udo/Merz, Hans-Georg/Gloe, Markus (Hrsg.), Kanzler und Minister 2005–2013, Biografisches Lexikon der deutschen Bundesregierungen, 2015.

Görrissen, Thorsten, Internationale Klimapolitik nach Rio: Klimaschutz in der Rezession, in Bahr, Egon/Lutz, Dieter (Hrsg.), Unsere Gemeinsame Zukunft – Globale Herausforderungen, Teil II des Symposions über die Perspektiven Europäischer und Globaler Friedens und Sicherheitspolitik im Rahmen der Veranstaltungen der Freien Hansestadt zum 50. Jahrestag der Luftangriffe auf Hamburg, 1994, S. 209.

Grandjot, René, Die Auswirkungen der Rahmengesetzgebungskompetenz im Umweltrecht auf die Wirtschaft, NuR 2005, 679.

Groß, Thomas, Die Ableitung von Klimaschutzmaßnahmen aus grundrechtlichen Schutzpflichten, NVwZ 2020, 337.

Groß, Thomas, Klimaschutzgesetze im europäischen Vergleich, ZUR 2011, 171.

Groß, Thomas, Welche Klimaschutzpflichten ergeben sich aus Art. 20a GG?, ZUR 2009, 364.

Gruber, Malte-Christian, Rechtsschutz für nichtmenschliches Leben, Der moralische Status des Lebendigen und seine Implementierung in Tierschutz, Naturschutz und Umweltrecht, 2006.

Grüner, Stefan, Geplantes „Wirtschaftswunder"?, Industrie und Strukturpolitik in Bayern 1945 bis 1973, 2009.

Gsell, Beate, Miete und Recht auf Klimaschutz, NZM 2022, 481.

Häckel, Hans, Meteorologie, 9. Aufl. 2021.

Haneklaus, Winfried, Haneklaus: Zur Verankerung umweltpolitischer Ziele im EWGV, DVBl. 1990, 1135.

Hartmann, Moritz, Emissionshandel in der vierten Zuteilungsperiode (2021–2030), Die Vorschläge der Europäischen Kommission, NVwZ 2016, 189.

Hau, Wolfgang/Posek, Roman (Hrsg.), BeckOK WEG, 2024 (zit. als *Bearbeiter* in Hau/Posek WEG).

Heilemann, Ullrich/Kaufhold, Markus, Wirtschaftspolitische Chronik der Bundesrepublik Deutschland 1949 bis 2019, 2020.

Heinz, Karl Eckhart, Staatsziel Umweltschutz in rechtshistorischer und verfassungstheoretischer Sicht, NuR 1994, 1.

Henneke, Hans-Günter, Der Schutz der natürlichen Lebensgrundlagen in Art. 20a GG, NuR 1995, 325.

Hesse, Konrad, Grundzüge des Verfassungsrecht der Bundesrepublik Deutschland, 20. Aufl. 1999.

Hilbert, Patrick, Klimaanpassungsstrategien auf internationaler und nationaler Ebene, ZUR 2023, 259.

Hofmann, Ekkehard, Der Klimaschutzbeschluss des BVerfG, Rezeption, Dogmatik, Kritik, NVwZ 2021, 1587.

Hoppe, Werner, Staatsaufgabe Umweltschutz, 2. Mitbericht, in VVDStRL (Hrsg.), Deutschland nach 30 Jahren Grundgesetz. Staatsaufgabe Umweltschutz, Berichte und Diskussionen auf der Tagung der Vereinigung der Deutschen Staatsrechtslehrer in Berlin vom 3.–6. Oktober 1979, 1979, S. 214.

Huber, Peter/Voßkuhle, Andreas (Hrsg.), Grundgesetz Kommentar, 8. Aufl., 2024 (zit. als *Bearbeiter* in Huber/Voßkuhle GG).

Hufen, Friedhelm/Ziegler, Andreas, Vor 60 Jahren: Der Beitrag der Koblenzer Rittersturzkonferenz. Zum Entstehen des Grundgesetzes, LKRZ 2009, 41.

Hupfer, Peter/Kuttler, Wilhelm, Witterung und Klima, Eine Einführung in die Meteorologie und Klimatologie, 12. Aufl. 2006.

Intergovernmental Panel on Climate Change, Naturwissenschaftliche Grundlagen, Zusammenfassung für die politische Entscheidungsfindung (SPM), 2021.

Intergovernmental Panel on Climate Change, Working Group III Contribution to the Fifth Assessment Report of the Intergovernmental Panel on Climate Change, 2014.

Jahn, Jannika, Internationaler Klimaschutz mithilfe nationaler Verfassungsgerichte? Erkenntnisse aus dem Klimabeschluss des BVerfG, ZaöRV 2022, 47.

Jarass, Hans/Pieroth, Bodo (Hrsg.), Grundgesetz Kommentar, 18. Aufl., 2024 (zit. als *Bearbeiter* in Jarass/Pieroth GG).

Jope, Lars, Bundes-Klimaschutzgesetz 2021, EWeRK 2021, 145.

Kappas, Martin, Klimatologie, Klimaforschung im 21. Jahrhundert – Herausforderung für Natur und Sozialwissenschaften, 2009.

Karimi-Schmidt, Yvonne, Internationales Klimaschutzrecht nach dem UN-Klimagipfel in Paris 2015, in: Kirchengast, Gottfried/Schulev-Steindl, Eva/Schnedl, Gerhard (Hrsg.), Klimaschutzrecht zwischen Wunsch und Wirklichkeit, 2018, S. 53.

Kersten, Jens, Das ökologische Grundgesetz, 2022.

Kersten, Jens, Natur als Rechtssubjekt, Für eine ökologische Revolution des Rechts, APuZ 2020.

Kimminich, Otto, Deutsche Verfassungsgeschichte, 2. Aufl. 1987.

Klimesch, Martin, Der Anspruch auf Gestattung von Balkonkraftwerken, Art. 20a GG: das verkannte „Planetengrundrecht“, ZMR 2023, 522.

Klimesch, Martin, Gartenteich, Baum & Co. als privilegierte Maßnahmen – Art. 20a GG als echtes „Natur“-Grundrecht, IMR 2021, 133.

Klinski, Stefan, Juristische und finanzielle Optionen der vorzeitigen Abschaltung von Kohlekraftwerken, Rechtsgutachten, 2015.

Kloepfer, Michael, Umweltrecht, 4. Aufl. 2016.

Kloepfer, Michael, Zum Grundrecht auf Umweltschutz : Vortrag gehalten vor der Berliner Juristischen Gesellschaft am 18. Januar 1978, 1978.

Kloepfer, Michael/Durner, Wolfgang, Umweltschutzrecht, 3. Aufl. 2020.

Kment, Martin, Anpassung an den Klimawandel, JZ 2010, 62.

Kment, Martin, Energierecht, in Schmidt, Reiner/Wollenschläger, Ferdinand (Hrsg.), Kompendium Öffentliches Wirtschaftsrecht, 2019, S. 641.

Kment, Martin, Klimaschutzziele und Jahresemissionsmengen – Kernelemente des neuen Bundes-Klimaschutzgesetzes, NVwZ 2020, 1537.

Knopp, Lothar, Umweltschutz und Wirtschaftskrise – Verschärfung des Spannungsverhältnisses Ökonomie-Ökologie? –, ZUR 2009, 409.

Köck, Wolfgang, Stellungnahme zum Regierungsentwurf des Klimaanpassungsgesetzes, ZUR 2024, 53.

Kommission „Wachstum, Strukturwandel und Beschäftigung", Abschlussbericht, 2019.

Kotulla, Katherina/Kotulla, Michael, Bundesverfassungsgericht und Klimaschutz – wenn die Zukunft über die Gegenwart mitentscheiden darf, NuR 2022, 1.

Kreuter-Kirchhof, Charlotte, Koheränz der Klimaschutzinstrumente, KlimR 2022, 70.

Kriwet, Hildegard, Wirtschaftswunder, Deutsche Geschichte, 2004.

Kühn, Laura, Kohleausstieg für den Klimaschutz?, EnK-Aktuell 2023.

Küll, Carolin, Grundrechtliche Probleme der Allokation von CO2-Zertifikaten, 2009.

Küng, Hans/Kuschel, Karl-Josef, Wissenschaft und Weltethos, 2001.

Lange, Jörg/Nitsch, Joachim/Becker, Peter, Plädoyer für eine wirksame CO2-Bepreisung in dieser Legislaturperiode!, ZNER 2017, 459.

Lauer, Wilhelm/Bendix, Jörg, Klimatologie, Neubearbeitung, 2. Aufl. 2006.

Lenton, Timothy, Climate tipping points – too risky to bet against, Nature 2019, 592.

Lübbe-Wolff, Gertrude, Die Grundrechte als Eingriffsabwehrrechte, Struktur und Reichweite der Eingriffsdogmatik im Bereich staatlicher Leistungen, 1988.

Lutz, Friedrich, Vom Recht zur Berechtigung, Subjektivierung des Rechts und Überindividualisierung des Rechtsschutzes am Beispiel des „Grundrechts auf Sonntag", 2020.

Meadows, Dennis/Meadows, Donella/Zahn, Erich/Milling, Peter, Die Grenzen des Wachstums, Bericht des Club of Rome zur Lage der Menschheit, 1972.

Meessen, Karl, Maastricht nach Karlsruhe, NJW 1994, 549.

Meyer, Stephan, Grundrechtsschutz in Sachen Klimawandel?, NJW 2020, 894.

Michaels, Sascha/Däuper, Olaf, Das Kohleausstiegsgesetz im Überblick, Welche Rechtsfragen bleiben offen?, EnWZ 2020, 291.

Ministerpräsidenten-Konferenz/Verfassungsausschuss, Bericht über den Verfassungskonvent auf Herrenchiemsee vom 10. bis 23. August 1948, 1948.

Moench, Christoph, Verfassungs und europarechtliche Rahmenbedingungen des Kernenergieausstiegs, in: Ludwigs, Markus (Hrsg.), Der Atomausstieg und seine Folgen, 2016.

Möllers, Christoph/Weinberg, Nils, Die Klimaschutzentscheidung des Bundesverfassungsgerichts, JZ 2021, 1069.

Muckel, Stefan, Atomausstieg nicht ganz vereinbar mit dem Grundgesetz, JA 2017, 234.

Müller-Bromley, Nicolai, Staatszielbestimmung Umweltschutz im Grundgesetz?, Rechtsfragen der Staatszielbestimmung als Regelungsform der Staatsaufgabe Umweltschutz, 1990.

Münch, Ingo von, Deutschland: gestern – heute – morgen: Verfassungsrechtliche und völkerrechtliche Probleme der deutschen Teilung und Vereinigung, NJW 1991, 865.

Münch, Ingo von/Kunig, Philip (Hrsg.), Grundgesetz Kommentar, 7. Aufl., 2021 (zit. als *Bearbeiter* in Münch/Kunig GG).

Murswiek, Dietrich, Staatsziel Umweltschutz (Art. 20a GG) Bedeutung für Rechtsetzung und Rechtsanwendung, NVwZ 1996, 222.

Murswiek, Dietrich, Umweltschutz als Staatszweck, 1995.

Ohms, Martin, Recht der Erneuerbaren Energien, Klimaschutz im Wirtschaftsverwaltungsrecht, 2014.

Öko-Institut e.V./Frauenhofer, Klimaschutzszenario 2050, 2. Endbericht, 2015.

Overath, Franziska/Frenz, Walter, Das Klimapaket der Bundesregierung, UPR 2019, 479.

Overkamp, Philipp Georg, Ökonomische Instrumente und Ordnungsrecht, Verfassungsfragen angesichts des Ausstiegs aus der Kohleverstromung, 2020.

Papier, Hans-Jürgen, Die Warnung, Wie der Rechtsstaat ausgehöhlt wird, 2019.

Pernice, Ingolf, Auswirkungen des europäischen Binnenmarktes auf das Umweltrecht – Gemeinschafts(verfassungs-)rechtliche Grundlagen, NVwZ 1990, 201.

Pohlmann, Markus, Kyoto Protokoll: Erwerb von Emissionsrechten durch Projekte in Entwicklungsländern, 2004.

Rahmstorf, Stefan/Schnellnhuber, Hans Joachim, Der Klimawandel, Diagnose, Prognose, Therapie, 9. Aufl. 2019.

Rauschning, Dietrich, Staatsaufgabe Umweltschutz, 1. Bericht, in VVDStRL (Hrsg.), Deutschland nach 30 Jahren Grundgesetz. Staatsaufgabe Umweltschutz, Berichte und Diskussionen auf der Tagung der Vereinigung der Deutschen Staatsrechtslehrer in Berlin vom 3.–6. Oktober 1979, 1979, S. 168.

Rehbinder, Eckard, Das deutsche Umweltrecht auf dem Weg zur Nachhaltigkeit, NVwZ 2002, 657.

Richter, Steffi/Mäder, Claudia, Sonne, Treibhausgase, Aerosole, Vulkanausbrüche, Gibt es einen Favoriten bei Klimaänderungen? 2012.

Roller, Gerhard, Die verfassungsrechtliche Bewertung des Atomausstiegs 2011, ZUR 2017, 277.

Ruffert, Matthias, Verwaltungsprozessrecht: Unzulässige Klimaschutzklage, Klagen auf Klimaschutzmaßnahmen fehlt die Klagebefugnis, JuS 2020, 478.

Rupp, Hans Heinrich, Die verfassungsrechtliche Seite des Umweltschutzes, JZ 1971, 401.

Ruttloff, Marc, Atomausstieg und verfassungskonforme Ausgestaltung: „Klappe, die Zweite" und dann „Zurück auf Los", NVwZ 2021, 351.

Ruttloff, Marc/Freihoff, Lisa, Intertemporale Freiheitssicherung oder doch besser „intertemporale Systemgerechtigkeit"? – auf Konturensuche, NVwZ 2021, 917.

Sachs, Michael (Hrsg.), Grundgesetz Kommentar, 9. Aufl., 2021 (zit. als *Bearbeiter* in Sachs GG).

Sachs, Michael, Grundrechte: Klimawandel, JuS 2021, 708.

Saurer, Johannes, Grundstrukturen des Bundes-Klimaschutzgesetzes, NuR 2020, 433.

Saurer, Johannes, Klimaanpassung im Mehr-Ebenen-System des Rechts, NuR 2022, 513.

Scharlau, Jan/Swieykowski-Trzaska, Lilly/Keimeyer, Friedhelm/Klinski, Stefan/Sina, Stephan, Das Bundes-Klimaschutzgesetz, NVwZ 2020, 1.

Scheyhing, Robert, Deutsche Verfassungsgeschichte der Neuzeit, 1968.

Schink, Alexander, Umweltschutz als Staatsziel, DÖV 1997, 221.

Schlacke, Sabine, Bundes-Klimaschutzgesetz: Klimaschutzziele und pläne als Herausforderung des Verwaltungsrechts, EurUP 2020, 338.

Schlacke, Sabine, Die Pariser Klimavereinbarung – ein Durchbruch? Ja (!), aber…, ZUR 2016, 65.

Schlacke, Sabine, Erfolgreiche Verbandsklagen für den Klimaschutz: Bundesregierung muss Sofortprogramme beschließen, NVwZ 2024, 564.

Schlacke, Sabine, Klimaschutzrecht – Ein Grundrecht auf intertemporale Freiheitssicherung, NVwZ 2021, 912.

Schlacke, Sabine, Umweltrecht, 9. Aufl. 2023.

Schlacke, Sabine/Köster, Miriam/Thierjung, Eva-Maria, Das „Europäische Klimagesetz" und seine Konsequenzen, EuZW 2021, 620.

Schlößer, Carolin, Die grund und menschenrechtliche Bewältigung der monumentalen Aufgabe der Klimaanpassung, Zu den Herausforderungen der Umsetzung des neuen Klimaanpassungsgesetzes, KlimR 2024, 2.

Schlotka, Boris/Baumgart, Max, Solarpaket I, Klimaschutzgesetz, Strombinnenmarkt, Klimaschutz als Menschenrecht, EnK-Aktuell 2024, 10344.

Schlotka, Boris/Helmes, Sebastian, Energiewende 2011 – Schwerpunkte der Neuregelungen im Energiewirtschafts und Energieumweltrecht, NJW 2011, 3185.

Schmidt-Bleibtreu, Bruno/Hofmann, Hans/Henneke, Hans-Günter (Hrsg.), Grundgesetz Kommentar, 15. Aufl., 2021 (zit. als *Bearbeiter* in Schmidt-Bleibtreu GG).

Schnittker, Daniel, Die Klimaschutzgesetze der Bundesländer, Verfassungsmäßigkeit und Steuerungswirkung, 2021.

Schönwiese, Christian-Dietrich, Klimatologie, 5. Aufl. 2020.

Schönwiese, Christian-Dietrich, Klimawandel kompakt, Ein globales Problem wissenschaftlich erklärt, 3. Aufl. 2020.

Schwarzer, Stephan/Niederhuber, Martin, Emissionshandel als Flaggschiff des Europäischen Klimaschutzrechts?, in Kirchengast, Gottfried/Schulev-Steindl, Eva/Schnedl, Gerhard (Hrsg.), Klimaschutzrecht zwischen Wunsch und Wirklichkeit, 2018, S. 77.

Sellner, Dieter/Fellenberg, Frank, Atomausstieg und Energiewende 2011 – das Gesetzespaket im Überblick, NVwZ 2011, 1025.

Sommer, Bernd/Schad, Miriam/Kadelke, Philipp/Humpert, Franziska/Möstl, Christian, Rechtspopulismus vs. Klimaschutz, Positionen, Einstellungen, Erklärungsansätze, 2022.

Spieth, Wolf Friedrich/Hellermann, Niclas, Energiewende – Kohle zwischen Recht und Politik, in Hofmann, Ekkehard (Hrsg.), Die Zukunft der Energiewende, 32. Trierer Kolloquium zum Umwelt und Technikrecht vom 28. bis 29. September 2017, 2018, S. 83.

Stäsche, Uta, Entwicklungen des Klimaschutzrechts und der Klimaschutzpolitik 2015/16 – Bund, Bundesländer und Kommunen (Teil 2), EnWZ 2016, 401.

Stäsche, Uta, Reform des EU-Emissionshandelssystems, der Effort-Sharing-Verordnung, der Erneuerbare-Energien-Richtlinie und der Energieeffizienzrichtlinie – „Fit for 55"?, KlimR 2023, 171.

Steiger, Heinhard, Mensch und Umwelt : zur Frage der Einführung eines Umweltgrundrechts, 1975.

Steinberg, Rudolf, Rechte der Natur in der Verfassung?, NVwZ 2023, 138.

Steinberg, Rudolf, Verfassungsrechtlicher Umweltschutz durch Grundrechte und Staatszielbestimmung, NJW 1996, 1985.

Steinke, Ronen, Fritz Bauer, oder Auschwitz vor Gericht, 2014.

Stohlmann, Bent, Keine Schutzpflicht vor zukünftigen Freiheitsbeschränkungen – warum eigentlich?, Verfassungsblog 2021 (abrufbar unter: https://verfassungsblog.de/keine-schutzpflicht-vor-zukunftigen-freiheitsbeschrankungen-warum-eigentlich/).

Telschow, Carsten/Grebe, Vera, Reform des Europäischen Emissionshandels – Wichtigste Neuerungen im Überblick, IR 2023, 98.

Theurer, Jochen, Argumente für ein Grünes Grundgesetz, Chancen und Risiken einer Verfassungsänderung zum effektiven Klimaschutz, 2021.

Thiele, Alexander, Der konstituierte Staat, Eine Verfassungsgeschichte der Neuzeit, 2021.

Toyka-Seid, Christiane/Schneider, Gerd, Wirtschaftswunder, in: Bundeszentrale für politische Bildung (Hrsg.), Das junge Politik-Lexikon, 2023.

Uechtritz, Michael/Ruttloff, Marc, Der Klimaschutz-Beschluss des Bundesverfassungsgerichts, Auswirkungen auf Planungs und Genehmigungsentscheidungen, NVwZ 2022, 9.

Uhle, Arnd, Das Staatsziel Umweltschutz (Art. 20a GG), JuS 1996, 96.

Verheyen, Roda, Klagen für Klimaschutz, ZPR 2021, 133.

Verheyen, Roda/Schayani, Kilian, Der globale Klimawandel als Hindernis bei der Vorhabengenehmigung, ZUR 2020, 412.

Voßkuhle, Andreas, Umweltschutz und Grundgesetz, NVwZ 2013, 1.

Walkonigg, Herwig, Klima im Wandel, 2007.

Wegener, Bernhard, Menschenrecht auf Klimaschutz?, Grenzen grundrechtsgestützter Klimaklagen gegen Staat und Private, NJW 2022, 425.

Wegener, Bernhard, Urgenda – Weltrettung per Gerichtsbeschluss?, ZUR 2019, 3.

Weller, Marc-Philippe/Tran, Mai-Lan, Klimawandelklagen im Rechtsvergleich – private enforcement als weltweiter Trend?, ZEuP 2021, 573.

Welp, Martin/Wicke, Lutz/Jaeger, Carlo, Climate policy in the coming phases of the kyoto process: Targets, instruments, and the role of cap and trade schemes, Proceedings of the International Symposium February 20–21, 2006, 2007.

Wickel, Martin, Das Bundes-Klimaschutzgesetz und seine rechtlichen Auswirkungen, ZUR 2021, 332.

Willoweit, Dietmar/Schlinker, Steffen, Deutsche Verfassungsgeschichte, Vom Frankenreich bis zur Wiedervereinigung Deutschlands, 8. Aufl. 2019.

Winter, Gerd, Von der Bewahrung zur Bewirtschaftung, Ein Kommentar zum zweiten Klimabeschluss des BVerfG, ZUR 2022, 215.

Wischmeyer, Thomas, Die Klimaschutzentscheidung(en) des BVerfG und das Mietrecht, NZM 2023, 406.

Witte, Julika, CO2 bepreisen, Energieträgerpreise reformieren : Wege zu einem sektorenübergreifenden Marktdesign, 2020.

World Resources Institute, Climate Watch (CAIT): Country Greenhouse Gas Emissions Data 2014 (abrufbar unter: https://www.wri.org/data/climate-watch-cait-country-greenhouse-gas-emissions-data).

Ziehm, Cornelia, Vollzugsdefizite im Bereich des Klimaschutzrechts, ZUR 2010, 411.

Zippelius, Reinhold, Kleine deutsche Verfassungsgeschichte, Vom frühen Mittelalter bis zur Gegenwart, 7. Aufl. 2006.

www.ingramcontent.com/pod-product-compliance
Ingram Content Group UK Ltd.
Pitfield, Milton Keynes, MK11 3LW, UK
UKHW020712041026
15590UKWH00002B/618

9 783631 940648